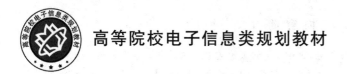

高等院校电子信息类规划教材

模拟电路原理与设计

姚剑清　张宁波　编著

北京邮电大学出版社
www.buptpress.com

内 容 简 介

　　本书从基本的电路理论和晶体管原理开始,讨论了以运放为基础的单元电路以及反馈与补偿技术,并说明了运算放大器的电路结构和设计方法。本书简单易懂、内容连贯、分析透彻、与实践紧密结合。

　　本书可以为模拟与通信类电子工程师、大学教师和在校研究生提供全面而简洁的学习内容,以掌握模拟电路设计中必需的基本概念和分析方法。

图书在版编目(CIP)数据

模拟电路原理与设计 / 姚剑清,张宁波编著. -- 北京:北京邮电大学出版社,2020.8
ISBN 978-7-5635-6121-6

Ⅰ.①模⋯　Ⅱ.①姚⋯ ②张⋯　Ⅲ.①模拟电路—电路设计　Ⅳ.①TN710.4

中国版本图书馆 CIP 数据核字(2020)第 119544 号

策划编辑:刘纳新　姚　顺　　**责任编辑**:刘　颖　　**封面设计**:七星博纳

出版发行:北京邮电大学出版社
社　　址:北京市海淀区西土城路 10 号
邮政编码:100876
发 行 部:电话:010-62282185　传真:010-62283578
E-mail:publish@bupt.edu.cn
经　　销:各地新华书店
印　　刷:北京玺诚印务有限公司
开　　本:787 mm×1 092 mm　1/16
印　　张:15.5
字　　数:383 千字
版　　次:2020 年 8 月第 1 版
印　　次:2020 年 8 月第 1 次印刷

ISBN 978-7-5635-6121-6　　　　　　　　　　　　　　　　　定价:39.00 元

· 如有印装质量问题,请与北京邮电大学出版社发行部联系 ·

前　　言

今天的模拟电路在小尺寸和低功耗方面取得了很大进展。四五十年前,当数字电路取得快速进展时,许多人曾预测模拟电路将很快被数字电路淘汰。诚然,有些模拟电路已被数字电路所取代,比如音视频电路。但随着数字技术的发展,人们对高性能模拟电路的需求有增无减。比如在对模拟信号做数字化处理时,高性能的 A/D 和 D/A 转换器及其相关电路是不可或缺的。另外,当数字电路的集成度和速度变得越来越高时,与外部世界相连的模拟接口电路,往往成为整个芯片设计的关键。

许多人把模拟电路设计看作是一种“艺术”。因为相对而言,数字电路的设计是系统化的,有一整套固定的设计方法,而模拟电路的分析和设计显得有点模糊,全靠自己的想象。本书意在通过深入浅出的讲解和恰当的例题,帮助读者建立起模拟电路设计的整体理念。

在内容安排上,本书共分三部分。

第一部分包括第 1 章至第 7 章,介绍模拟电路最基本的内容。其中,第 1 章说明电路设计中必需的理论和分析工具,包括传递函数、频率特性、伯德图和时域响应等。第 2 章主要讨论作为晶体管基础的半导体二极管,然后简要介绍双极型晶体管。第 3 章详细介绍 MOS 晶体管,说明其传递特性和小信号模型,并在此基础上详细分析了 3 种基本 MOS 放大器的低频和高频特性。第 4 章讨论理想运算放大器的性质和许多用理想运放搭建的实用电路,并说明两种运放电路的设计。第 5 章说明运放的主要参数,讨论这些参数对闭环特性的影响,然后详细讨论了摆速、带宽和失调电压 3 个重要参数。第 6 章讨论 4 种反馈结构,说明反馈系统的参数计算,并导出奈奎斯特稳定性判据。第 7 章讨论主极点补偿、幅值补偿和超前补偿三种常用的补偿技术,以此说明补偿技术的基本思路。

第二部分包括第 8 章和第 9 章,介绍模拟电路中常用的滤波器和振荡器。其中,第 8 章讨论巴特沃斯和切比雪夫两种传递函数,并详细说明低通和高通滤波器的设计方法。第 9 章介绍两种常用的桥式和相移低频振荡器,以及考毕兹和石英晶体两种高频振荡器,并讨论开关电容滤波器的精度、速度和设计要点。

第三部分包括第 10 章至第 13 章,详细介绍模拟电路中最主要的单元电路:运算放大器。其中,第 10 章介绍运算放大器中必需的电流镜电路,从最基本的两管电流镜到具有高输出电阻的共栅共源电流镜和 Wilson 电流镜,并详细讨论以电流镜为负载的双极和 MOS 放大器。第 11 章介绍基准电流源和电压源,并讨论电源敏感度和相对温度系数两个参数,最后介绍模拟集成电路中用得最多的带隙电压基准源,说明双极和 MOS 带隙基准源的设计和计算方法。第 12 章以常用的两级 MOS 集成运放为例,详细说明集成运算放大器的结构、特性和参数计算,介绍共栅共源结构的小信号参数和输出宽摆幅电路,以及望远镜式和折叠式两种常用的集成运放,然后比较三种运算放大器的主要特性。第 13 章介绍全差分运算放大器,说明它的电路结构和参数计算,并详细讨论全差分运放中使用的共模反馈网络的结构和参数计算;最后介绍望远镜式和折叠式两种常用的全差分集成运放。

本书虽然包含了双极型和 MOS 晶体管的内容,但把重点放在 MOS 晶体管上。书中还穿插了一些基本概念和设计思路的解释,希望能从一个侧面帮助读者理解模拟电路。总体来说,模拟电路设计是一项充满挑战的工作。希望本书对从事模拟和通信类工作的工程师、大学教师和研究人员有所帮助,这也是本书编写的目的所在。最后要感谢北京微电子技术研究所的马明朗、张永学和王宗民研究员对全书进行了认真审阅,提出了许多宝贵的修改意见。

作　者
于北京

目　　录

第1章　电路理论 ……………………………………………………………… 1

1.1　电路定理 …………………………………………………………………… 1

1.1.1　基尔霍夫电流和电压定律 ………………………………………… 1

1.1.2　叠加定理 …………………………………………………………… 1

1.1.3　戴维南定理与诺顿定理 …………………………………………… 2

1.1.4　电流源、电压源和受控源 ………………………………………… 3

1.1.5　符号使用规则 ……………………………………………………… 4

1.2　从复指数信号到傅里叶变换 ……………………………………………… 5

1.2.1　复指数信号与频率谱 ……………………………………………… 5

1.2.2　傅里叶变换 ………………………………………………………… 7

1.3　拉普拉斯变换 ……………………………………………………………… 8

1.3.1　从傅里叶变换到拉普拉斯变换 …………………………………… 8

1.3.2　电容和电感阻抗的拉普拉斯变换 ………………………………… 9

1.4　传递函数 …………………………………………………………………… 10

1.4.1　串联电容电路 ……………………………………………………… 10

1.4.2　并联电容电路 ……………………………………………………… 11

1.5　零点与极点 ………………………………………………………………… 11

1.6　频率响应 …………………………………………………………………… 11

1.6.1　图解法 ……………………………………………………………… 12

1.6.2　解析法 ……………………………………………………………… 13

1.7　伯德图 ……………………………………………………………………… 14

1.7.1　串联电容电路的伯德图 …………………………………………… 14

1.7.2　并联电容电路的伯德图 …………………………………………… 15

1.7.3　放大器的频率响应 ………………………………………………… 16

1.8　时间响应 …………………………………………………………………… 17

1.8.1　一阶电路 …………………………………………………………… 17

1.8.2　二阶电路 …………………………………………………………… 18

1.9　小结 ·· 18

练习题 ··· 19

第 2 章　半导体二极管与双极型晶体管 ······················ 21

2.1　半导体二极管 ·· 21

2.1.1　直流特性 ··· 21

2.1.2　PN 结的性质 ·· 22

2.1.3　大信号模型 ··· 25

2.1.4　小信号模型 ··· 26

2.2　双极型晶体管 ·· 27

2.2.1　物理结构与电路符号 ····································· 27

2.2.2　工作原理 ··· 28

2.2.3　大信号特性 ··· 29

2.2.4　小信号参数与模型 ······································· 30

2.3　小结 ·· 32

练习题 ··· 32

第 3 章　MOS 晶体管 ··· 34

3.1　物理结构与工作原理 ·· 34

3.1.1　NMOS 管的结构 ··· 34

3.1.2　沟道的生成 ··· 35

3.1.3　三个工作区 ··· 36

3.1.4　导出 i_D-v_{DS} 关系式 ······································· 37

3.1.5　NMOS 管的电路符号 ····································· 39

3.2　大信号特性 ·· 40

3.2.1　传递特性曲线 ··· 40

3.2.2　输出特性曲线 ··· 41

3.2.3　亚阈值区 ··· 42

3.2.4　PMOS 管的电特性 ······································· 43

3.3　小信号参数与模型 ·· 44

3.3.1　计算跨导 ··· 44

3.3.2　小信号模型 ··· 46

3.3.3　体效应 ··· 47

3.4　三种 MOS 基本放大器 ·· 48

3.4.1　共源放大器(CS)　……………………………………………… 48

3.4.2　共栅放大器(CG)　……………………………………………… 48

3.4.3　共漏放大器(CD)　……………………………………………… 50

3.5　MOS 管的高频特性　………………………………………………… 51

3.5.1　栅极与沟道之间的电容　……………………………………… 51

3.5.2　栅极与源漏区之间的重叠电容　……………………………… 52

3.5.3　结电容　………………………………………………………… 52

3.5.4　高频模型　……………………………………………………… 52

3.6　基本放大器的高频特性　…………………………………………… 53

3.6.1　MOS 管的 Miller 效应　………………………………………… 53

3.6.2　共源放大器　…………………………………………………… 54

3.6.3　共栅放大器　…………………………………………………… 54

3.6.4　源极跟随器　…………………………………………………… 56

3.7　小结　………………………………………………………………… 57

练习题　……………………………………………………………………… 57

第 4 章　理想运算放大器　………………………………………………… 60

4.1　什么是理想运算放大器　…………………………………………… 60

4.2　反相放大器　………………………………………………………… 61

4.2.1　反相放大器分析　……………………………………………… 61

4.2.2　反相放大器用作加法器　……………………………………… 63

4.3　同相放大器　………………………………………………………… 63

4.3.1　同相放大器分析　……………………………………………… 63

4.3.2　电压跟随器　…………………………………………………… 64

4.4　运放的基本应用　…………………………………………………… 65

4.4.1　电流电压转换器　……………………………………………… 65

4.4.2　电压电流转换器　……………………………………………… 66

4.4.3　差值放大器　…………………………………………………… 67

4.4.4　测量放大器　…………………………………………………… 68

4.4.5　阻抗元件反相放大器　………………………………………… 70

4.4.6　反相积分器　…………………………………………………… 71

4.4.7　精密半波整流器　……………………………………………… 73

4.5　运放电路的设计　…………………………………………………… 74

4.5.1　基准电压源设计　……………………………………………… 74

4.5.2 桥式电路设计 ··· 75

4.6 小结 ·· 76

练习题 ·· 76

第5章 运算放大器的参数 ·· 78

5.1 输入参数 ·· 78

5.1.1 输入电阻 r_i ··· 78

5.1.2 输入电容 C_i ·· 79

5.1.3 输入失调电压 V_{OS} ·· 79

5.1.4 输入共模电压范围 V_{ICR} ···································· 79

5.2 输出参数 ·· 80

5.3 传递参数 ·· 80

5.3.1 差分电压增益 A_d ·· 80

5.3.2 带宽 BW ··· 80

5.3.3 单位增益带宽 f_1 ·· 81

5.3.4 增益带宽积 GBW ·· 81

5.3.5 共模抑制比 CMRR ··· 81

5.3.6 电源抑制比 PSRR ··· 81

5.3.7 摆速 SR ··· 82

5.3.8 总谐波失真 THD ·· 83

5.3.9 稳定时间 t_s ··· 84

5.3.10 相位裕度 Φ_m 和幅值裕度 A_m ························ 84

5.4 闭环放大器的低频增益 ·· 85

5.4.1 实际反相放大器的低频增益 ····································· 85

5.4.2 实际同相放大器的低频增益 ····································· 86

5.5 闭环放大器的频率响应 ·· 86

5.5.1 实际运放的开环频率特性 ······································· 86

5.5.2 实际的闭环频率特性 ··· 87

5.6 摆速与带宽 ·· 88

5.6.1 上升摆速 SR^+ 的计算 ······································ 88

5.6.2 下降摆速 SR^- 的计算 ······································ 89

5.6.3 反馈使运放回到线性状态 ······································· 90

5.6.4 带宽 ·· 90

5.6.5 摆速与带宽的关系 ·· 91

5.7　失调电压 ·· 91

5.7.1　差分级输入管引起的失调电压 ······························· 91

5.7.2　差分级负载电阻引起的失调电压 ·························· 93

5.7.3　失调电压的漂移 ·· 94

5.8　小结 ··· 94

练习题 ··· 94

第 6 章　反馈 ··· 96

6.1　基本反馈理论 ·· 96

6.2　负反馈的优点 ·· 97

6.2.1　降低增益敏感度和非线性失真 ······························· 97

6.2.2　扩展带宽 ··· 98

6.2.3　抑制噪声 ··· 98

6.3　四种反馈结构 ·· 99

6.3.1　理想情况下的参数计算 ······································· 100

6.3.2　实际电路的参数计算 ··· 103

6.4　稳定性与环路增益 ·· 105

6.4.1　稳定性问题 ··· 106

6.4.2　如何确定环路增益 ··· 106

6.5　放大器的伯德图 ·· 107

6.5.1　两极点放大器 ·· 107

6.5.2　三极点放大器 ·· 108

6.5.3　反馈放大器的环路增益 ······································· 108

6.6　稳定性判据 ··· 109

6.6.1　奈奎斯特判据 ·· 109

6.6.2　用伯德图判别稳定性 ··· 111

6.6.3　相位裕度和幅值裕度 ··· 112

6.7　小结 ··· 113

练习题 ··· 113

第 7 章　频率补偿 ·· 115

7.1　主极点补偿 ··· 115

7.1.1　利用负载电容的主极点补偿 ································· 115

7.1.2　利用 Miller 电容的主极点补偿 ······························ 118

7.2 幅值补偿 ·· 123

7.3 超前补偿 ·· 124

7.4 同相与反相放大器的环路增益 ·· 125

7.5 小结 ·· 126

练习题 ··· 127

第 8 章 滤波器 ·· 128

8.1 滤波器的性能指标 ··· 128

8.2 滤波器的传递函数 ··· 129

8.2.1 巴特沃斯滤波器 ·· 129

8.2.2 切比雪夫滤波器 ·· 131

8.3 关于滤波器系数表 ··· 133

8.4 有源低通滤波器设计 ·· 134

8.4.1 一阶低通滤波器 ·· 134

8.4.2 二阶低通滤波器 ·· 135

8.4.3 高阶低通滤波器 ·· 136

8.5 有源高通滤波器设计 ·· 137

8.6 有源带通和带阻滤波器设计 ·· 138

8.7 开关电容滤波器 ·· 138

8.7.1 基本原理 ·· 139

8.7.2 开关电容滤波器举例 ··· 140

8.7.3 实际的开关电容电路 ··· 141

8.7.4 非重叠两相时钟发生电路 ··· 142

8.8 开关电容电路 ··· 142

8.8.1 开关电容放大器 ·· 143

8.8.2 放大器的精度 ··· 143

8.8.3 放大器的速度 ··· 144

8.8.4 开关电容电路小结 ··· 145

8.9 小结 ·· 145

练习题 ··· 145

第 9 章 振荡器 ·· 147

9.1 基本原理 ·· 147

9.1.1 振荡的条件 ··· 147

9.1.2　相移与频率稳定性 ……………………………………… 148

9.1.3　振荡器的增益 ……………………………………………… 149

9.1.4　运放对振荡器的影响 ……………………………………… 149

9.2　桥式振荡器 ……………………………………………………… 150

9.3　相移振荡器 ……………………………………………………… 151

9.3.1　单级相移振荡器 …………………………………………… 152

9.3.2　多级相移振荡器 …………………………………………… 152

9.4　高频振荡器 ……………………………………………………… 153

9.4.1　考毕兹振荡器 ……………………………………………… 153

9.4.2　晶体振荡器 ………………………………………………… 154

练习题 …………………………………………………………………… 155

第 10 章　电流镜 ……………………………………………………… 156

10.1　MOS 两管电流镜 ……………………………………………… 156

10.2　局部反馈电流镜 ………………………………………………… 158

10.3　cascode 电流镜 ………………………………………………… 159

10.4　Wilson 电流镜 ………………………………………………… 161

10.5　有源负载放大器 ………………………………………………… 163

10.5.1　双极有源负载放大器 …………………………………… 163

10.5.2　MOS 有源负载放大器 …………………………………… 166

10.6　小结 ……………………………………………………………… 168

练习题 …………………………………………………………………… 169

第 11 章　基准源 ……………………………………………………… 170

11.1　MOS Widlar 小电流基准源 …………………………………… 170

11.2　电流源的电源敏感度 …………………………………………… 172

11.2.1　利用基射压降的基准电流源 …………………………… 172

11.2.2　利用阈值电压的基准电流源 …………………………… 173

11.3　CMOS 自偏置电流源 …………………………………………… 174

11.4　电流源的温度敏感度 …………………………………………… 176

11.5　带隙基准电压源 ………………………………………………… 177

11.5.1　基本原理 ………………………………………………… 177

11.5.2　双极带隙基准源电路 …………………………………… 180

11.5.3　CMOS 带隙基准源电路 ………………………………… 181

11.6　小结 ·· 183

练习题 ·· 184

第 12 章　CMOS 集成运算放大器 ······················ 185

12.1　MOS 差分级 ·· 185

12.1.1　电阻负载 MOS 差分级 ·························· 185

12.1.2　电流镜负载 CMOS 差分级 ····················· 187

12.2　CMOS 运算放大器 ······································ 189

12.2.1　低频电压增益 ································· 189

12.2.2　共模输入电压范围 ····························· 190

12.2.3　共模抑制比 ··································· 191

12.2.4　输入失调电压 ································· 192

12.2.5　输入级的 PMOS 与 NMOS ······················ 194

12.2.6　过驱电压与沟道长度 ··························· 194

12.3　CMOS cascode 运算放大器 ······························ 195

12.3.1　基本 cascode 运放电路 ························· 195

12.3.2　cascode 结构的小信号参数 ····················· 196

12.4　CMOS 望远镜式 cascode 运算放大器 ····················· 198

12.5　宽摆幅 cascode 电流镜 ·································· 199

12.6　CMOS 折叠式 cascode 运算放大器 ······················· 201

12.7　CMOS cascode 结构的频率特性 ·························· 202

12.8　小结 ·· 204

练习题 ·· 204

第 13 章　全差分运算放大器 ···························· 206

13.1　全差分运放与单边输出运放 ······························ 206

13.2　全差分运放的优点 ····································· 207

13.3　全差分运放的使用 ····································· 208

13.3.1　单边信号向差分信号的转换 ····················· 208

13.3.2　输入共模控制端的连接 ························· 210

13.4　小信号模型 ··· 210

13.5　共模反馈原理 ··· 212

13.5.1　简单全差分运放 ······························ 212

13.5.2　共模反馈的实现 ······························ 214

13.5.3　输入共模信号与共模控制信号 ··· 215

13.5.4　差分输入信号与共模反馈回路 ··· 216

13.5.5　共模反馈回路的带宽 ·· 217

13.6　共模反馈网络 ··· 217

13.7　实际的全差分运放电路 ··· 219

13.7.1　望远镜式 cascode 全差分运放 ··· 220

13.7.2　折叠式 cascode 全差分运放 ·· 221

13.8　小结 ·· 221

练习题 ··· 222

部分练习题答案 ·· 223

参考文献 ·· 226

索引 ·· 228

第1章 电路理论

本章首先说明模拟电路中经常用到的基本电学定理,包括基尔霍夫定律、叠加定理、戴维南定理等;然后介绍傅里叶变换和拉普拉斯变换,但仅限于本书中要用到的内容;接下来讨论线性电路的传递函数、零极点、频率响应和伯德图的分析方法;最后讨论电路的时间响应。

1.1 电路定理

1.1.1 基尔霍夫电流和电压定律

基尔霍夫电流定律(**KCL**)描述电流流过电路中任意一个**节点**时的性质:所有流入同一节点的电流之和一定等于所有流出这个节点的电流之和。在图 1.1(a)中,流入节点 A 的电流为 I_1 和 I_2,流出节点 A 的电流为 I_3 和 I_4,所以一定有 $I_1+I_2=I_3+I_4$。

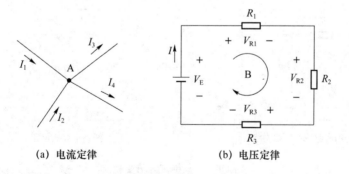

(a) 电流定律　　　　　　　　(b) 电压定律

图 1.1　基尔霍夫定律

基尔霍夫电压定律(**KVL**)描述电路中任意一个**闭合回路**内电压的性质:沿着一个闭合回路的所有**电压降**之和一定等于回路内所有**电位升**之和。在图 1.1(b)中,V_{R1}、V_{R2} 和 V_{R3} 是三个沿着回路方向 B 的电压降,而电源电压 V_E 是一个电位升,所以一定有 $V_{R1}+V_{R2}+V_{R3}=V_E$。

1.1.2 叠加定理

叠加定理是线性电路中最基本的定理。它的意思是:只要电路是线性的,几个电流源和电压源共同作用的结果一定等于每个电流源或电压源单独作用的结果之总和。

在图 1.2(a)中,如果要计算流过 R_3 的电流,可以分别计算 V_{E1} 和 V_{E2} 在 R_3 上产生的电流,把两个电流加起来,就是 I_{R3}。当计算 V_{E1} 单独产生的电流时,V_{E2} 需短路(如是电流源,需开路),如图 1.2(b)所示。这样可算得 $I_{R31}=0.25$ A。当计算 V_{E2} 单独产生的电流时,V_{E1} 需短路,如图 1.2(c)所示。这样可算得 $I_{R32}=-0.5$ A。而流过 R_3 的电流 $I_{R3}=I_{R31}+I_{R32}=-0.25$ A。I_{R3} 为负值,表示流过 R_3 的电流的实际方向是向上的。

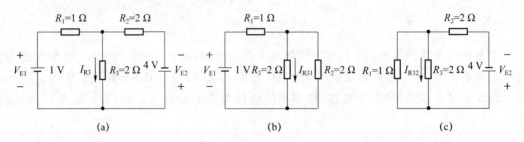

图 1.2 用叠加定理计算电流 I_{R3}

1.1.3 戴维南定理与诺顿定理

戴维南定理描述有源线性二端网络的性质:任意一个有源线性二端网络都可以表示为一个电压源与一个电阻的串联,这个串联电路就叫**戴维南等效电路**。图 1.3 说明戴维南等效变换的过程。原先电路的开路电压 $V_O=V_E R_2/(R_1+R_2)$,就是戴维南等效电压源 V_{Th}。原先电路的输入电阻 $R_i=R_1\|R_2$,就是戴维南等效电阻 R_{Th}。在计算 R_i 时,V_E 需短接;如果是电流源,需开路。

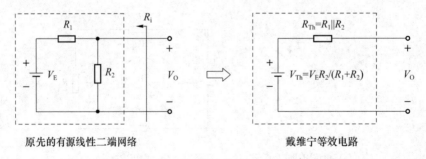

原先的有源线性二端网络   戴维宁等效电路

图 1.3 戴维南等值变换

诺顿定理可叙述为:任意一个有源线性二端网络都可以表示为一个电流源与一个电阻的并联,这个并联电路就叫**诺顿等效电路**。**诺顿定理**是与戴维南定理成对偶的。把戴维南变换后的电压源换成电流源,把戴维南变换后的串联电阻换成并联电阻,就得到**诺顿等效电路**。

图 1.4 说明诺顿变换的过程。原先电路的短路电流 $I_E=V_E/R_1$,就是诺顿等效电流源 I_{No}。原先电路的输入电阻 $R_i=R_1\|R_2$,就是诺顿等效电阻 R_{No},此时 V_E 需短路。需要知道,无论电路如何变换,电路中相应节点的电压和电流在变换前后是一样的。

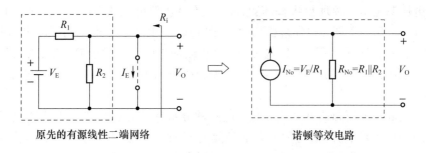

原先的有源线性二端网络　　　　　诺顿等效电路

图 1.4　诺顿等效变换

1.1.4　电流源、电压源和受控源

电流源也叫**恒流源**,它的电流是恒定的,不受电流源两端电压变化的影响。图 1.5(a)表示电流源的电路符号,符号内的箭头表示电流源的方向(图中是向上流动的);如果 I 为负值,表示电流源的实际方向与图中的相反,是向下流动的。电流源两端的电压,如图 1.5(a)中的 V,是由外电路决定的,所以是变化的。

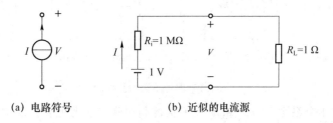

(a) 电路符号　　　　　(b) 近似的电流源

图 1.5　电流源

电流源只是一种理想状态,实际上是不存在的。但电路中的有些支路电流几乎不受支路电压的影响,这就可以看成是电流源。在图 1.5(b)中,用 1 V 的电源与 1 MΩ 的电阻串联后向 1 Ω 的 R_L 提供 1 μA 的电流。1 V 电源与 1 MΩ 电阻的串联结构对于 R_L 就可看成是电流源;因为当 R_L 的阻值变化时,流过 R_L 的电流几乎不变,尽管 R_L 上的电压是变化的。这里的关键是 R_i 远大于 R_L。

电压源也叫**恒压源**,它的电压是恒定的,不受流过电压源的电流变化的影响。图 1.6(a)表示电压源的电路符号,符号内的正、负号表示电压源的正、负极,而正极的电位总是高于负极的电位(如果 $V>0$)。图中的电流 I 是由外电路决定的,所以是变化的。

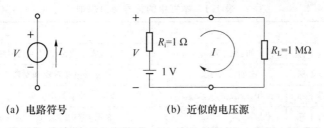

(a) 电路符号　　　　　(b) 近似的电压源

图 1.6　电压源

虽然电压源也是一种理想状态,但电路中的有些支路电压几乎不受支路电流的影响,这就可以看成是电压源。图 1.6(b)就是这样的情况。图中用 1 V 电源与 1 Ω 电阻串联后向 1 MΩ 的 R_L 提供 1 V 的电压。1 V 电源与 1 Ω 电阻的串联结构对于 R_L 就可看成是电压源;因为当 R_L 变化时,R_L 上的电压几乎不变,尽管流过 R_L 的电流是变化的。这里的关键是 R_i 远小于 R_L。

利用电流源和电压源的好处是简化了电路的分析计算。在电路分析计算中,我们几乎都要靠电路的简化来求解;但这种简化必须是合理的。此外,电流源与电压源是互成**对偶**的。比如,电流源可以短路,但不可开路;而电压源可以开路,但不可短路。再比如,电流源的输出电阻趋于无穷大;而电压源的输出电阻趋于零。我们还可以举出更多的对偶情况。

受控源也分为**受控电流源**和**受控电压源**两种。所谓**受控**,是指它们的电流和电压受电路中其他电流或电压所控制。图 1.7 表示 4 种不同的受控源:图(a)为电流控制的电流源,图(b)为电压控制的电流源,图(c)为电流控制的电压源,图(d)为电压控制的电压源。图中的圆形符号表示一般的独立电流或电压源,或称**控制源**;而菱形符号表示受控源。受控源通常出现在有源器件的小信号等效电路中。

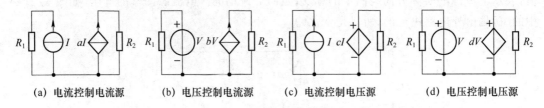

(a) 电流控制电流源   (b) 电压控制电流源   (c) 电流控制电压源   (d) 电压控制电压源

图 1.7   四种不同的受控源

图 1.7 中的 4 个系数 a、b、c 和 d 表示从控制源到受控源的传递关系。其中,a 和 d 为无量纲的常数;b 表示从电压到电流的传递关系,被称为**跨导**,有 mA/V 等单位;c 表示从电流到电压的传递关系,被称为**跨阻**,有 kΩ 等单位。

1.1.5   符号使用规则

表 1.1 表示本书中的符号使用规则。一般情况下,单字母变量用斜体表示,单字母常量用正体表示(下角标通常由多字母或表示常量的单字母组成,所以下角标常用正体)。此外,本书中的圆形符号表示独立电流源或电压源,菱形符号表示受控电流源或电压源,这已在图 1.7 中说过。

表 1.1   本书中的符号使用规则

项　　目	举　例	含　义
大写字母＋大写字母下标	比如:I_D, V_{GS}, V_{BIAS}	表示直流信号或信号中的直流分量
小写字母＋大写字母下标	比如:i_D, v_{GS}, v_O	表示包含直流和交流分量的完整信号
小写字母＋小写字母下标	比如:i_d, v_{gs}, v_o, g_m, r_o	表示信号中的交流分量或器件的小信号参数
大写字母＋小写字母下标	比如:G_m, $V_o(s)$, $V_i(j\omega)$	表示电路参数、拉普拉斯变换、频域信号等

1.2　从复指数信号到傅里叶变换

1.2.1　复指数信号与频率谱[Ziemer,p13]

在所有实际信号中，**正弦量信号**（包括**正弦信号**和**余弦信号**）是最简单的。但为了分析的需要，我们可以把正弦量信号分解为两个**旋转复指数信号**。这要用到欧拉恒等式

$$\cos \omega t = \frac{e^{j\omega t} + e^{-j\omega t}}{2} \tag{1.1}$$

$$\sin \omega t = \frac{e^{j\omega t} - e^{-j\omega t}}{2j} \tag{1.2}$$

式(1.1)把一个余弦信号分解为两个反向旋转的复指数信号之和；式(1.2)把一个正弦信号分解为两个反向旋转的复指数信号之差。图 1.8 表示式(1.1)和式(1.2)中的信号分解情况。（把复指数信号 $e^{j\omega t}$ 和 $e^{-j\omega t}$ 称为**旋转复矢量**，是因为任何一个复数，包括复指数信号，总是与复平面内的一条矢量相对应。当把 ω 看成常量，t 看成变量时，复指数信号 $e^{j\omega t}$ 和 $e^{-j\omega t}$ 就会随时间 t 而同步反向旋转。）

在图 1.8(a)中，$\cos \omega t$ 被分解为 $e^{j\omega t}/2$ 和 $e^{-j\omega t}/2$ 两个旋转复矢量。由于复矢量 $e^{j\omega t}/2$ 和 $e^{-j\omega t}/2$ 是随时间 t 不断旋转的，就会不断地合成出不同的 $\cos \omega t$ 值。比如，当旋转到 $\omega t = \pi$ 时，两个复矢量重合于负实轴上，合成出 $\cos \omega t|_{\omega t=\pi} = -1$。

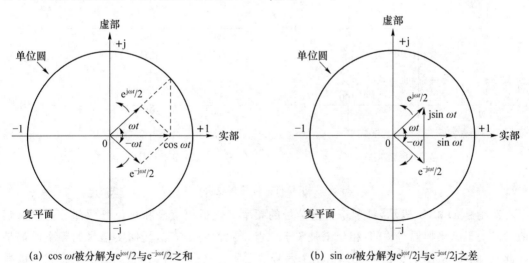

(a) $\cos \omega t$ 被分解为 $e^{j\omega t}/2$ 与 $e^{-j\omega t}/2$ 之和　　　　(b) $\sin \omega t$ 被分解为 $e^{j\omega t}/2j$ 与 $e^{-j\omega t}/2j$ 之差

图 1.8　式(1.1)和式(1.2)中的信号分解情况

图 1.8(b)中的正弦信号与两个复矢量 $e^{j\omega t}/2$ 和 $e^{-j\omega t}/2$ 之间有相似的关系。从式(1.2)看，二者之差等于 $j\sin \omega t$，位于虚轴的正方向上。由于虚数单位 $j = e^{j\pi/2}$，它的作用是使矢量逆时针旋转 $\pi/2$。这使矢量 $\sin \omega t$ 位于实轴的正方向上。当两个复矢量 $e^{j\omega t}/2$ 和 $e^{-j\omega t}/2$ 随时间 t 不断旋转时，就会合成出不同的 $\sin \omega t$。比如，当 $\omega t = 0$ 时，两个复矢量重合于正实轴

上,二者之差等于零,即 $\sin \omega t \big|_{\omega t=0}=0$。当 $\omega t=\pi/2$ 时,两个复矢量旋转到正、负虚轴方向上,二者之差等于 j,即 $j\sin \omega t \big|_{\omega t=\pi/2}=j$,由此 $\sin(\pi/2)=1$。

另外,复指数信号可以用**频率谱**中的**谱线**来表示。比如,有一个余弦函数为 $5\cos(2\pi100t-\pi/4)$,它的振幅等于 5,频率等于 100 Hz 和相位等于 $-\pi/4$ 或 $-45°$(在信号处理中,**信号**与**函数**是同一个意思,可以互换)。在画出频率谱之前,要用式(1.1)把余弦信号表示为两个复指数信号之和

$$5\cos(2\pi100t-\pi/4)=2.5e^{j(2\pi100t-\pi/4)}+2.5e^{-j(2\pi100t-\pi/4)} \tag{1.3}$$

由于频率谱是由**幅值谱**和**相位谱**组成,所以把上式改写为

$$5\cos(2\pi100t-\pi/4)=2.5e^{-j\pi/4}e^{j2\pi100t}+2.5e^{j\pi/4}e^{-j2\pi100t} \tag{1.4}$$

从式(1.4)可知,余弦信号 $5\cos(2\pi100t-\pi/4)$ 应该在 ±100 Hz 的频率点上有两条**幅值线**和两条**相位线**;幅值线的高度都等于 2.5,而相位线的高度分别等于 $-\pi/4$ 和 $\pi/4$。这就可以画出余弦信号的频率谱,如图 1.9(a)所示。

正弦信号的情况是相似的,假设有正弦函数 $5\sin(2\pi100t+\pi/4)$。我们先用式(1.2)把它写成两个复指数信号之差,然后把分母中的 j 改写为 $e^{-j\pi/2}$,再把 -1 改写为 $e^{-j\pi}$,最后分离成幅值部分和相位部分

$$5\sin(2\pi100t+\pi/4)=2.5e^{-j\pi/4}e^{j2\pi100t}+2.5e^{j\pi/4}e^{-j2\pi100t} \tag{1.5}$$

用式(1.5)就可画出正弦信号的频率谱,如图 1.9(b)所示。下面来解释图 1.9(a)和(b)。

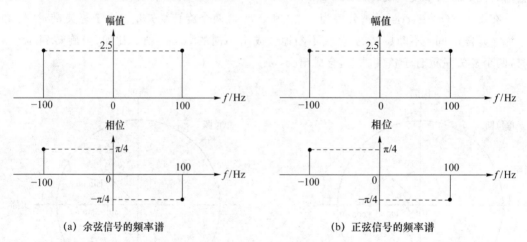

(a) 余弦信号的频率谱　　　　　　　　(b) 正弦信号的频率谱

图 1.9　正弦量信号的频域表示法

图 1.9(a)和(b)表示,每个正弦量信号的频率谱包括幅值谱和相位谱两部分;其中,幅值谱是关于纵坐标偶对称的,相位谱是关于原点奇对称的(其实,任何**实信号**的频率谱都是如此)。此外,从图 1.9(a)和(b)看,两个信号的频率谱完全一样,这是因为两个正弦量信号本来就是同一个信号〔根据三角恒等式 $\cos\theta=\sin(\theta+\pi/2)$〕。图 1.9 中的每条谱线都有一个小圆点,这表示每一条谱线都是一个 δ 函数。由于图 1.9 中的频率谱都由垂线组成,所以被称为**线谱**。关于 δ 函数、线谱与连续谱等,稍后说明。

1.2.2　傅里叶变换[Ziemer，p131]

　　拉普拉斯变换是从傅里叶变换演化来的，而**傅里叶变换**是从傅里叶级数（也称**三角级数**）演化来的。在傅里叶级数展开中，当周期信号的周期趋于无穷大时，周期信号即变成只包含一个脉冲波形的非周期信号，这样的非周期信号一般是绝对可积的（**绝对可积**是指被积函数取绝对值后的积分依然存在）。而这样的积分就叫**傅里叶变换**

$$X(\omega) = \int_{-\infty}^{\infty} x(t) e^{-j\omega t}\, dt \tag{1.6}$$

式中，$x(t)$ 为时域信号，也就是上面所说的非周期信号；$X(\omega)$ 为 $x(t)$ 的傅里叶变换，是频域信号，也称 $x(t)$ 的**频率谱**；$\omega = 2\pi f$ 表示频率，在积分过程中是常量，也可称为**参变量**。

　　式（1.6）被积函数中的 $e^{-j\omega t}$ 就是前面讨论过的**复指数信号**；它是从正弦量信号中分解出来的。与正弦量信号相似的是，复指数信号 $e^{-j\omega t}$ 也存在正交性：当用 $e^{-j\omega t}$ 去乘时域信号 $x(t)$，并在 $(-\infty, \infty)$ 范围内做积分时，可以把 $x(t)$ 中频率等于 ω 的分量提取出来，而其他分量的积分值一概为零。式（1.6）就是这个意思。

　　例题 1.1　计算图 1.10(a) 中单位冲击信号 $\delta(t)$ 的傅里叶变换。

　　图 1.10(a) 中的单位冲击信号 $\delta(t)$，也叫 δ 信号或 delta 信号。它是一个包含纵坐标的单脉冲信号，脉冲的宽度 B 逐渐趋于零，高度 H 逐渐趋于无穷大，而它与水平轴围成的面积 $B \times H$ 总是等于 1。它的极限是把等于 1 的面积完全集中在 $t=0$ 的时间点上。由于单位冲击信号 $\delta(t)$ 的这个特殊性，它被称为**奇异函数**（后面讨论的单位阶跃信号 $u(t)$ 也是奇异函数）。

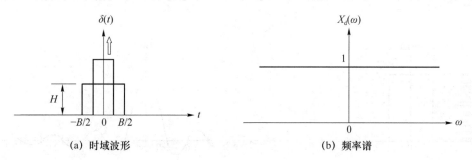

(a) 时域波形　　　　　　　　　　　　　(b) 频率谱

图 1.10　单位冲击信号 $\delta(t)$

现在用式（1.6）来计算 $\delta(t)$ 的傅里叶变换

$$X_d(\omega) = \int_{-\infty}^{\infty} \delta(t) e^{-j\omega t}\, dt \tag{1.7}$$

由于 $\delta(t)$ 只在 $t=0$ 两侧的一个邻域内不为零，所以式（1.7）的积分区间可以缩小到这个范围。这使被积函数中的 $e^{-j\omega t}$ 趋于 1。式（1.7）变为

$$X_d(\omega) = \int_{0^-}^{0^+} \delta(t)\, dt \tag{1.8}$$

式（1.8）所计算的就是 $\delta(t)$ 与水平轴围成的面积，这个面积等于 1（式中的 0^+ 和 0^- 分别表示比零大和小一个无穷小量）。由此得到 $\delta(t)$ 的傅里叶变换

$$X_d(\omega) = 1 \tag{1.9}$$

把 $X_d(\omega)$ 画成曲线就得到图 1.10(b) 中的**频率谱**。这个频率谱对所有的频率都有相同的幅度,而相位恒为零(由于相位恒为零,图(b)中的频率谱 $X_d(\omega)$ 与幅值谱 $|X_d(\omega)|$ 处处相等)。需要知道,与图(b)中每个频率点对应的复指数信号的幅度都是一个无穷小量,而所有无限多个无穷小复指数信号之叠加就得到图(a)中的 $\delta(t)$。此外,图(b)中等于 1 的幅值仅表示不同频率的无穷小量之间的幅值之比。 ◀

例题 1.2 计算图 1.11(a)中单脉冲矩形波 $x_a(t)$ 的傅里叶变换。

图 1.11(a)中的单脉冲矩形波的傅里叶变换也可用式(1.6)(用 $2\pi f$ 代替 ω)计算为

$$X_a(f) = \int_{-\infty}^{\infty} x_a(t)e^{-j2\pi ft}\,dt = \int_{-1}^{1} e^{-j2\pi ft}\,dt = -\left.\frac{e^{-j2\pi ft}}{j2\pi f}\right|_{-1}^{1} = 2\frac{\sin 2\pi f}{2\pi f} \tag{1.10}$$
$$= 2\,\mathrm{sinc}\,2f$$

式(1.10)表示,$x_a(t)$ 的频率谱是一个 sinc 函数,其中 $\mathrm{sinc}\,2f = \sin 2\pi f/(2\pi f)$。(sinc 函数的另一种表示法是 $\mathrm{sinc}\,x = \sin x/x$,二者差一个比例常数 π。而式(1.10)把 π 隐藏了起来,显得比较简洁。)图 1.11(b)表示 $X_a(f)$ 的频域曲线。当 $f=0$ 时,$X_a(f)=2$(利用罗比塔求导法则算出),然后随 f 的变化向两侧呈衰减振荡并趋于零;期间,当 $f=\pm0.5$ 的整数倍时,$X_a(f)=0$,这很像余弦函数的情况。 ◀

现在来说明 δ 函数、线谱与连续谱的问题。δ 函数已经在例题 1.1 中讲到了,它是一个极限过程。图 1.10(a)中的 δ 函数被用来表示时域信号,但它还可以有其他用处。比如,在频域中,可以用 $\delta(f)$ 表示在 $f=0$ 的频率点有一个幅值等于 1 的直流信号。而 $\delta(f-f_0)$ 则表示在 $f=f_0$ 的频率点有一个幅值等于 1 的复指数信号,等等。此外,图 1.10(b)和图 1.11(b)中的频率谱,由于是连续的,就被称为**连续谱**。不过,在对实际系统中的信号作频谱测量时,我们得到的都是**线谱**,因为我们只能用**带通滤波器组**(包括**快速傅里叶变换**)来测量。

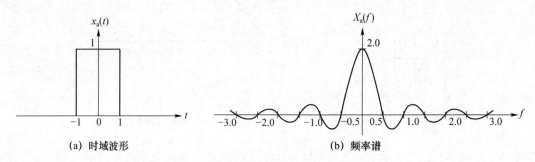

(a) 时域波形 (b) 频率谱

图 1.11 单脉冲矩形波 $x_a(t)$

1.3 拉普拉斯变换[Ziemer, p178]

1.3.1 从傅里叶变换到拉普拉斯变换

傅里叶变换的不足之处是只能用于很少的信号,因为式(1.6)中的积分对许多信号是不存在的,比如周期信号。但如果用复变量 $s=\sigma+\mathrm{j}\omega$ 代替傅里叶变换中的 $\mathrm{j}\omega$,只要 $\sigma>0$,$\mathrm{e}^{-\sigma t}$ 就起到衰减作用,式(1.6)就可用于绝大多数的信号。这时的傅里叶变换就变成了拉普拉斯变换

$$X(s)=\int_0^\infty x(t)\mathrm{e}^{-st}\,\mathrm{d}t \tag{1.11}$$

式中,变换式的定义域从傅里叶变换的虚轴 $\mathrm{j}\omega$ 扩大到整个 s 平面。在 s 平面的虚轴上,$\sigma=0$,所以 $s=\mathrm{j}\omega$。这表示,虚轴上的每一点都与一个频率值相对应(实轴上的每一点也都与一个频率值相对应)。

式(1.11)中的积分下限已经从傅里叶变换的 $t=-\infty$ 右移到了 $t=0$,即从双边积分变成了单边积分。这一般不会引起什么问题,因为在信号处理中,我们总是从某个时间点开始计算的,这个时间点就可以设定为 $t=0$。此外,系统的冲击响应也总是从 $t=0$ 开始的;当 $t<0$ 时,系统输出一概为零。这就是**因果型系统**的意思。

例题 1.3　计算图 1.12 中的单位阶跃信号 $u(t)$ 的拉普拉斯变换。

可以用式(1.11)计算为

$$X_u(s)=\int_0^\infty u(t)\mathrm{e}^{-st}\,\mathrm{d}t=\int_0^\infty \mathrm{e}^{-st}\,\mathrm{d}t=-\left.\frac{1}{s}\mathrm{e}^{-st}\right|_0^\infty$$

$$=\frac{1}{s} \tag{1.12}$$

式中,$\mathrm{e}^{-st}=\mathrm{e}^{-\sigma t}\mathrm{e}^{-\mathrm{j}\omega t}$。当 $t\to\infty$ 时,$|\mathrm{e}^{-\mathrm{j}\omega t}|=1$,所以只要 $\sigma>0$,就有 $\mathrm{e}^{-\sigma t}\to 0$,这使积分等于 $1/s$。　◀

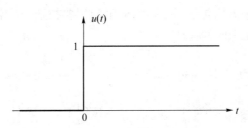

图 1.12　单位阶跃信号 $u(t)$ 的时域波形

1.3.2　电容和电感阻抗的拉普拉斯变换

在导出电容和电感的拉普拉斯变换时,我们从时域出发。在对时域关系式取拉普拉斯变换后,电压和电流的拉普拉斯变换之比就是电容和电感阻抗的拉普拉斯变换式。

电容的电压 $v(t)$ 和电流 $i(t)$ 有关系式

$$i(t)=C\frac{\mathrm{d}v(t)}{\mathrm{d}t} \tag{1.13}$$

对上式两边取拉普拉斯变换(在做变换时,先令 $v(t)=u$ 和 $\mathrm{e}^{-st}=v$,再用分部积分法计算)

$$I(s)=sCV(s)-Cv(0) \tag{1.14}$$

式(1.14)中的 $I(s)$ 和 $V(s)$ 分别为电流和电压的拉普拉斯变换,$Cv(0)$ 为 $t=0$ 时电容上的电荷量。由于初值 $Cv(0)$ 会随时间很快消失〔$Cv(0)$ 会通过电路放电至零〕,所以当用于稳态的频率响应分析时,可以略去式(1.14)中的 $Cv(0)$,得到稳态下**电容阻抗**的拉普拉斯变换

$$Z_C(s) \equiv \frac{V(s)}{I(s)} = \frac{1}{sC} \tag{1.15}$$

把式(1.15)中的 s 替换成 $j\omega$，得到电容的频率特性

$$Z_C(j\omega) = \frac{1}{j\omega C} \tag{1.16}$$

式(1.16)分母中的 j 表示电容上的电压(指正弦量信号)在相位上总是落后电流 90°。

利用与电容相同的方法，可以得到稳态下**电感阻抗**的拉普拉斯变换

$$Z_L(s) \equiv \frac{V(s)}{I(s)} = sL \tag{1.17}$$

把式(1.17)中的 s 替换成 $j\omega$，得到电感的频率特性

$$Z_L(j\omega) = j\omega L \tag{1.18}$$

式(1.18)中的 j 表示电感上的电压(指正弦量信号)在相位上总是超前电流 90°。

1.4　传　递　函　数

传递函数也称系统函数，是一些以拉普拉斯变量 s 为自变量的多项式或分式，用来表示线性系统输出与输入之间的关系。我们用图 1.13 中的两个实际电路来说明传递函数的性质。图中标出了电容阻抗的拉普拉斯变换。电阻的拉普拉斯变换就是它的阻值 R，因为电阻上的电压和电流之比不随时间而变。

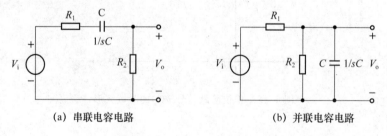

(a) 串联电容电路　　　　　　　　(b) 并联电容电路

图 1.13　两个基本的电容电路

1.4.1　串联电容电路

图 1.13(a)中的串联电容电路有高通特性，它的电压传递函数可以用分压公式写为

$$\frac{V_o(s)}{V_i(s)} = \frac{R_2}{R_1 + R_2 + 1/(sC)} \tag{1.19}$$

或写为

$$\frac{V_o(s)}{V_i(s)} = \frac{sR_2 C}{1 + s(R_1 + R_2)C} \tag{1.20}$$

整理后，得到串联电容电路的传递函数

$$H_{\mathrm{H}}(s) \equiv \frac{V_{\mathrm{o}}(s)}{V_{\mathrm{i}}(s)} = \frac{R_2}{R_1 + R_2} \frac{s(R_1 + R_2)C}{1 + s(R_1 + R_2)C}$$

$$= \frac{R_2}{R_1 + R_2} \frac{s\tau_{\mathrm{H}}}{1 + s\tau_{\mathrm{H}}} \tag{1.21}$$

式中，时间常数 $\tau_{\mathrm{H}} = (R_1 + R_2)C$，而 $1/\tau_{\mathrm{H}}$ 就是高通电路的截止频率 ω_{CH}，即 $1/\tau_{\mathrm{H}} = \omega_{\mathrm{CH}}$。

1.4.2　并联电容电路

图 1.13(b)中的并联电容电路有低通特性。先对输出节点使用 KCL

$$\frac{V_{\mathrm{i}} - V_{\mathrm{o}}}{R_1} = \frac{V_{\mathrm{o}}}{R_2} + \frac{V_{\mathrm{o}}}{1/(sC)} \tag{1.22}$$

整理后，得到并联电容电路的传递函数

$$H_{\mathrm{L}}(s) \equiv \frac{V_{\mathrm{o}}}{V_{\mathrm{i}}} = \frac{R_2}{R_1 + R_2} \frac{1}{1 + s(R_1 \parallel R_2)C}$$

$$= \frac{R_2}{R_1 + R_2} \frac{1}{1 + s\tau_{\mathrm{L}}} \tag{1.23}$$

式中，时间常数 $\tau_{\mathrm{L}} = (R_1 \parallel R_2)C$，而 $1/\tau_{\mathrm{L}}$ 就是低通电路的截止频率 ω_{CL}，即 $1/\tau_{\mathrm{L}} = \omega_{\mathrm{CL}}$。

像式(1.21)和式(1.23)这样的传递函数，分母是 s 的一次式，就叫**一阶函数**。一阶函数的缺点是，只能描述包含一个电容的电路。这就要求我们在分析时把比较复杂的电路作适当简化。一阶函数的优点是分析起来比较容易。下面的分析主要集中在一阶函数。

1.5　零点与极点

传递函数分母多项式的根被称为传递函数的**极点**，因为当 s 与其中的一个根相等时，传递函数趋于无穷大。$H_{\mathrm{H}}(s)$ 有一个极点在 $s_{\mathrm{p}} = -1/\tau_{\mathrm{H}}$；$H_{\mathrm{L}}(s)$ 有一个极点在 $s_{\mathrm{p}} = -1/\tau_{\mathrm{L}}$。这两个极点都在负实轴上。其实，变量 s 是不可以到达这些极点的（s 只能在虚轴上移动）。但**极点**对于传递函数又是极其重要的。电路或系统的频率响应完全取决于零极点的位置。这在稍后说明。

零点是使传递函数的分子等于零的那些 s 值。$H_{\mathrm{H}}(s)$ 中存在一个零点 $s_{\mathrm{z}} = 0$，而 $H_{\mathrm{L}}(s)$ 中不存在零点。零点可以位于 s 平面内的任何地方。极点必须在左半 s 平面内，才可保持系统稳定。

1.6　频 率 响 应

频率响应是指电路或系统的输出随输入信号的频率而变的特性。频率响应有两个特点：(1)频率响应是**稳态特性**，所有暂态过程都已消失；(2)频率响应包括**幅值响应**和**相位响应**两部分。而分析频率响应也有两种方法：**图解法**和**解析法**。本节继续使用图 1.13 中的两个电路。

1.6.1　图解法

为了用图解法分析频率响应,先要把传递函数的分子和分母写成若干因式之积,其中的每个因式都是$(s-s_{zi})$或$(s-s_{pi})$的形式(s_{zi}为第i个零点,s_{pi}为第i个极点)。然后用$j\omega$代替s,而因式$(j\omega-s_{zi})$和$(j\omega-s_{pi})$即变成s平面内的两条矢量,其中的$(j\omega-s_{zi})$被称为**零点矢量**,$(j\omega-s_{pi})$被称为**极点矢量**。如果令ω从0变化到∞,那么所有零点矢量的乘积与所有极点矢量的乘积之比就是电路的频率响应。下面用式(1.21)来说明。

对式(1.21)后一个分式的分子和分母同除以τ_H,得到

$$H_H(s)=\frac{R_2}{R_1+R_2}\frac{s-0}{s-(-1/\tau_H)} \tag{1.24}$$

式中,$-1/\tau_H=s_p$是$H_H(s)$的极点,$s_z=0$是$H_H(s)$的零点。这一对零极点被画在图1.14(a)中。

要计算频率响应,只需把s换成$j\omega$(即把s限制在虚轴上)

$$H_H(j\omega)=\frac{R_2}{R_1+R_2}\frac{j\omega-s_z}{j\omega-s_p} \tag{1.25}$$

式(1.25)右边分式的分母表示s平面内的一条极点矢量,它从负实轴上的$s_p=-1/\tau_H$指向虚轴上的$j\omega_1$,如图1.14(a)所示(图中假设s沿虚轴移动到任意一点$j\omega_1$)。频率响应的幅值与极点矢量的长度成反比,频率响应的相位等于极点矢量幅角的负值。当s沿虚轴从0移动到∞时,对应于ω从0变化到∞,极点矢量的长度从$|s_p|$变化到无穷大。与此同时,式(1.25)分子中零点矢量的长度从0变化到∞。零极点矢量合成的结果是,电路的幅值响应从零逐渐变化到$R_2/(R_1+R_2)$。

在图1.14(a)中,极点矢量的幅角θ从0°变化到90°,零点矢量的幅角一直保持为90°。二者合成的结果是,电路的相位响应从90°逐渐下降到0°。图1.14(b)表示电路的幅值和相位响应曲线。

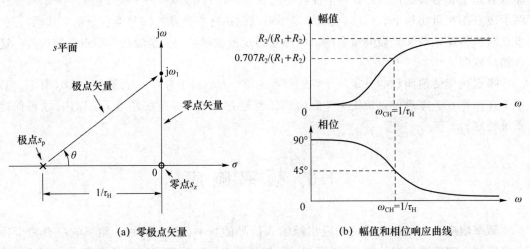

(a) 零极点矢量　　　　　　　(b) 幅值和相位响应曲线

图1.14　串联电容电路

1.6.2　解析法

对于式(1.23)，用 $j\omega$ 代替 s，便得到图 1.13(b)中并联电容电路的频率响应表达式

$$H_L(j\omega)=\frac{R_2}{R_1+R_2}\frac{1}{1+j\omega/\omega_{CL}} \tag{1.26}$$

式中，$\omega_{CL}=1/\tau_L=1/(R_1\|R_2)C$ 为图 1.13(b)中低通电路的截止频率。式(1.26)可写成模和幅角的形式

$$|H_L(j\omega)|=\frac{R_2}{R_1+R_2}\frac{1}{\sqrt{1+(\omega/\omega_{CL})^2}} \tag{1.27}$$

$$\angle H_L(j\omega)=-\tan^{-1}\frac{\omega}{\omega_{CL}} \tag{1.28}$$

式(1.27)中复数的**模**就是电路的**幅值响应**，式(1.28)中复数的**幅角**就是电路的**相位响应**。用式(1.27)和式(1.28)就可画出电路的频率响应曲线，如图 1.15 所示。图 1.15 表示，当 ω 从 0 变化到 ∞ 时，电路的幅值响应从 $R_2/(R_1+R_2)$ 逐渐下降到零，而电路的相位响应从零逐渐变化到 $-90°$。

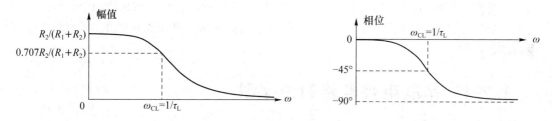

图 1.15　并联电容电路频率响应 $H_L(j\omega)$ 的幅值和相位曲线

需要说明，本节讨论的都是 $\omega\geqslant0$ 的情况。由于零极点的分布总是关于水平轴对称的（以**实系数**传递函数为前提），所以 $\omega<0$ 时的幅值响应与 $\omega>0$ 时的幅值响应完全一样，而相位响应变成相反数。

例题 1.4　在式(1.27)中，假设 $\tau_L=1\text{ ms}$，$R_2\rightarrow\infty$。要求画出电路大致的幅值响应曲线。

时间常数 $\tau_L=1\text{ ms}$ 对应于电路的截止频率 $\omega_{CL}=1/\tau_L=1\text{ krad/s}$。在低频区，$|H_L(j\omega)|$ 趋于 1。当 $\omega=\omega_{CL}$ 时，$|H_L(j\omega)|$ 下降到 $1/\sqrt{2}\approx0.707$，并随 ω 的增加逐渐趋于零。这就可以画出大致的频率响应幅值曲线，如图 1.16(a)所示。

图 1.16(b)仅用来说明 f 与 ω 之间的关系，因为这两个参数是经常遇到的。f 与 ω 有关系式 $\omega=2\pi f$ 或 $f=\omega/2\pi$。两者的唯一不同点是单位不同，就好像米与英尺的关系。频率 f 的单位是 Hz，即周/秒；而角频率 ω 的单位是 rad/s，即弧度/秒。两者在数值上相差 2π 倍。比如，$f=1\text{ Hz}$ 可换算成 $\omega=2\pi\text{ rad/s}$。但两者表示的是同一个转速，即每秒旋转一周或 2π 弧度。

如果用 f 代替 ω 来改画图 1.16(a)中的曲线，只需把图(a)中的水平轴改为以 Hz 为单位，而保持图中的曲线形状不变，如图 1.16(b)所示。这样，图(a)中的角频率 $\omega=1\text{ krad/s}$，到了图(b)中就是 $f=1\,000/2\pi\approx159\text{ Hz}$。此外，纵坐标需改为 $|H_L(j2\pi f)|$，横坐标改为 f。

这就完成了曲线图的改画。

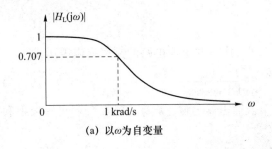
(a) 以ω为自变量

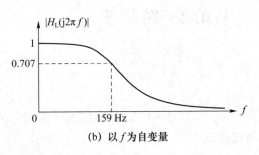
(b) 以f为自变量

图 1.16　电容并联电路的幅值响应曲线

最后想说明 τ、ω 与 s_p 三者之间的关系。**时间常数** τ 与**角频率** ω 有关系式 $\tau=1/\omega$；而**极点** s_p 与 ω 有关系式 $\omega=-s_p$（ω 一般为正值，极点一般为负值）。零点 s_z 的情况是相似的。

1.7　伯德图[Neamen, p785]

伯德图是一种利用零极点频率（或时间常数）画出的近似的幅值和相位响应曲线图。伯德图的要点是，用**渐近线**代替实际曲线，所以画起来很容易。下面来画图 1.13 中两个电容电路的伯德图。

1.7.1　串联电容电路的伯德图

先把串联电容电路传递函数的式(1.21)变成频率响应表达式

$$H_H(j\omega)=\frac{R_2}{R_1+R_2}\frac{j\omega\tau_H}{1+j\omega\tau_H} \tag{1.29}$$

从式(1.29)得到电路的幅值响应

$$|H_H(j\omega)|=\frac{R_2}{R_1+R_2}\frac{\omega\tau_H}{\sqrt{1+(\omega\tau_H)^2}} \tag{1.30}$$

在画伯德图的幅值曲线之前，需把式(1.30)转换成对数形式

$$|H_H(j\omega)|_{dB}=20\log\left[\frac{R_2}{R_1+R_2}\frac{\omega\tau_H}{\sqrt{1+(\omega\tau_H)^2}}\right] \tag{1.31}$$

或写为

$$|H_H(j\omega)|_{dB}=20\log\frac{R_2}{R_1+R_2}+20\log(\omega\tau_H)-20\log\sqrt{1+(\omega\tau_H)^2} \tag{1.32}$$

式(1.32)右边的第一项为常数项。当频率 $\omega\to0$ 时，右边的第二项趋于 $-\infty$ dB，第三项趋于 0 dB，使电路的幅值响应趋于 $-\infty$ dB 或零。当 $\omega=1/\tau_H$ 时，右边第二项等于 0 dB，第三项等于 -3 dB，使幅值响应比高频时低 3 dB。当 $\omega>1/\tau_H$ 时，右边后两项趋于相互抵消，使幅值响应趋于 $20\log[R_2/(R_1+R_2)]$。所以，$\omega=1/\tau_H$ 为电路的转折频率。用式(1.32)画出的幅值响应伯德图如图 1.17(a)所示。

图 1.17(a)中的虚线表示实际的幅值响应曲线。但伯德图中不必画出实际曲线，只需

画出两条渐进线,即一条水平线和一条斜率等于 6 dB/倍频的斜线。所以在画伯德图时,我们只需确定**转折频率**(也称**截止频率**或-3 dB**频率点**),然后画一条水平线和一条斜线就算完成了。

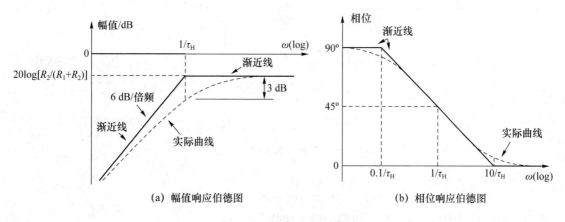

(a) 幅值响应伯德图　　　　　　　　(b) 相位响应伯德图

图 1.17　串联电容电路伯德图

从式(1.29)还可写出电路的相位响应(相位响应与 $R_2/(R_1+R_2)$ 无关,而分子 $j\omega\tau_H$ 贡献 $90°$ 相移)

$$\theta(\omega)=90°-\tan^{-1}(\omega\tau_H) \tag{1.33}$$

式中,当 $\omega=0$ 时,$\theta(\omega)=90°$。当 $\omega\to\infty$ 时,$\theta(\omega)\to0$。当 $\omega=1/\tau_H$ 时,$\theta(\omega)=45°$。这就可以画出式(1.33)的相位曲线伯德图,如图 1.17(b)所示。图中也给出了实际曲线和渐近线,其中的渐近线是依靠 $\omega=0.1/\tau_H$ 和 $\omega=10/\tau_H$ 两个频率点画出的,因为当 $\omega=0.1/\tau_H$ 时,$\tan^{-1}(\omega\tau_H)\approx5.7°$,非常接近 $0°$;当 $\omega=10/\tau_H$ 时,$\tan^{-1}(\omega\tau_H)\approx84.3°$,非常接近 $90°$。同样,相位伯德图中也只需画出渐近线,不必画出实际曲线。

1.7.2　并联电容电路的伯德图

先把并联电容电路传递函数的式(1.23)变成频率响应表达式

$$H_L(j\omega)=\frac{R_2}{R_1+R_2}\frac{1}{1+j\omega\tau_L} \tag{1.34}$$

从式(1.34)得到幅值响应和相位响应

$$|H_L(j\omega)|_{dB}=20\log\left(\frac{R_2}{R_1+R_2}\right)-20\log\sqrt{1+(\omega\tau_L)^2} \tag{1.35}$$

$$\theta(\omega)=-\tan^{-1}(\omega\tau_L) \tag{1.36}$$

用式(1.35)和式(1.36)就可画出电路的幅值和相位伯德图,如图 1.18 所示。

例题 1.5　要求确定图 1.13(a)和(b)中两个电路的伯德图转折频率和最大渐近幅值。电路有参数:$R_1=5$ kΩ,$R_2=10$ kΩ;图(a)中的 $C=1$ μF,图(b)中的 $C=2$ pF。

先计算图 1.13(a)中的电路。用式(1.21)计算图 1.13(a)中电路的时间常数

$$\tau_H=(5\times10^3+10\times10^3)\times1\times10^{-6}=15\times10^{-3}=15(ms)$$

高通电路的转折频率可计算为

$$f_{CH}=1/(2\pi\tau_H)=1/(2\times\pi\times15\times10^{-3})=10.6(Hz)$$

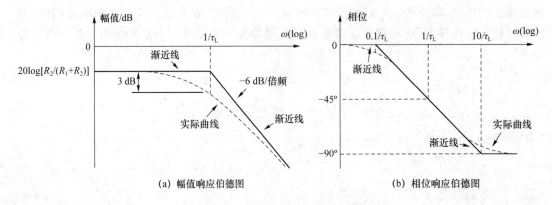

(a) 幅值响应伯德图　　　　　　　　　　(b) 相位响应伯德图

图 1.18　并联电容电路的伯德图

最大渐近幅值可计算为

$$20\log[R_2/(R_1+R_2)]=20\log(0.667)=-3.52(\text{dB})$$

再用式(1.23)计算图 1.13(b)中电路的时间常数

$$\tau_L=(5\times10^3\parallel10\times10^3)\times2\times10^{-12}=6.67(\text{ns})$$

低通电路的转折频率为

$$f_{CL}=1/(2\pi\tau_L)=1/(2\times\pi\times6.67\times10^{-9})=23.9(\text{MHz})$$

最大渐近幅值与图 1.13(a)中的相同,等于 0.667 或 −3.52 dB。

1.7.3　放大器的频率响应

　　放大器的频率响应受到电路中耦合电容和负载电容的影响。(晶体管的内部电容因为与负载电容有相同的效应,可以归入负载电容进行讨论)。图 1.13(a)中的电容 C 起到耦合电容的作用;它使放大器在低频区的增益随频率的下降而下降,如图 1.17(a)所示。图 1.13(b)中的电容 C 起到负载电容的作用;它使放大器在高频区的增益随频率的增加而下降,如图 1.18(a)所示。把耦合电容和负载电容的效应合起来,便得到图 1.19(a)中完整的放大器频率响应曲线。图中,在频率点 ω_{CL} 和 ω_{CH} 处的增益都要比中频区的增益 A_m 下降了 3 dB;两者分别被称为放大器的低端和高端**截止频率**;而位于 ω_{CL} 和 ω_{CH} 之间的中频区被称为放大器的**带宽**。

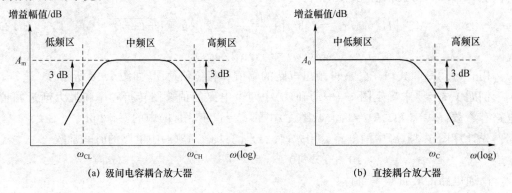

(a) 级间电容耦合放大器　　　　　　　　(b) 直接耦合放大器

图 1.19　放大器的幅值响应曲线

　　现在的双极和 MOS 放大器中,各级之间都是直接耦合的,所以不存在低端截止频率 ω_{CL},中频区的增益一直延伸到低频区和 dc。这样的放大器幅值曲线如图 1.19(b)所示,图中的 A_0 为放大器的低频增益或 dc 增益,ω_C 为放大器的截止频率或带宽。第 3 章将说明三种 MOS 放大器的频率特性。

1.8　时　间　响　应

　　本章前面讨论的频率响应反映了电路对**正弦量信号**的响应能力,而实际电路中还可以有非正弦的输入信号,其中最常见的是**阶跃信号**。所以本节主要讨论电路对阶跃信号的**时间响应**。(电路对单位冲击信号的响应被称为电路的**单位冲击响应**。我们可以容易地证明:电路的单位冲击响应的拉普拉斯变换就是电路的**传递函数**。)

1.8.1　一阶电路

　　首先讨论一阶电路(即单极点)的情况,电路有传递函数

$$\frac{V_o(s)}{V_i(s)} = \frac{A_0}{1-s/s_p} \tag{1.37}$$

式中,A_0 为电路的低频增益,$s_p < 0$ 为电路的唯一极点,如图 1.20(a)所示。从 s_p 可知电路的截止频率 $\omega_C = -s_p$。现在假设对电路施加一个小幅度的阶跃信号。这个阶跃信号的拉普拉斯变换可写为 $V_i(s) = B/s$,B 为阶跃信号的幅度。于是,电路的输出可写为

$$V_o(s) = \frac{A_0 B}{s(1-s/s_p)} = A_0 B\left(\frac{1}{s} - \frac{1}{s-s_p}\right) \tag{1.38}$$

式(1.38)演算中使用了部分分式法把分母拆成两个分式;而 $1/s$ 和 $1/(s-s_p)$ 的拉普拉斯反变换分别等于 1 和 $\exp(-s_p t)$。所以,对上式做拉普拉斯反变换,得到电路的时间响应

$$v_O(t) = A_0 B(1-e^{-s_p t}) \tag{1.39}$$

把式(1.39)画成曲线,便得到图 1.20(b)的波形图。从图中看,输出信号 $v_O(t)$ 以指数函数逼近终值 $A_0 B$,其时间常数 $\tau = 1/\omega_C = 1/|s_p|$。

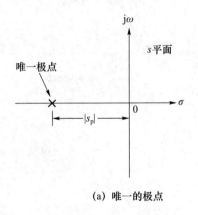

(a) 唯一的极点

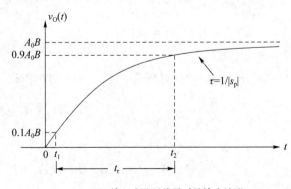

(b) 输入为阶跃信号时的输出波形

图 1.20　一阶电路

对于输出信号的速度,通常以满幅的 0.1 到 0.9 的时间来衡量,这叫**上升时间**或**下降时间**,分别用 t_r 或 t_f 表示。在图 1.20(b)中,可以容易地算出输出信号的上升(或下降)时间

$$t_r = t_2 - t_1 = -\frac{1}{s_p}\ln 9 = \frac{2.2}{\omega_C} = \frac{0.35}{f_C} \tag{1.40}$$

式(1.40)表示,一阶电路的上升时间与电路的**截止频率**直接相关。比如,如果一阶电路的截止频率 $f_C = 10\,\text{MHz}$,它的输出波形的上升时间就是 $t_r = 35\,\text{ns}$。

1.8.2 二阶电路

二阶电路有两个极点,所以要复杂一些。如果电路的两个极点都是实数(比如两个单极点放大级的串联),电路的时间响应就与一阶电路基本相同。对于单位阶跃的输入信号,电路的输出也是一条逐渐逼近终值的指数曲线。它的时间常数近似地等于两个时间常数平方和的平方根。

如果两个极点是一对位于左半 s 平面内的共轭复数(如图 1.21(a)所示),我们通常的做法是把电路的传递函数写成下面的形式

$$H(s) = \frac{A_0\omega_n^2}{s^2 + 2\zeta\omega_n s + \omega_n^2} \tag{1.41}$$

式中,A_0 为电路的低频增益,ω_n 称为电路的**固有频率**,ζ 称为**阻尼系数**,并在 $(0,1]$ 范围内取值。图 1.21(a)表示了 ω_n 和 ζ 与电路两个极点位置之间的换算关系。电路的时间响应可以有两种情况:(1)如果 $\zeta < 0.707$(极点比较靠近实轴),电路被称为处于**过阻尼**状态,频率响应中不出现峰值,时间响应也是一条指数曲线。(2)如果 $\zeta > 0.707$(极点比较靠近虚轴),电路被称为处于**欠阻尼**状态,频率响应会出现峰值,而时间响应变成一条有过冲的衰减振荡曲线。这些特性都表示在图 1.21(b)和(c)中[Allen,p669]。

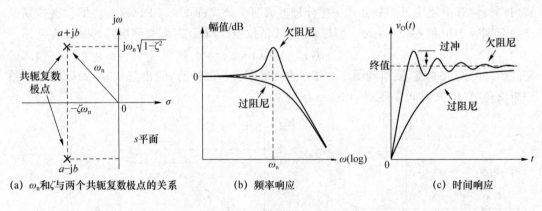

(a) ω_n 和 ζ 与两个共轭复数极点的关系   (b) 频率响应   (c) 时间响应

图 1.21 二阶电路

1.9 小   结

本章讨论了模拟电路中会经常用到的电路定理。其中,KCL 和 KVL 是最基本的电路

定律,它们适用于所有电路;而叠加定理和戴维南、诺顿等效变换只适用于线性电路。复指数信号是电路分析中的重要概念。电容阻抗的拉普拉斯变换也是电路计算中经常用到的。本章从拉普拉斯变换导出了电路的传递函数,说明了零极点和频率响应。伯德图的特点是作图简单。本章最后讨论了电路的时间响应,并说明了时间响应与极点之间的关系。

练 习 题

1.1 计算图 P1.1 中两个电阻网络在 a 与 b 之间的阻值。

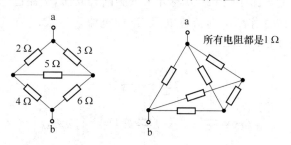

图 P1.1

1.2 计算图 P1.2 中两个电路在 a 和 b 之间的等效电阻,图中 $m=3$ 和 $g_m=2\ \text{mA/V}$。计算时可使用外加试验电压。

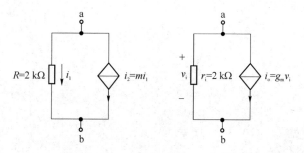

图 P1.2

1.3 (a)如果 $x(t)$ 为偶对称的实函数,证明它的傅里叶变换可简化为 $X(f)=2\int_0^\infty x(t)\cos(2\pi ft)\mathrm{d}t$,并证明 $X(f)$ 也是偶对称的实函数。(b)如果 $x(t)$ 为奇对称的实函数,证明它的傅里叶变换可简化为 $X(f)=-2j\int_0^\infty x(t)\sin(2\pi ft)\mathrm{d}t$,并证明 $X(f)$ 是奇对称的虚函数。

1.4 图 P1.4 中的两个运算放大器有极高的电压增益,所以运放两个输入端之间的电压可以认为等于零,而且两个输入端的输入阻抗都趋于无穷大。要求确定两个电路的传递函数 $H(s)=V_\text{o}(s)/V_\text{i}(s)$,并画出两个传递函数的伯德图。

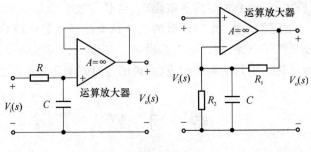

图 P1.4

1.5 在图 P1.5 的电路中,当 $t < 0$ 时开关 S 为断开状态,电路已达稳态。当 $t = 0$ 时开关 S 接通。要求计算:(a)当 $t > 0$ 时流过电阻 R_1 的电流表达式;(b)当 $t = 0$、S 被突然接通时的直流电压源 U 发出的功率。

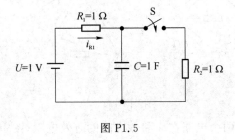

图 P1.5

第2章 半导体二极管与双极型晶体管

模拟电路中主要有两种有源器件：**双极型晶体管**和**MOS 晶体管**。本章简要介绍双极型晶体管，第 3 章将详细介绍 MOS 晶体管。由于这两种晶体管都是基于半导体二极管构建的，本章首先说明半导体二极管。

2.1 半导体二极管

2.1.1 直流特性

直流特性也称**大信号特性**。说得通俗一点，就是用直流电流表和电压表逐点测得的结果。图 2.1(a)是二极管的电路符号，二极管电压的正方向是从正极指向负极的方向，二极管电流的正方向是流入正极的方向。这是二极管被正向偏置时的电压和电流方向。图 2.1(b)表示二极管的直流特性，它有三个工作区：正向区、反向区和反向击穿区。（所谓**偏置**是使器件离开原点而偏于一侧。）

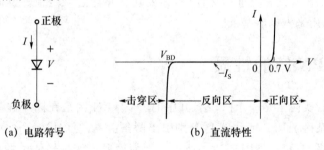

(a) 电路符号   (b) 直流特性

图 2.1 半导体二极管

1. 正向区[Allen, p45]

当加上正向电压时，二极管进入**正向区**。根据半导体理论，正向区的 $I\text{-}V$ 特性可表示为

$$I = I_S(e^{V/V_T} - 1) \tag{2.1}$$

式中，I_S 为二极管的**饱和电流**，它与温度有关，一般每增加 5 ℃，I_S 增加一倍。二极管的 I_S 还与它的 PN 结面积成正比。V_T 是**热电压**，并有表达式

$$V_T = \frac{kT}{q} \tag{2.2}$$

式中，k 为波尔兹曼常数，T 为绝对温度，q 为电子电量。从式(2.2)看，热电压与温度成正比。室温 20 ℃下的 V_T 为 25.2 mV，可近似为 25 mV；27 ℃下的 V_T 为 25.8 mV，可近似为

26 mV。

当二极管的正向电压 V 比 V_T 大很多时,可以略去式(2.1)中的 1,式(2.1)变为

$$I = I_S e^{V/V_T} \tag{2.3}$$

从式(2.3)得到二极管的电压表达式

$$V = V_T \ln \frac{I}{I_S} \tag{2.4}$$

从式(2.4)看,如果二极管的正向电流 I 增加一倍,二极管的电压 V 只增加 $0.69V_T = 17$ mV。这个电压变化是很小的。这就是二极管的正向电压总是在 0.6 V 和 0.8 V 之间的原因。当 $V < 0.5$ V 时,二极管的电流非常小而被认为等于零。

由于式(2.1)中的 I_S 和 V_T 都随温度而变,所以二极管的 $I\text{-}V$ 特性也随温度而变。当二极管电流一定时,它的电压随温度的变化率大约为 -2 mV/℃。

2. 反向区

当加上反向电压时,二极管进入**反向区**;而式(2.1)同样适用于反向区。从式(2.1)看,只要反向电压的绝对值超过 V_T 数倍后,式中的指数项趋于零,式(2.1)变成

$$I \approx -I_S \tag{2.5}$$

上式表示,二极管处于反向区时的电流总是等于 $-I_S$。这就是 I_S 被称为**饱和电流**的原因。实际二极管的反向电流远大于 I_S。比如,小型二极管的反向电流在 1 nA 的量级,而不是理论上的 10^{-15} A,其中的主要原因是存在漏电流。

3. 击穿区

当二极管的反向电压超过**击穿电压**时,二极管进入**击穿区**。这个击穿电压就是图 2.1(b) 中反向 $I\text{-}V$ 特性的屈膝点,用 V_{BD} 表示。从图中看,击穿区的电流会急剧增加,而电压却很少增加。二极管的击穿通常是非破坏性的,只要功耗不超过规定值。反向击穿曲线非常接近一条垂线,可以用来做电压基准。

2.1.2　PN 结的性质

半导体二极管实际上是一个PN 结,其中的 P 区和 N 区是在同一硅晶片上通过掺杂工艺制做的两个掺杂区。从 P 区和 N 区分别引出两条引线,便构成一个二极管。这两条引线就是二极管的正极和负极,如图 2.1(a)所示。下面简要说明半导体中的**载流子**和 PN 结的性质。

本征半导体是指纯净的半导体晶体。在本征半导体中,只有极少量由热激发产生的载流子(包括**自由电子**和**空穴**),所以是几乎不导电的。对本征半导体输入少量的杂质原子,就变成**掺杂半导体**。

在掺杂半导体中,一种载流子的浓度远大于另一种载流子的浓度。如果**自由电子**占载流子的大多数,这种半导体就叫**N 型半导体**,其中的自由电子被称为**多数载流子**,空穴被称为**少数载流子**。反之,如果空穴占载流子的大多数,这种半导体就叫**P 型半导体**,空穴被称为多数载流子,自由电子被称为少数载流子。在硅晶体中,只有少数载流子是与温度有关的;多数载流子的浓度等于掺杂浓度,与温度无关。

自由电子和空穴在硅晶体中的运动有两种方式:**扩散**和**漂移**。扩散是由热能引起的随

机性移动。当硅晶体内的自由电子和空穴的浓度不均匀时,它们会从浓度高的区域向浓度低的区域扩散。载流子的扩散是可以产生电流的,这种电流叫**扩散电流**。当硅晶体中存在电场时,载流子也会在电场作用下产生移动。这种移动被称为载流子的**漂移运动**。载流子的漂移速度与电场强度成正比,还与载流子本身的**迁移率**成正比。在硅晶体中,自由电子的迁移率要比空穴高很多。

1. 开路时的 PN 结

图 2.2 表示 PN 结开路时的内部电荷、场强和电位的分布。在图 2.2(a)中,由于载流子浓度的不同,P 区内的空穴会越过 PN 结界面扩散到 N 区内,而 N 区内的自由电子会越过 PN 结界面扩散到 P 区内。两种载流子形成的电流方向是相同的,所以是相加的。这个相加的电流就是图 2.2(a)中的扩散电流 I_D,它是从 P 区流向 N 区的。

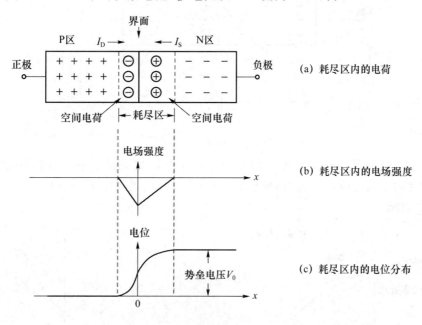

图 2.2　开路时的 PN 结

扩散运动的结果是在 P 区和 N 区界面两侧留下一些不能移动的电荷。这些不能移动的电荷被称为**空间电荷**;这一区域被称为**空间电荷区**或**耗尽区**,如图 2.2(a)所示。耗尽区内存在的正、负固定电荷会在耗尽区内形成一个电场,如图 2.2(b)所示(场强的正方向规定为 x 的方向,所以场强是负值)。这个电场在 PN 结界面处达到最大,在耗尽区之外几乎为零。

对电场强度进行积分就得到电位分布,这就是图 2.2(c)中的曲线。图中把 P 区的电位规定为零电位。这条曲线表示,N 区的电位要高于 P 区的电位。所以,扩散运动形成的电位差阻碍了载流子的进一步扩散。这个电位差就是图 2.2(c)中的 V_0;它被称为**势垒电压**或**内建电压**。

除多数载流子的扩散运动外,在 PN 结中还存在少数载流子的漂移运动。当 P 区和 N 区内由热激发产生的少数载流子移动到耗尽区附近时,会受到耗尽区内电场的作用而越过 PN 结进入对方区域。漂移运动的结果是形成了漂移电流 I_S,它从 N 区流入 P 区,如图 2.2

(a)所示。由于开路状态下的 PN 结没有外部电流流过,所以越过 PN 结界面的两个电流 I_S 和 I_D 是相等的。

2. 反偏下的 PN 结

图 2.3 是反偏下的 PN 结。当 PN 结反偏时,N 区内的电子受 V_R 正极的吸引而进入外电路,P 区内的空穴受 V_R 负极的吸引也进入外电路。两种载流子在 V_R 中汇合而消失。当这些空穴和电子分别离开 P 区和 N 区后,会在 P 区和 N 区内留下等量的固定电荷,使耗尽区内储存的空间电荷增加,耗尽区变宽,势垒电压变高,使扩散电流变小。由于扩散电流非常小,而漂移电流与势垒的高低无关,所以反向电流 I_R 基本上等于漂移电流 I_S。

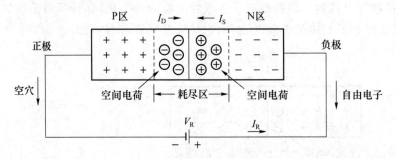

图 2.3 反偏时的 PN 结

图 2.4(a)表示耗尽区的电荷 q_j 与外加反向电压 V_R 之间的关系。当 V_R 的改变引起耗尽区内储存的空间电荷 q_j 改变时,便形成一个电容。这个电容叫**耗尽区电容**,也称**结电容**,通常用 C_j 表示。

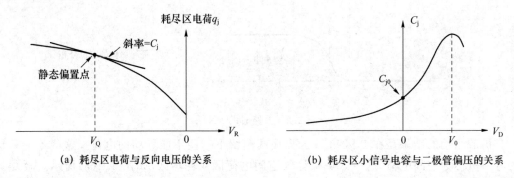

(a) 耗尽区电荷与反向电压的关系   (b) 耗尽区小信号电容与二极管偏压的关系

图 2.4 耗尽区电容

从图 2.4(a)中的曲线看,耗尽区电容是非线性的。但如果信号的摆幅很小,耗尽区电容就可以像图 2.4(a)中那样,用曲线在偏置点的斜率来表示

$$C_j = \frac{\mathrm{d}q_j}{\mathrm{d}V_R} \tag{2.6}$$

式(2.6)可以写成便于使用的形式

$$C_j = \frac{C_{j0}}{\sqrt{1 + V_R/V_0}} \tag{2.7}$$

式中,C_{j0} 为 $V_R = 0$ 时的耗尽区电容,V_0 为内建电压[Gray,p6]。

根据图 2.4(a)中电荷与电压的关系,可以画出耗尽区小信号电容与电压之间的关系曲线,如图 2.4(b)所示。图中的曲线指出,当 PN 结从反偏变成正偏时,耗尽区电容会继续增加。但当正偏电压超过内建电压 V_0 后,由于出现了较大的正向电流,耗尽区电容便迅速减小。

例题 2.1　假设零偏下的 PN 结有结电容 $C_{j0} = 3$ pF 和内建电压 $V_0 = 0.5$ V。那么在 10 V 反偏电压下的结电容可以用式(2.7)计算为

$$C_j = \frac{3}{\sqrt{1+10/0.5}} = 0.65 \text{ pF}$$

3. 正偏下的 PN 结

图 2.5 是 PN 结处于正向偏置时的情况:电压 V_F 的正极与 P 区相连,负极与 N 区相连。正向电流 I_F 从外电路流入 P 区,越过 PN 结进入 N 区,再经过外电路返回到 V_F 的负极。由于外部的正向电压降低了耗尽区的势垒电压,使正偏的 PN 结有很大的电流。此时流过 PN 结的电流为 $I_F = I_D - I_S$。二极管正向电流的表达式已示于式(2.1)中。

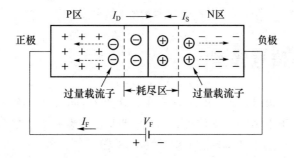

图 2.5　正偏时的 PN 结

当 PN 结正偏时,会有过量的少数载流子堆积在 P 区和 N 区内靠近耗尽区的一侧,然后通过扩散运动进入对方区域,如图 2.5 所示。如果此时 PN 结上的电压发生改变,过量载流子的数量也随之改变。这就形成了 PN 结的另一种电容——**扩散电容**。它与耗尽区内的**空间电荷**所形成的**结电容**有完全不同的机理。

当信号摆幅很小时,我们可以定义小信号扩散电容 C_d

$$C_d = \frac{dQ}{dV} \tag{2.8}$$

式中,Q 为过量载流子的电荷总量,V 为 PN 结的正向电压。我们还可以证明[Johns,13]

$$C_d = \frac{\tau_T}{V_T} \cdot I \tag{2.9}$$

式中,τ_T 为 PN 结的平均渡越时间,V_T 为热电压,I 为二极管的正向电流。从式(2.9)看,C_d 的大小与二极管的电流成正比。为降低 C_d,平均渡越时间 τ_T 必须做得很小。τ_T 是二极管在高频应用中的重要参数。

2.1.3　大信号模型

由于非线性的原因,对二极管电路的直接求解比较麻烦。我们需要一种简单实用的计算方法,这就是使用简化的二极管模型,其中的**恒压降模型**是最常用的。

用一条水平线和一条垂线表示二极管的正向特性,这就是**恒压降模型**,如图 2.6(a)所示。恒压降模型的意思是,正向通导的二极管只是产生一个恒定的压降 V_{D0};这个压降一般取 0.6 V 或 0.7 V。恒压降模型的等效电路示于图 2.6(b)中。

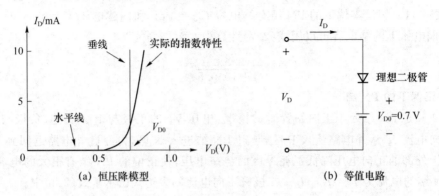

图 2.6　二极管的大信号模型

2.1.4　小信号模型

在图 2.7(a)中,二极管被 V_D 正向偏置在工作点 Q,同时有一个很小的交流信号 v_d 叠加在偏压 V_D 上。对于很小的交流信号,二极管就可表示为一个电阻,其阻值等于二极管的 I-V 曲线在偏置点切线斜率的倒数,如图 2.7(b)所示。

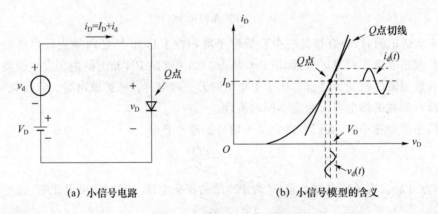

图 2.7　二极管的小信号模型

根据前面的式(2.4),可以容易地导出二极管的小信号电阻表达式

$$r_d \equiv \frac{v_d}{i_d} = \frac{V_T}{I_D} \tag{2.10}$$

导出二极管小信号电阻表达式的条件是:二极管上的交流电压 $v_d(t)$ 要比 V_T 小很多。由于 $V_T \approx 25$ mV,我们一般要求 $v_d(t)$ 在 10 mV 以下。在式(2.10)中,如果 $I_D=1$ mA,r_d 就在 25 Ω 左右。

根据式(2.10)可以画出二极管在 Q 点的小信号模型,如图 2.8(a)所示。需要知道,小信号模型的参数随 Q 点的位置而变。

把上面讨论的二极管的结电容 C_j 和扩散电容 C_d 加入图 2.8(a)的低频模型中，便得到图 2.8(b)的**高频模型**。当二极管反偏时，结电容 C_j 成为主导；当二极管正偏时，扩散电容 C_d 成为主导。

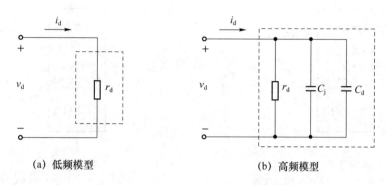

(a) 低频模型　　　　　　　　　(b) 高频模型

图 2.8　二极管的小信号模型

最后对本节的内容作一归纳：半导体二极管最基本的特性是，它的电流与它两端的电压成指数关系，这就是式(2.1)表示的，其中 I_S 为二极管的**饱和电流**，它与 PN 结面积成正比。二极管的大信号模型用两条直线表示，这叫**恒压降模型**。二极管的**小信号模型**表示为一个**小信号电阻**和两个**小信号电容**的并联；这两个小信号电容就是**结电容** C_j 和**扩散电容** C_d。

2.2　双极型晶体管

双极型晶体管简称**晶体管**或 BJT。它由两个背靠背的 PN 结组成，电子和空穴共同参与导电并组成晶体管电流，这也是**双极**名称的由来。本节先讨论晶体管的物理结构和工作原理，然后从电流的角度说明晶体管的 I-V 特性，最后导出晶体管的小信号模型。

2.2.1　物理结构与电路符号

双极型晶体管分为 NPN 和 PNP 两种类型。图 2.9(a)表示双极 NPN 晶体管的物理结构和电路符号。它的发射区、基区和集电区分别由 N 型、P 型和 N 型半导体材料组成，所以叫 NPN 晶体管。图 2.9(b)表示双极 PNP 晶体管的物理结构和电路符号。它的发射区、基区和集电区分别由 P 型、N 型和 P 型半导体材料组成，刚好与 NPN 晶体管相反。

双极型晶体管有三条引线与它的三个半导体区相连，这三条引线分别叫**发射极E**(简称**射极**)、**基极B** 和**集电极C**(简称**集极**)。双极型晶体管中还有两个 PN 结：基区与发射区之间的**发射结**(也称基射结)和集电区与基区之间的**集电结**(也称集基结)。当工作在正常的有源区时，**发射结**是正偏的，**集电结**是反偏的。晶体管有时也会工作在截止区和饱和区。在截止区，两个 PN 结都是反偏的；在饱和区，两个 PN 结都是正偏的。

在图 2.9(b)中，PNP 晶体管的发射极画在上面，集电极画在下面。选用这个方向后，无论是图(a)中的 NPN 管还是图(b)中的 PNP 管，电压和电流的方向都是从上到下的。这是两种晶体管正常使用时的电压和电流方向。

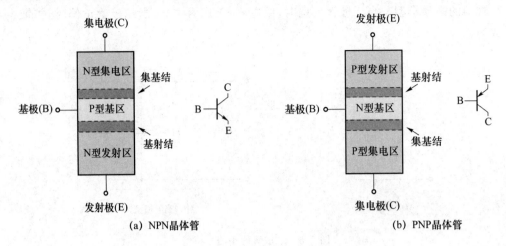

(a) NPN晶体管　　　　　　　　　　　　　　　(b) PNP晶体管

图 2.9　双极型晶体管的物理结构和电路符号

2.2.2　工作原理

本小节讨论 NPN 晶体管的工作原理。PNP 晶体管的工作原理与 NPN 晶体管完全一样。图 2.10 表示 NPN 晶体管偏置在有源区时的内部导电情况。晶体管的偏置是用电压 V_{BE} 和 V_{CB} 实现的：V_{BE} 使发射结正偏，V_{CB} 使集电结反偏。由于晶体管是一种电流器件，我们主要分析它的三个电流：发射极电流 i_E、基极电流 i_B 和集电极电流 i_C。

1. 载流子的流动

在图 2.10 中，由于发射结被 V_{BE} 正偏，就会有载流子分别从发射区和基区越过发射结进入对方区域。为保证 BJT 的正确工作，我们要求从发射区注入到基区的电子流尽可能强，从基区注入到发射区的空穴流尽可能弱。为此，我们把发射区的杂质浓度做得很高，把基区的杂质浓度做得很低。这使发射区有许多电子，而基区内只有很少的空穴。所以，虽然发射极电流 i_E 是由电子流和空穴流组成的，但实际上是电子流占了绝大部分。

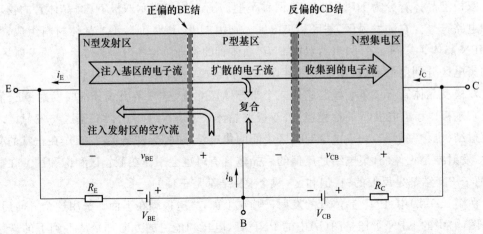

图 2.10　偏置在有源区的 NPN 晶体管

当电子流从发射区注入到 P 型的基区后,就变成少数载流子。这些少数载流子在基区内是靠扩散移动的。当少数载流子移动到集电结边界时,由于电压 V_{CB} 的吸引,会迅速越过集电结进入集电区,变成集电极电流 i_C。另一方面当电子在基区扩散时,会与基区内的多子空穴复合。但由于基区很薄同时基区的空穴浓度很低,由复合损失的电子流是很小的,这使 i_C 略小于 i_E。

2. 电流关系

根据式(2.3)写出发射极电流表达式

$$i_E = I_S e^{v_{BE}/V_T} \tag{2.11}$$

BJT 的基极与集电极之间有电流关系

$$i_C = \beta i_B \tag{2.12}$$

式中,参数 β 被称为**共射极电流增益**,是 BJT 的重要参数,它的范围在 50 与 300 之间。

在图 2.10 中,由于 $i_B = i_E - i_C$,可以从式(2.12)得到发射极与集电极之间的电流关系

$$i_C = \frac{\beta}{1+\beta} i_E = \alpha i_E \tag{2.13}$$

式中,$\alpha = \beta/(1+\beta)$ 被称为**共基极电流增益**。这是一个略小于 1 的数。最后,从式(2.13)和式(2.11)得到集电极电流表达式

$$i_C = \alpha I_S e^{v_{BE}/V_T} \tag{2.14}$$

从上式看,i_C 与 v_{BE} 呈指数关系,而且 i_C 只受 v_{BE} 的控制,与电压 v_{CB} 无关。这是 BJT 最基本的工作原理。我们还可以证明,式(2.12)和式(2.13)也适用于小信号电流 i_e、i_b 和 i_c 之间的关系。

2.2.3　大信号特性

BJT 有两种大信号特性曲线:**输入特性曲线**和**输出特性曲线**。输入特性曲线就是式(2.11)描述的 v_{BE} 与 i_E 之间的关系,与前面讨论的二极管特性完全一样。所以本节仅讨论输出特性曲线。

图 2.11 是 NPN 晶体管的共射极 $i_C\text{-}v_{CE}$ 输出特性曲线。当 $v_{BE} < 0.5\ \text{V}$ 时,$i_B \approx 0$,晶体管处于截止区。当晶体管通导且 $v_{CE} < v_{BE}$ 时,集电结被正偏,晶体管处于饱和区。当 $v_{CE} > v_{BE}$ 时,集电结变成反偏,晶体管进入有源区(这是 BJT 处于正常放大状态的区域),此时的 $i_C\text{-}v_{CE}$ 特性曲线应该是一组水平线(根据式(2.14))。但当 v_{BE} 恒定而 v_{CE} 增加时,集电结反向偏压的增加使集电结耗尽区变宽,基区的有效宽度变窄,使 i_C 增加。这叫 Early **效应**。

Early 效应使 $i_C\text{-}v_{CE}$ 特性曲线变成一组斜线,如图 2.11 所示。如果把这组斜线外延,它们会相交于水平轴负方向上的同一点。我们把这一点的电压称为 BJT 的 Early **电压**,用 $-V_A$ 表示。电压 V_A 一般在 50 至 200 V 的范围。

考虑了 Early 效应之后的集电极电流 i_C 可根据式(2.14)写为

$$i_C = \alpha I_S e^{v_{BE}/V_T} \left(1 + \frac{v_{CE}}{V_A}\right) \tag{2.15}$$

式中用 V_A 组成因子 $(1+v_{CE}/V_A)$ 来表示 Early 效应。

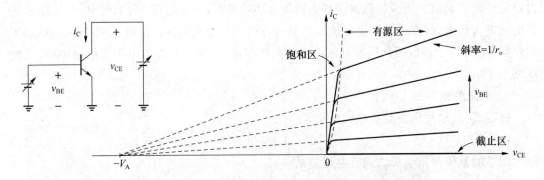

图 2.11　晶体管的共射极 i_C-v_{CE} 特性曲线(左为测试电路)

将式(2.15)对 v_{CE} 求偏导数(把 v_{BE} 看作常数),其倒数就是 BJT **输出交流电阻**的近似表达式

$$r_o = \left(\frac{\alpha I_S e^{v_{BE}/v_T}}{V_A} \right)^{-1} \approx \frac{V_A}{I_C} \tag{2.16}$$

式中,I_C 为集电极偏流,即 i_C 中的直流分量。在图 2.11 中,r_o 等于 i_C-v_{CE} 曲线斜率的倒数。

2.2.4　小信号参数与模型

本小节用图 2.12(a)中的简单放大器来导出 BJT 的小信号参数。在图(a)中,晶体管的 BE 结用直流电压 V_{BB} 正偏,CB 结用直流电压 V_{CC} 反偏。输入信号为 v_i,它叠加在 V_{BB} 之上。

在计算直流偏置点时,需把输入信号 v_i 短接,得到图 2.12(b)中的直流等效电路。我们通常假设 BJT 的基射极电压 $V_{BE}=0.7$ V(见 2.1.3 小节),由此算出 BJT 的基极偏流 I_B,然后用 β 算出集电极偏流 I_C 和集射极偏压 V_{CE}。这就确定了放大器的静态工作点。

把图 2.12(a)中的直流电压 V_{BB} 和 V_{CC} 分别短接后,得到图 2.12(c)中的交流等效电路。下面用图 2.12 中的电路来导出 BJT 的两个主要的小信号参数:**跨导**和**基极输入电阻**。

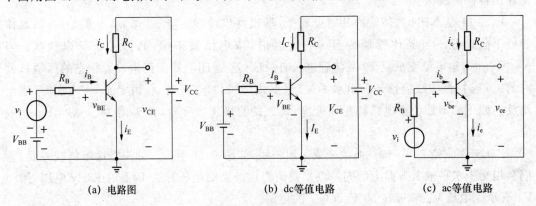

(a) 电路图　　　　　　　(b) dc等值电路　　　　　　(c) ac等值电路

图 2.12　简单 BJT 放大器

1. 跨导

BJT 的**跨导**被定义为图 2.12(a)中 i_C 对于 v_{BE} 的偏导数(v_{CE} 保持不变),这个偏导数又等于图 2.12(c)中的 i_c/v_{be}。我们先根据式(2.14)写出 i_C 与基极小信号电压 v_{be} 之间的关系式

$$i_C = \alpha I_S e^{(V_{BE}+v_{be})/V_T} = I_C e^{v_{be}/V_T} \tag{2.17}$$

式中,当 $v_{be}=0$ 时,$i_C=I_C$,所以 V_{BE} 可以被吸收到了集电极偏流 I_C 中。

如果 $v_{be} \ll V_T$,式(2.17)中的指数项可以用指数展开式中的前两项近似代替

$$i_C \approx I_C + \frac{I_C}{V_T} v_{be} \tag{2.18}$$

消去两边的直流分量 I_C(因为 $i_C = I_C + i_c$),式(2.18)变为

$$i_c = \frac{I_C}{V_T} v_{be} \tag{2.19}$$

i_c 为集电极电流 i_C 中的小信号电流。由式(2.19)得到 BJT 的跨导表达式

$$g_m \equiv \frac{i_c}{v_{be}} = \frac{I_C}{V_T} \tag{2.20}$$

式(2.20)表示,BJT 的跨导与集电极偏流 I_C 成正比。要保持 g_m 不变,只需保持 I_C 不变。

图 2.13 解释了 g_m 的含义:g_m 就是晶体管输入特性曲线在 $i_C=I_C$ 处(即 Q 点)切线的斜率。图中还指出了晶体管小信号操作的条件:输入信号 v_{be} 应尽可能小(一般认为 $v_{be} < 10$ mV),以使 i_C 保持在 i_C-v_{BE} 指数曲线的一个很窄的线性区内。如果 v_{be} 太大,集电极信号电流 i_c 与输入信号电压 v_{be} 就变成非线性关系,引起非线性失真(即 i_c 中出现了谐波分量)。

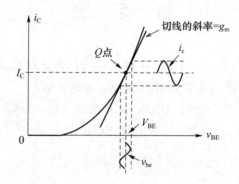

图 2.13　晶体管在小信号下的线性操作

2. 基极输入电阻

基极输入电阻 r_π 被定义为图 2.12(c)中的 v_{be}/i_b。从式(2.20)和式(2.12)可以得到基极输入电阻表达式

$$r_\pi \equiv \frac{v_{be}}{i_b} = \frac{v_{be}}{i_c/\beta} = \frac{\beta}{g_m} \tag{2.21}$$

3. 低频小信号模型

从上面的分析可知,从 BJT 的基极看进去是一个交流电阻 r_π,从集电极看进去是一个电流源 $g_m v_{be}$。所以,BJT 可以用一个包含 r_π 和 $g_m v_{be}$ 的**小信号模型**来代替。这就是图 2.14 中的 BJT 混合 π 模型。图中还包含了由 Early 效应引起的输出交流电阻 r_o,它的影响主要是降低放大器的增益。

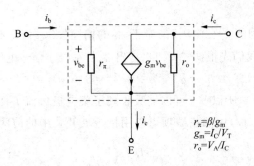

$$r_\pi = \beta / g_m$$
$$g_m = I_C / V_T$$
$$r_o = V_A / I_C$$

图 2.14　BJT 低频混合 π 模型

2.3　小　　结

本章首先介绍了半导体硅二极管的性质,以及恒压降模型、小信号电阻、结电容和扩散电容。对于 BJT,本章介绍了它的大信号特性(包括 $I\text{-}V$ 关系式和特性曲线)以及小信号参数(包括跨导、输入电阻和输出电阻)和低频混合 π 模型(混合 π 模型是指由多种参数组成的、形如 π 的模型)。

练　习　题

2.1　一个正向偏置在 1 mA 的二极管有 100 ps 的渡越时间。要求计算它的小信号电阻和扩散电容。二极管工作在室温下,有 $V_T = kT/q \approx 26$ mV。

2.2　要求确定图 P2.2 中的输出电压 v_O 和流过两个二极管的电流 i_{D1} 和 i_{D2}。输入电压有两种情况:$v_I = 0$ V 和 $v_I = 4$ V。二极管接通电压 $V_{BE(on)} = 0.7$ V。

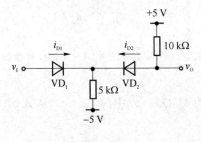

图 P2.2

2.3　图 P2.3 表示由二极管、电阻和电容组成的串联电路,电容初值为零。输入有两种信号 $v_{I1}(t)$ 和 $v_{I2}(t)$。当 $t < 0$ 时,$v_{I1}(t)$ 和 $v_{I2}(t)$ 都为零;当 $t \geqslant 0$ 时,$v_{I1}(t)$ 为矩形波,$v_{I2}(t)$ 为正弦波。要求画出 $0 < t < 3T$ 期间 $v_C(t)$ 和 $i_C(t)$ 的大概波形。二极管为理想开关,时间常数 RC 与周期 T 相近。

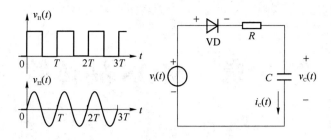

图 P2.3

2.4　一个 BJT 有参数：$I_C = 0.5$ mA，$\beta = 100$ 和 $V_A = 50$ V。要求计算 g_m、r_π、r_o 和 $g_m r_o$。

第3章 MOS 晶体管

上一章介绍了双极型晶体管,这一章介绍另一种最常用的晶体管——MOS **晶体管**。MOS 晶体管是**场效应器件**的一种。场效应器件有两种:**绝缘栅场效应器件和结型场效应器件**。MOS 晶体管属于绝缘栅场效应器件。MOS 晶体管的特点是器件的尺寸可以按比例缩小,因而可以实现高密度集成。由于这一原因,现在的 MOS 晶体管在模拟电路中几乎完全取代了双极型晶体管。

本章先介绍 MOS 管的物理结构、工作原理和 *I-V* 特性,然后导出 MOS 管的小信号参数和模型,最后通过内部电容导出 MOS 管的高频模型。上一章的分析方法同样适用于这里的 MOS 晶体管。

3.1 物理结构与工作原理

MOS 晶体管有 N 沟 MOS 管(或称 NMOS 管)和 P 沟 MOS 管(或称 PMOS 管)两种类型。由于两者在结构和性能上是相似的,我们主要讨论 NMOS 管,然后简要说明 PMOS 管。

3.1.1 NMOS 管的结构

图 3.1 是 NMOS 管的物理结构,它是制造在 P 型硅基片上的。**源区和漏区**是两个浓掺杂的 N 区(用 N$^+$ 表示)。在源区与漏区之间的表面覆盖一层很薄的二氧化硅;这个二氧化硅层是极好的绝缘体。在二氧化硅层的上面再淀积一层金属或多晶硅做 MOS 管的**栅极**。对源区、漏区、栅极和基片各引出一个电极,就构成 MOS 管的四个引出端:**源极**(S)、**栅极**(G)、**漏极**(D)和**基片**(B)。所以,MOS 管是一个四端器件。

从图 3.1 看,在基片与源、漏区之间形成了两个 PN 结。在正常工作时,这两个 PN 结都处于反偏状态。为保证这一点,只需把源极与基片短接。此时的基片就可以认为对器件的工作没有任何影响;而 MOS 管的四端器件变成了由源极、栅极和漏极组成的三端器件。当栅极和漏极相对于源极加上恰当正电位时,就会有电子从源极流过栅极下方的区域到达漏极。这个栅极下方的区域就被称为**沟道区**。沟道的长 L 和宽 W 是 MOS 管的两个主要参数,其中的长 L 是指从源极到漏极的距离。由于 MOS 管的源和漏是对称的,所以把源和漏交换后使用,不会改变 MOS 管的性质。

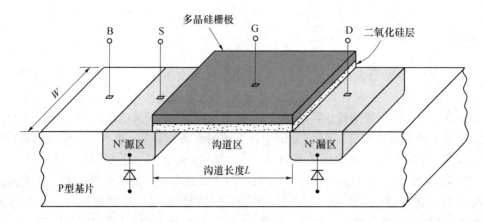

图 3.1　NMOS 管的物理结构

3.1.2　沟道的生成

当未加偏压时,源漏之间是两个背靠背二极管的串联(如图 3.1 所示),源漏之间呈现一个阻值在 10^{12} Ω 左右的大电阻;即使在源漏之间加上电压,也不会有电流流过。

现在把源极和漏极接地,栅极加上正电压 v_{GS},如图 3.2 所示。栅极的正电位会排斥栅极氧化层下方沟道区内的空穴,把它们驱赶到基片的远端,使沟道内只剩下不可移动的、带负电的离子。沟道区变成了耗尽区。与此同时,栅极的正电位会把源、漏区内的自由电子吸引到沟道区内。当沟道区内聚集到足够多的自由电子时,会在沟道区的上表面生成一个 N 型薄层,把源区和漏区连通起来,如图 3.2 所示。现在如果把电压加在源漏区之间,就会有电子从源区流过 N 型薄层进入漏区。而此时栅极下方的 N 型薄层就叫**沟道**。形成沟道所需的最小栅源电压被称为**阈值电压**,记作 V_t。阈值电压 V_t 是由制造工艺决定的,一般在 1 V 上下。

在图 3.2 中,MOS 管的栅极、氧化层和沟道组成一个平板电容器,其中的氧化层用作电容器的介质。当栅极加正电位时,栅极携带正电荷,并在沟道内感生出数量相等的负电荷。这些负电荷的数量决定了沟道内的导电率。这也就是说,栅极的正电位控制了沟道内的导电率。

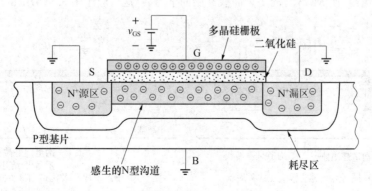

图 3.2　栅极的正电位感生出 N 型沟道

3.1.3 三个工作区

MOS 管的工作也分为三个区:截止区、三极管区和饱和区(即有源区)。(**三极管区**一词源自 20 世纪初的真空三极管。在真空三极管中,阳极电流随阳极电压而变。)

截止区:NMOS 管处于截止区的条件是,栅源电压 v_{GS} 小于阈值电压 V_t。由于沟道没有生成,MOS 管中就没有电流。图 3.3(b)中最下面的那条 $v_{GS} \leqslant V_t$ 的水平线就表示截止区。

三极管区:工作在三极管区的条件是 $v_{GS} > V_t$ 且 v_{DS} 比 V_t 小很多,一般在 0.1 V 到 0.2 V 的范围,如图 3.3(a)所示。$v_{GS} > V_t$ 表示沟道已经生成,v_{DS} 很小表示不会改变沟道的长方体形状。在 v_{GS} 和 v_{DS} 的共同作用下,会有电子从源区流过沟道到达漏区。电流 i_D 的方向则相反,从漏区经过沟道到达源区。电流 i_D 的大小与沟道内的电子数量成正比,而沟道内的电子是由栅极电压感生的。所以,此时的沟道可以看成是一个阻值由 v_{GS} 控制的电阻。图 3.3(b)给出了不同 v_{GS} 下的 i_D-v_{DS} 曲线,沟道电阻随 v_{GS} 的增加而减小。

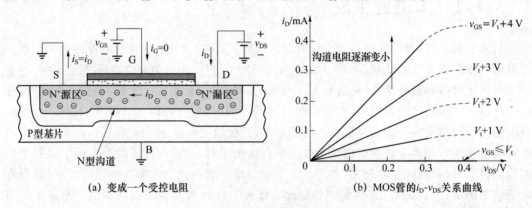

(a) 变成一个受控电阻　　　　　(b) MOS 管的 i_D-v_{DS} 关系曲线

图 3.3　偏置在三极管区的 NMOS 管

现在保持 v_{GS} 不变,然后增加 v_{DS},如图 3.4(a)所示。与前面一样,由于漏区、沟道和源区是连通的,v_{DS} 也会全部降落在沟道上。设想我们从源区沿着沟道走到漏区,会发现栅极到沟道上各点的电压从开始时的 v_{GS} 逐渐减小到 $v_{GS} - v_{DS}$。由于沟道的深度取决于这个电压值,所以源区附近的沟道最深,漏区附近的沟道最浅,两者之间的沟道呈斜坡状。斜坡状的沟道增加了沟道电阻,使 MOS 管的 I-V 曲线开始向下弯曲,这对应于图 3.3(b)中的虚线部分。

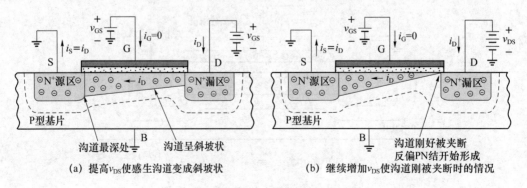

(a) 提高 v_{DS} 使感生沟道变成斜坡状　　　(b) 继续增加 v_{DS} 使沟道刚被夹断时的情况

图 3.4　MOS 管从三极管区进入饱和区

饱和区：如果继续增加 v_{DS} 使漏极电位仅比栅极低一个 V_t，即 $v_{GD}=V_t$，就使沟道在漏极处的深度减小到零，沟道被夹断，如图 3.4（b）所示。NMOS 管开始进入饱和区。我们把此时的漏源电压记为 $v_{DS(sat)}$，并可写为

$$v_{DS(sat)} = v_{GS} - V_t \tag{3.1}$$

这里的要点是，$v_{DS(sat)}$ 不是常量，是随 v_{GS} 而变的；或者说，$v_{DS(sat)}$ 总比 v_{GS} 低一个 V_t。

沟道在漏极处被夹断的原因是，v_{DS} 的增加削弱了栅压 v_{GS} 对漏极处沟道的电场效应，使 P 型基片可以把耗尽区扩展到沟道与漏区之间，形成一个反偏 PN 结，如图 3.4（b）所示。在沟道被夹断之后再增加 v_{DS}，不会改变沟道的斜坡形状，也不会改变沟道上的压降，因为所增加的 v_{DS} 将全部降落在漏区与沟道之间的反偏 PN 结上。这也就是饱和区内漏极电流保持不变的原因[Neamen,p249]。

完整的 i_D-v_{DS} 曲线：图 3.5 中的两条 i_D-v_{DS} 曲线包含了全部的三个工作区。截止区的 i_D-v_{DS} 曲线是一条与横坐标重合的水平线。图中的虚线为三极管区与饱和区的分界线。虚线上的每个点都对应于一个不同的 $v_{DS(sat)}$ 值，而每个 $v_{DS(sat)}$ 都要比当时的 v_{GS} 小一个 V_t。当 $v_{DS} < v_{DS(sat)}$ 时，MOS 管工作在三极管区；当 $v_{DS} > v_{DS(sat)}$ 时，MOS 管工作在**饱和区**（也叫**有源区**）。由于饱和区中的 i_D 不随 v_{DS} 而变，所以**饱和区**其实是**电流**饱和区的意思。

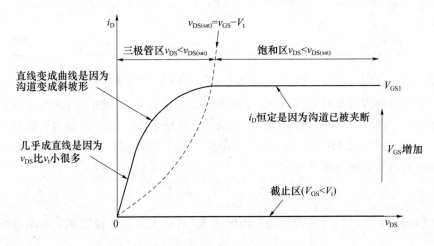

图 3.5　NMOS 管三个工作区的特性曲线

3.1.4　导出 i_D-v_{DS} 关系式

上面描述的 NMOS 管导电原理，可以用来导出 MOS 管的 i_D-v_{DS} 关系式。首先分析 MOS 管工作在三极管区的情况（对应于图 3.5 中虚线的左侧），此时 v_{DS} 小于 $v_{DS(sat)}$，沟道未被夹断，但已经从长方体变成了斜坡形，如图 3.6 所示。图 3.6 可以看成是从图 3.4（a）复制过来的。

电流强度（即电流）被定义为单位时间内通过导体横截面的电荷量。所以，MOS 管的电流可以用沟道内总的电荷量 Q_{CH} 与这些电荷量全部流入漏区所需时间 t_{CH} 之比来表示

$$i_D = \frac{Q_{CH}}{t_{CH}} \tag{3.2}$$

式中的 t_{CH} 就是电荷在沟道内从源区漂移到漏区所需的时间,也称载流子的**渡越时间**。

在计算沟道内的电荷总量时,我们使用平板电容器的电荷计算公式,并以沟道中点(图 3.6 中 A 点)处的电荷密度代表沟道内的平均电荷密度。这样,沟道内的电荷总量可计算为

$$Q_{CH} = (C_{ox}WL)\left(v_{GS} - \frac{v_{DS}}{2} - V_t\right) \tag{3.3}$$

式(3.3)右边,前一个括号表示栅极与沟道之间的总电容,其中 C_{ox} 为栅极与沟道之间的单位面积电容量,它与栅极氧化层的厚度有关,是一个工艺参数。后一个括号表示栅极与沟道中点之间的有效电压,即扣除了阈值电压 V_t 之后的电压。(**有效电压**在后面称**过驱电压**。)

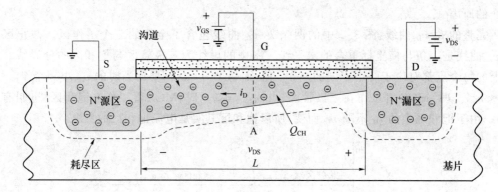

图 3.6　沟道内的电子在电场作用下从源区漂移到漏区,而电流 i_D 则从漏区流向源区

当电子在沟道内流动时,它的速度与沟道内的电场强度 E 成正比,而电子速度与场强 E 之比称为电子在沟道内的**迁移率**,用 μ_n 表示(空穴用 μ_p 表示)。沟道内场强的平均值等于源漏电压 v_{DS} 除以沟道长度 L。所以,电子在沟道内的漂移速度可表示为 $\mu_n E = \mu_n(v_{DS}/L)$。而电子在沟道内的渡越时间可写为

$$t_{CH} = \frac{L}{\mu_n(v_{DS}/L)} = \frac{L^2}{\mu_n v_{DS}} \tag{3.4}$$

将式(3.3)和式(3.4)代入式(3.2),便得到 MOS 管工作在三极管区的电流表达式

$$i_D = (C_{ox}WL)\left(v_{GS} - \frac{v_{DS}}{2} - V_t\right)\frac{\mu_n v_{DS}}{L^2}$$

$$= (\mu_n C_{ox})\left(\frac{W}{L}\right)\left[(v_{GS} - V_t)v_{DS} - \frac{v_{DS}^2}{2}\right] \tag{3.5}$$

式中,令 $v_{DS} = v_{DS(sat)} = v_{GS} - V_t$,便得到三极管区与饱和区边界处的 i_D-v_{DS} 关系式。这也就是饱和区内的 i_D-v_{DS} 关系式

$$i_D = \frac{1}{2}(\mu_n C_{ox})\left(\frac{W}{L}\right)(v_{GS} - V_t)^2 \tag{3.6}$$

式中的 i_D 与 v_{DS} 无关。这就是 MOS 管工作在饱和区的特点。(从上面的分析可知,导出 MOS 管的 i_D-v_{DS} 关系式是非常容易的,原因是:MOS 管是单极性器件,只有一种电荷参与导电,这使 MOS 管的特性与一般的导体很相似。而 BJT 是双极性器件,电子和空穴同时参与导电,情况会复杂很多。)

在式(3.5)和式(3.6)中,μ_n 是电子在沟道内的**迁移率**,C_{ox} 是栅极单位面积的电容量,并可计算为

$$C_{ox} = \frac{\varepsilon_{ox}}{t_{ox}} \tag{3.7}$$

式中，ε_{ox} 和 t_{ox} 分别为氧化层的介电常数和厚度。比如，如果 $t_{ox} = 400$ Å，C_{ox} 就可计算为[Gray,p40]

$$C_{ox} = \frac{\varepsilon_{ox}}{t_{ox}} = \frac{3.9 \times 8.86 \times 10^{-14} \, \text{F/cm}}{400 \times 10^{-8} \, \text{cm}} = 8.6 \times 10^{-8} \, \frac{\text{F}}{\text{cm}^2} = 0.86 \, \frac{\text{fF}}{\mu\text{m}^2}$$

而式(3.6)中的因子 $\mu_n C_{ox}$ 仅取决于 MOS 管的制造工艺，被称为**跨导因子**，通常用 k'_n 表示（PMOS 管用 k'_p）

$$k'_n = \mu_n C_{ox} \tag{3.8}$$

使用式(3.8)后，式(3.5)和式(3.6)分别变为

三极管区：
$$i_D = k'_n \left(\frac{W}{L}\right) \left[(v_{GS} - V_t) v_{DS} - \frac{1}{2} v_{DS}^2 \right] \tag{3.9}$$

饱和区或有源区：
$$i_D = \frac{1}{2} k'_n \left(\frac{W}{L}\right) (v_{GS} - V_t)^2 \tag{3.10}$$

式(3.9)和式(3.10)都表示，电流 i_D 与 W/L 成正比。W/L 被称为 MOS 管的**宽长比**，是 MOS 管设计时唯一可改变的参数。而 MOS 电路设计的全部内容就是对每一个 MOS 管指定宽长比。此外，式(3.10)中的因子 $(1/2) k'_n (W/L)$ 还可以用**器件导电因子** K_n 来表示（PMOS 管用 K_p）[Neamen,p251]。这使式(3.10)变为

$$i_D = K_n (v_{GS} - V_t)^2 \tag{3.11}$$

例题 3.1　利用三极管区的 i_D 表达式，找出当 v_{DS} 很小时漏、源极之间的电阻 r_{DS} 表达式。假设 NMOS 管有参数：$k'_n = 10 \, \mu\text{A/V}^2$、$V_{tn} = 1$ V（PMOS 管用 V_{tp}）、$W/L = 10$ 和 $v_{GS} = 3$ V。

由于 v_{DS} 很小，可以在式(3.9)中略去 v_{DS} 的平方项，式(3.9)变为

$$i_D \approx k'_n \left(\frac{W}{L}\right) (v_{GS} - V_t) v_{DS} \tag{3.12}$$

由上式得到 r_{DS} 表达式

$$r_{DS} \equiv \frac{v_{DS}}{i_D} = \frac{1}{k'_n \left(\dfrac{W}{L}\right) (v_{GS} - V_t)} \tag{3.13}$$

代入数据后，得到 r_{DS} 的阻值

$$r_{DS} = \frac{1}{10 \times 10^{-6} \times 10 \times (3 - 1)} = 5 \, \text{k}\Omega$$

3.1.5　NMOS 管的电路符号

图 3.7(a)是 N 沟增强型 MOS 管的电路符号（增强型是指当 $V_{GS} = 0$ 时，器件是截止的；只有当 $V_{GS} > V_t$ 时，才可以**增强**出沟道，使器件导电。我们通常使用的 MOS 管都是增强型）。图中的虚线表示沟道区，意思是增强型 MOS 管在零偏时不存在沟道。源极的箭头表示 N 沟 MOS 管正常的电流方向。

由于 MOS 管使用时往往把源极与基片短接，这就可以使用图 3.7(b)中比较简单的 MOS 管电路符号。图 3.7(c)给出了 NMOS 管正常的电压和电流方向。

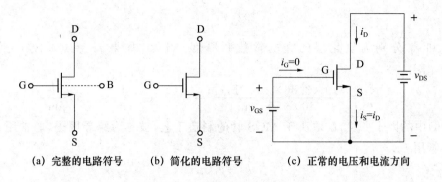

（a）完整的电路符号　　　（b）简化的电路符号　　　（c）正常的电压和电流方向

图 3.7　增强型 NMOS 管

3.2　大信号特性

本节说明 NMOS 晶体管的两种大信号特性曲线:传递特性曲线和输出特性曲线。

3.2.1　传递特性曲线

传递特性曲线是指 MOS 管被偏置在有源区时漏极电流 i_D 与栅源极电压 v_{GS} 的关系曲线。这个关系就是式(3.10)中表示的平方率关系。图 3.8 是用式(3.10)画出的一条具体的 i_D-v_{GS} 关系曲线。

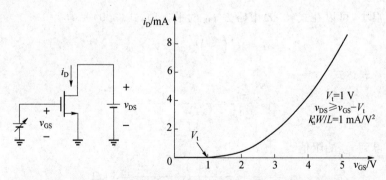

图 3.8　增强型 NMOS 管在饱和区的 i_D-v_{GS} 特性曲线,左边为测试结构

在式(3.10)中,参数 V_t 和 k_n'(或 k_p')都随温度而变。其中,V_t 有大约 $2\,mV/℃$ 的负温度系数,使 i_D 随温度的增加而增加;而 k_n' 随温度的增加而变小。由于 k_n' 的温度效应大于 V_t,所以总起来看,漏极电流是随温度升高而下降的。这一特点使 MOS 管在功率放大器中得到应用。

过驱电压:在式(3.10)或式(3.11)中,$v_{GS}-V_t$ 是实际产生 MOS 管电流的电压。或者说,栅源电压 v_{GS} 可分为两部分。第一部分等于 V_t,第二部分为超过 V_t 后的电压($v_{GS}-V_t$)。这第二部分就叫**过驱电压**,用 V_{ov} 表示,而且可以从式(3.10)算得

$$V_{ov} = v_{GS} - V_t = \sqrt{\frac{2I_D}{k_n'(W/L)}} \qquad (3.14)$$

MOS 管的过驱电压一般在 $0.2\ V$ 上下。由于 k_n' 随温度的增加而变小,所以过驱电压 V_{ov} 随温度的增加而增加。阈值电压 V_t 则刚好相反,随温度的增加而减小;这与二极管正向压降的温度特性相似。需要注意的是,过驱电压 V_{ov} 在数值上等于 MOS 管三极管区与有源区边界处的漏源电压 $v_{DS(sat)}$,但两者的含义有所不同。

3.2.2　输出特性曲线

前面假设工作在饱和区的 MOS 管的 i_D 不受 v_{DS} 的影响。但实际情况是,当 v_{DS} 超过饱和电压 $v_{DS(sat)}$ 后再增加,会使 i_D 稍有增加。从图 3.9 看,沟道上的电压确实保持不变,仍然是 $v_{DS(sat)} = v_{GS} - V_t$;而增加的那部分电压被降落在沟道与漏区之间的夹断上。这使夹断区 PN 结的反偏电压升高,耗尽区加宽,并向沟道区延伸。结果是,缩短了沟道区的有效长度,使沟道电阻变小,使漏极电流上升。这种现象被称为**沟道长度调制效应**。

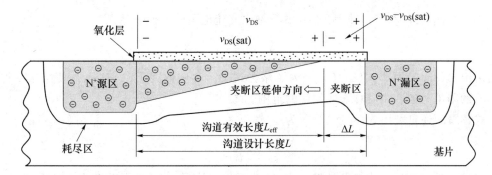

图 3.9　当 v_{DS} 超过 $v_{DS(sat)}$ 后再增加,会使夹断区向沟道区延伸,缩短了沟道的有效长度

图 3.10 表示包含沟道长度调制效应后的实际的 i_D-v_{DS} 曲线;饱和区内的 i_D 随 v_{DS} 的增加而略有增加。这个效应可以用因子 $(1+\lambda v_{DS})$ 来表示,而式(3.10)变为

$$i_D = \frac{1}{2} k_n' \frac{W}{L} (v_{GS} - V_t)^2 (1+\lambda v_{DS}) \qquad (3.15)$$

式中,我们假设沟道的长度不变,而是用因子 $(1+\lambda v_{DS})$ 来表示沟道长度调制效应。其中的 v_{DS} 可以更精确地写为 $v_{DS} - v_{DS(sat)}$,因为沟道长度调制效应是从 $v_{DS} = v_{DS(sat)}$ 开始的;但由于 $v_{DS(sat)}$ 一般很小而被略去。(在 BJT 的式(2.15)中,我们假设 I_S 不变,而用因子 $(1+v_{CE}/V_A)$ 表示 Early 效应。)

在图 3.10 中,如果把饱和区内所有的 i_D-v_{DS} 斜线延长,这些延长线会相交于水平轴上的同一点 $-V_A$。我们引入参量 λ,并把它定义为

$$\frac{1}{\lambda} \equiv V_A \qquad (3.16)$$

式中,V_A 是正值,所以 λ 也是正值。由于 V_A 相似于 BJT 中的 Early 电压,我们也把它称为 Early 电压(或 Early 效应)。V_A 一般在 $10\ V$ 至 $200\ V$ 的范围,所以 λ 一般在 $0.005/V$ 到 $0.1/V$ 的范围。需要知道,MOS 管的 V_A 是与 L 成正比的[Gray,p74],所以短沟道器件要比长沟道器件有更严重的沟道长度调制效应。

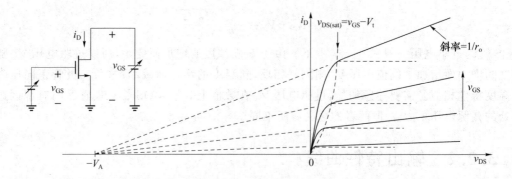

图 3.10　包含了沟道长度调制效应的 i_D-v_{DS} 曲线,左为测试电路

由沟道长度调制效应产生的 MOS 管的输出电阻可定义为漏极电流对于漏源电压偏导数的倒数,并可从式(3.15)算得

$$r_o = \frac{1}{\lambda \left[\dfrac{1}{2} k_n' \dfrac{W}{L} (v_{GS} - V_t)^2\right]} \tag{3.17}$$

把式(3.10)代入式(3.17),便得到 MOS 管**输出交流电阻**的近似表达式

$$r_o \approx \frac{1}{\lambda I_D} \tag{3.18}$$

上面选用式(3.10)而非式(3.15),是为了略去式(3.15)中的因子$(1+\lambda v_{DS})$,使结果变得简单。r_o 的阻值一般在 10 kΩ 至 1 MΩ 的范围。

式(3.18)还可利用式(3.16)改写为

$$r_o \approx \frac{V_A}{I_D} \tag{3.19}$$

式(3.19)表示,MOS 管的输出电阻 r_o 与 I_D 成反比。从图 3.10 也可看出这一点,因为 I_D 越小,曲线的斜率越小,电阻就越大。

3.2.3　亚阈值区[Gray,p65]

在上面的讨论中,我们总是认为,当 $v_{GS} \leqslant V_t$ 时 MOS 管中没有电流。实际上,当 v_{GS} 略低于 V_t 时,器件中仍有很小的电流流过。此时的沟道处于**弱反型**状态,MOS 管中的电流主要来自耗尽区内少数载流子的扩散运动,而 MOS 管的 i_D-v_{GS} 特性从平方率变成了指数率,很像 BJT 中的情况。

我们通常认为,当过驱电压小于 $2nV_T$ 时 MOS 管即工作在弱反型区。这可写为

$$V_{ov} = v_{GS} - V_t < 2nV_T \tag{3.20}$$

式中,

$$n = \frac{C_{ox}}{C_{js} + C_{ox}} \tag{3.21}$$

比值 $C_{ox}/(C_{js} + C_{ox})$ 表示氧化层电容与反型层电容之间的分压关系,反映了栅极对表面态的控制。

工作在亚阈值区的 MOS 管的跨导可计算为

$$g_{\mathrm{m}} = \frac{I_{\mathrm{D}}}{nV_{\mathrm{T}}} \tag{3.22}$$

使 MOS 管工作在亚阈值区的方法是把 MOS 管做得很宽。这会使速度变得很慢。MOS 管的亚阈值特性被用于一些特殊的电路中,比如超低功耗电路。

3.2.4　PMOS 管的电特性

PMOS 管是在 N 型基片上制做的。源区和漏区都是 P 区,以空穴为载流子。PMOS 管的工作与 NMOS 管完全一样;唯一的不同点是,PMOS 管的 v_{GS}、v_{DS} 和阈值电压 V_{tp} 都是负值(NMOS 管的阈值电压写为 V_{tn})。我们通常的做法是把栅源电压和漏源电压分别写为 v_{SG} 和 v_{SD},这就都变成了正值,方便了计算。PMOS 管的电流 i_{D} 是从源极流入、漏极流出的,这与 NMOS 管刚好相反。对应于 NMOS 管的 k'_{n},PMOS 管为 k'_{p},且 $k'_{\mathrm{p}} = \mu_{\mathrm{p}} C_{\mathrm{ox}}$,其中 μ_{p} 为空穴在沟道内的迁移率,大约只有自由电子的 1/3。

图 3.11(a) 是增强型 PMOS 管的电路符号。当源极与基片短接时,可以用图 3.11(b) 中简化的电路符号。图 3.11(c) 给出了 PMOS 管正常的电压和电流方向。

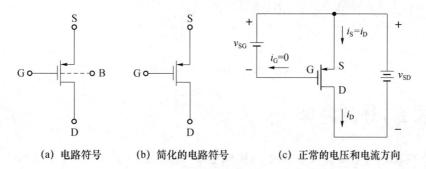

|　(a) 电路符号　|　(b) 简化的电路符号　|　(c) 正常的电压和电流方向|

图 3.11　增强型 PMOS 管

PMOS 管也有三个工作区。当 $v_{\mathrm{SG}} < |V_{\mathrm{tp}}|$ 时,PMOS 管处于截止区,$i_{\mathrm{D}} = 0$。PMOS 管工作在三极管区的条件也是沟道已经生成,而且漏极处没有被夹断。这就要求漏极电位至少比栅极电位高一个 $|V_{\mathrm{tp}}|$。在图 3.11(c) 中,如果 $V_{\mathrm{tp}} = -1$ V 和 $v_{\mathrm{G}} = 3$ V,就应该有 $v_{\mathrm{D}} > 4$ V。

工作在三极管区的 i_{D} 表达式是与 NMOS 的式(3.9)一样的,只需把 k'_{n} 换成 k'_{p}

$$i_{\mathrm{D}} = k'_{\mathrm{p}} \left(\frac{W}{L}\right) \left[(v_{\mathrm{SG}} - |V_{\mathrm{tp}}|) v_{\mathrm{SD}} - \frac{1}{2} v_{\mathrm{SD}}^2 \right] \tag{3.23}$$

为了工作在饱和区,PMOS 管的漏极电位不得比栅极电位高一个 $|V_{\mathrm{tp}}|$ 以上。在图 3.11(c) 中,如果 $V_{\mathrm{tp}} = -1$ V 和 $v_{\mathrm{G}} = 3$ V,就必须有 $v_{\mathrm{D}} < 4$ V。此时的电流表达式与 NMOS 的式(3.15)相似

$$i_{\mathrm{D}} = \frac{1}{2} k'_{\mathrm{p}} \frac{W}{L} (v_{\mathrm{SG}} - |V_{\mathrm{tp}}|)^2 (1 + \lambda v_{\mathrm{SD}}) \tag{3.24}$$

式中,v_{SG}、v_{SD} 和 λ 都是正值。

3.3 小信号参数与模型

本节用图 3.12 中的简单放大器来导出 MOS 管的小信号参数和模型。图中,栅极偏压用直流电压 V_{GS} 提供,v_{gs} 是放大器的输入信号,输出信号从漏极取出,并假设 NMOS 管工作在有源区。

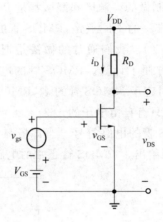

图 3.12 简单 MOS 管放大器

3.3.1 计算跨导

MOS 管的跨导就是漏极电流 i_D 对栅极电压 v_{GS} 的偏导数(保持 v_{DS} 不变),或者是漏极信号电流 i_d 与栅极信号电压 v_{gs} 之比。所以,计算跨导的第一步是计算漏极信号电流 i_d。

在图 3.12 中,漏极电流可以用式(3.10)计算为

$$i_D = \frac{1}{2} k_n' \frac{W}{L}(V_{GS} + v_{gs} - V_t)^2$$

$$= \frac{1}{2} k_n' \frac{W}{L}[(V_{GS} - V_t) + v_{gs}]^2$$

$$= \frac{1}{2} k_n' \frac{W}{L}(V_{GS} - V_t)^2 + k_n' \frac{W}{L}(V_{GS} - V_t) v_{gs} + \frac{1}{2} k_n' \frac{W}{L} v_{gs}^2 \qquad (3.25)$$

式中,右边第一项是漏极偏流 I_D,第二项是与输入信号 v_{gs} 成正比的信号分量,第三项与 v_{gs} 的平方成正比。由于第三项代表了非线性失真,所以是不需要的。减小第三项的一个方法是降低输入信号的幅度,使第三项远小于第二项

$$\frac{1}{2} k_n' \frac{W}{L} v_{gs}^2 \ll k_n' \frac{W}{L}(V_{GS} - V_t) v_{gs} \qquad (3.26)$$

或写为

$$v_{gs} \ll 2(V_{GS} - V_t) \qquad (3.27)$$

如果式(3.26)、式(3.27)中的小信号条件得以满足,就可以略去式(3.25)中的第三项,得到 i_D 的近似表达式

$$i_D \approx I_D + i_d \tag{3.28}$$

式(3.25)右边的第二项就是信号电流 i_d

$$i_d = k_n' \frac{W}{L} (V_{GS} - V_t) v_{gs} \tag{3.29}$$

从式(3.29)就可写出跨导表达式

$$g_m \equiv \frac{i_d}{v_{gs}} = k_n' \frac{W}{L} (V_{GS} - V_t) \tag{3.30}$$

式(3.30)表示，g_m 分别与 MOS 管的宽长比 W/L 和过驱电压 $V_{ov} = V_{GS} - V_t$ 成正比〔V_{ov} 见式(3.14)〕。图 3.13 表示 MOS 管跨导 g_m 的含义，它等于 i_D-v_{GS} 曲线在 Q 点的斜率。

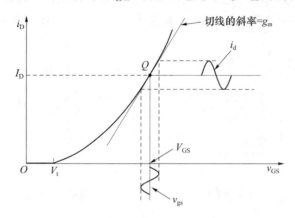

图 3.13　MOS 管跨导 g_m 的含义

除式(3.30)的跨导表达式外，我们还可以有另外两个等效的跨导表达式。其中的第二个表达式可以用式(3.10)导出〔从式(3.10)算出 $V_{GS} - V_t$，再代入式(3.30)〕

$$g_m = \sqrt{2k_n' \frac{W}{L} I_D} \tag{3.31}$$

式(3.31)表示，g_m 分别与 MOS 管的偏流 I_D 和宽长比 W/L 的平方根成正比。

对于第三个跨导表达式，我们先从式(3.10)解得

$$k_n' \frac{W}{L} = \frac{2I_D}{(V_{GS} - V_t)^2} \tag{3.32}$$

把式(3.32)代入式(3.30)，便得到第三个跨导表达式

$$g_m = \frac{2I_D}{V_{GS} - V_t} = \frac{2I_D}{V_{ov}} \tag{3.33}$$

式(3.33)表示，MOS 管的跨导等于两倍偏流与过驱电压之比。

例题 3.2　在图 3.12 中，假设 $R_D = 10\ \text{k}\Omega$、$V_{GS} = 3\ \text{V}$ 和 $V_{DD} = 10\ \text{V}$；MOS 管有参数：$V_t = 1\ \text{V}$，$k_n'(W/L) = 0.2\ \text{mA/V}^2$ 和 $V_A = 60\ \text{V}$。计算偏流时，略去 Early 效应。要求确定放大器的静态工作点、跨导和输出电阻。

假设 MOS 管工作在有源区，漏极电流就可以用式(3.10)来计算

$$i_D = \frac{1}{2} \times 0.2 \times (3-1)^2\ \text{mA} = 0.4\ \text{mA}$$

由 i_D 算出 $v_{DS} = V_{DD} - i_D R_D = 6\ \text{V}$；放大器的静态工作点为 $i_D = 0.4\ \text{mA}$ 和 $v_{DS} = 6\ \text{V}$。只要 $V_D > V_G - V_t = 3 - 1 = 2\ \text{V}$，MOS 管就工作在有源区，所以前面假设 MOS 管工作在有源区是

正确的。MOS 管的跨导和输出电阻可分别计算为

$$g_{\mathrm{m}} = k_{\mathrm{n}}' \frac{W}{L}(V_{\mathrm{GS}} - V_{\mathrm{t}}) = 0.2 \text{ mA/V}^2 \times (3 \text{ V} - 1 \text{ V}) = 0.4 \text{ mA/V}$$

$$r_{\mathrm{o}} = V_{\mathrm{A}}/I_{\mathrm{D}} = 60 \text{ V}/0.4 \text{ mA} = 150 \text{ k}\Omega$$

3.3.2　小信号模型

MOS 管的工作主要是由压控电流源完成的。当栅极与源极之间加上信号电压 v_{gs} 后，就在漏极得到信号电流 $i_{\mathrm{d}} = g_{\mathrm{m}} v_{\mathrm{gs}}$。此外，MOS 管的输入电阻趋于无穷大，输出电阻也可以认为趋于无穷大。利用这两个假设，可以得到图 3.14(a) 中的 MOS 管小信号模型。

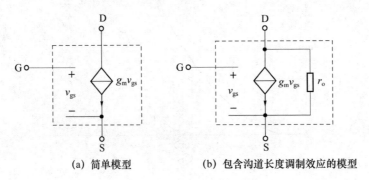

(a) 简单模型　　　　　　　　　(b) 包含沟道长度调制效应的模型

图 3.14　MOS 管小信号模型

图 3.14(a) 中小信号模型的主要缺点是，没有考虑有源区内漏极电压对漏极电流的影响（即 Early 效应）。这个影响可以用小信号输出电阻 r_{o} 来表示。把 r_{o} 放入图 3.14(a) 的电路中，就得到图 3.14(b) 中的 MOS 管小信号模型，其中的 g_{m} 和 r_{o} 都随 MOS 管的偏流而变。需要说明的是，图 3.14(a) 和 (b) 中的两个小信号模型同时适用于 NMOS 管和 PMOS 管。

对于 PMOS 管，我们在前面 3.2.4 节曾说到需把它的电路符号倒过来画，如图 3.11(c) 所示，因为这是 PMOS 管在正常使用时的方向。所以，PMOS 管的小信号模型也应该倒过来画，这就是图 3.15 中的两种结构。图 3.15(a) 中的栅源电压写成 v_{gs}，电流源 $g_{\mathrm{m}} v_{\mathrm{gs}}$ 是流向源极的，与图 3.14 中的情况相同。图 3.15(b) 中的栅源电压写成 v_{sg}，电流源 $g_{\mathrm{m}} v_{\mathrm{sg}}$ 变成流向漏极，与图 3.11 中的情况相同。我们可以根据具体的电路情况，选择使用图 3.15(a) 或 3.15(b) 中的小信号模型。

对于图 3.15 中两种小信号模型的正确性，我们可以选择图 3.15(b) 来测试。在图 3.15(b) 中，假设栅极电位下降了。这使 v_{sg} 增加，并使 PMOS 管向下流动的电流增加。在图 3.11(c) 中，根据式(3.24)可知，栅极电位下降使 PMOS 管正常的向下流动的电流增加。由于图 3.15(b) 和图 3.11(c) 中有相同的结果，所以图 3.15(b) 中的电流源方向是正确的。我们同样可以证明图 3.15(a) 中的电流源方向也是正确的；而且图 3.14 中的两个电流源方向也都是正确的。

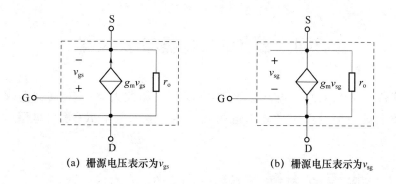

(a) 栅源电压表示为 v_{gs}　　　　　　(b) 栅源电压表示为 v_{sg}

图 3.15　倒过来画的 PMOS 管小信号模型

3.3.3　体效应[Gray, p53]

在集成电路中,基片是被许多 MOS 管共用的。为了使所有 NMOS 管的源极与基片之间的 PN 结不出现正偏,基片必须连接到电路中最负的电位上。对于 PMOS 电路,基片必须连接到电路中最正的电位上。此时,有些 MOS 管的源极可以与基片不在同一电位上,由此形成一个偏压 V_{BS}。而偏压 V_{BS} 是对基片与沟道之间的 PN 结进行反偏的;这使 PN 结的耗尽区变宽,沟道变浅。这就是 MOS 管的体效应。

所以,MOS 管的基片起到了与栅极相似的作用。我们通常把基片看作 MOS 管的第二栅极,把它的跨导称为**体效应跨导**。根据半导体物理的研究结果,**体效应跨导** g_{mb} 与 MOS 管跨导 g_m 之间可以有简单的关系式

$$g_{mb} = \chi g_m \tag{3.34}$$

式中,χ 的典型值在 0.1 与 0.3 之间。

把体效应跨导 g_{mb} 加到图 3.14(b) 的模型中,便得到图 3.16 中包含体效应的 MOS 管小信号模型。当 MOS 管的源极没有连接到基片时,都应该使用这个小信号模型。在图 3.16 中,如果 v_{gs} 为正,电流源 $g_m v_{gs}$ 便向下流动。当电流 $g_m v_{gs}$ 从源极流出并经过一个电阻流到地时,会使源极电位升高,使 v_{bs} 变负,电流源 $g_{mb} v_{bs}$ 便向上流动,起到抵消电流源 $g_m v_{gs}$ 的作用($g_{mb} v_{bs}$ 与 $g_m v_{gs}$ 中的一小部分自成回路)。这就是**体效应**的结果。

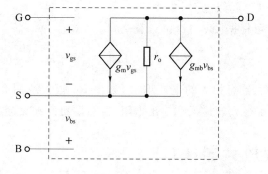

图 3.16　包含体效应的 MOS 管小信号模型

3.4 三种 MOS 基本放大器

MOS 管有三种基本放大器:**共源放大器**(CS)、**共栅放大器**(CG)和**共漏放大器**(CD)。我们用 MOS 管的小信号模型来导出这些放大器的输入电阻 R_i、输出电阻 R_o 和电压增益 A_v。

3.4.1 共源放大器(CS)

图 3.17(a)是基本的**共源放大器**电路。NMOS 管用恒流源 I 偏置,旁路电容 C_S 使源极 ac 接地。输入信号源 v_s 通过其内阻 r_s 与栅极相连。输出电压 v_O 从漏极取出。由于输入和输出都以源极为公共端,所以叫**共源放大器**。用图 3.14(b)中的 MOS 管小信号模型代替图 3.17(a)中的 MOS 管,便得到图 3.17(b)中的小信号等效电路。

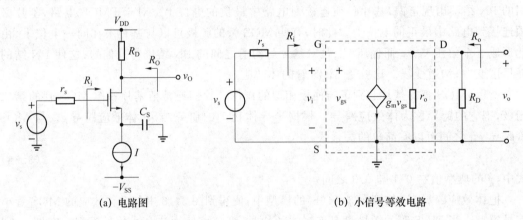

(a) 电路图   (b) 小信号等效电路

图 3.17 共源放大器

从图 3.17(b)看,放大器的输入电阻为无穷大,因为 MOS 管的栅极输入电阻为无穷大。放大器的输出电阻为 MOS 管小信号输出电阻 r_o 与漏极负载 R_D 的并联。由于 r_o 远大于 R_D,所以放大器的输出电阻近似等于 R_D。

放大器的电压增益可根据图 3.17(b)计算为

$$A_v \equiv \frac{v_o}{v_i} = -g_m(r_o \| R_D) \approx -g_m R_D \tag{3.35}$$

总起来说,MOS 共源放大器有很大的电压增益(如果 R_D 很大或用有源负载代替),一般在 20 至 100 的范围,而且有很大的输入和输出电阻。(**有源负载**在后面第 10 章说明。)

3.4.2 共栅放大器(CG)

图 3.18(a)是基本的**共栅放大器**电路。MOS 管用电流源 I 偏置,它的栅极接地,输入信号通过耦合电容 C_C 与源极相连,输出电压从漏极取出。由于输入和输出都以栅极为公

共端,所以叫**共栅电路**。把 MOS 管替换成图 3.16 中的小信号模型,就得到图 3.18(b)中的小信号等效电路。由于 MOS 管的源极没有接地,就会在源极与地(即基片)之间存在信号电压 v_{bs};这就需要在等效电路中增加电流源 $g_{mb}v_{bs}$ 来表示体效应。从栅极接地可知,$v_{gs}=-v_i$ 和 $v_{bs}=-v_i$。所以,图 3.18(b)中的两个电流源都可以用 v_i 来表示。

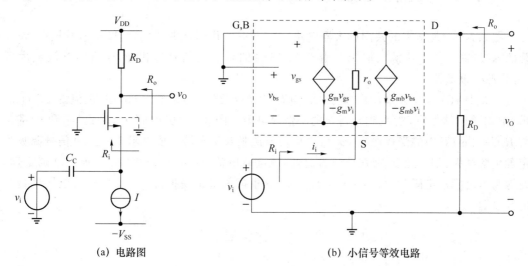

(a) 电路图　　　　　　　　　　　　　　(b) 小信号等效电路

图 3.18　共栅放大器

先用图 3.18(b)计算输入电阻。在 v_i 的作用下,会有电流 $g_m v_i$ 和 $g_{mb}v_i$ 从漏极流出,并流向 R_D 与 r_o 的并联电路(由于 v_i 通常比 v_o 小很多,所以 r_o 的下端可以认为近似接地);其中流过 R_D 的电流一定等于 i_i,并可用分流公式计算为

$$i_i = v_i(g_m + g_{mb})\frac{r_o}{r_o + R_D} \tag{3.36}$$

输入电阻等于 v_i 与 i_i 之比

$$R_i \equiv \frac{v_i}{i_i} \approx \frac{v_i}{v_i(g_m + g_{mb})\dfrac{r_o}{r_o + R_D}} = \frac{1}{(g_m + g_{mb})}\frac{r_o + R_D}{r_o} = \frac{1}{g_m + g_{mb}}\left(1 + \frac{R_D}{r_o}\right) \tag{3.37}$$

从式(3.37)看,体效应跨导 g_{mb} 减小了放大器的输入电阻;而 R_D 增加了输入电阻,因为 R_D 是与 v_i 串联的。至于放大器的输出电阻,从图 3.18(b)看,简单地等于 R_D 与 r_o 之并联(v_i 需置零)。

共栅放大器的电压增益等于从源极到漏极的电压增益。在图 3.18(b)中,输出电压近似等于两个电流源在 R_D 与 r_o 并联支路上的压降(把 r_o 的下端看作接地)。所以,电压增益可计算为

$$A_v \equiv \frac{v_o}{v_i} \approx \frac{1}{v_i}\left[v_i(g_m + g_{mb})\frac{r_o R_D}{r_o + R_D}\right] = (g_m + g_{mb})\frac{r_o R_D}{r_o + R_D} \tag{3.38}$$

式(3.38)表示,共栅放大器的电压增益受到了体效应的影响。但有意思的是,体效应竟然增加了电压增益。原因是,由于栅极接地,当源极电位变化时,图 3.18(b)中的两个电流源是同向变化的。这种情况不太多见。

共栅放大器的特点是:有很大的电压增益(假设 R_D 很大),且输出信号不反相。输入电阻非常小;输出电阻非常大(R_D 除外)。共栅放大器最主要的用途是与共源放大器一起构成

共源共栅放大器，也称 cascode 结构。这种结构可以提升高频特性，这将在后面 12.3 节说明。

3.4.3 共漏放大器(CD)

图 3.19(a)是基本的**共漏放大器**电路。NMOS 管用恒流源 I 偏置，输入信号加在 MOS 管的栅极，输出信号从源极取出。由于 MOS 管的漏极与信号地相连，所以叫**共漏放大器**（也称**源极跟随器**）。

图 3.19(b)是图 3.19(a)中电路的小信号等效电路。在图 3.19(b)中，电流源 $g_{mb}v_{bs}$ 表示 MOS 管的体效应，R_I 为恒流源 I 的小信号电阻。图 3.19(b)中的 $g_m v_{gs}$、$g_{mb}v_{bs}$ 和 r_o 都是与 R_I 并联的；其中的受控源 $g_{mb}v_{bs}$ 可以用**信号源吸收定理**简化成电阻 $1/g_{mb}$。（**信号源吸收定理**可解释为：如果把 v_{bs} 加在地与 S 之间，就会有电流 $g_{mb}v_{bs}$ 从地流向 S。根据欧姆定理，在地与 S 之间的电阻为 $v_{bs}/g_{mb}v_{bs} = 1/g_{mb}$。这里的关键是受控源 $g_{mb}v_{bs}$ 两端的电压就是它的控制源 v_{bs}。）

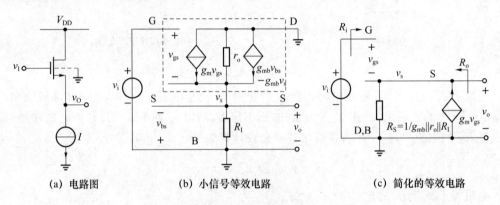

(a) 电路图   (b) 小信号等效电路   (c) 简化的等效电路

图 3.19 共漏放大器

把电阻 $1/g_{mb}$ 和连接在地与 S 之间的 r_o 和 R_I 合并在一起，把总的并联电阻叫 R_S

$$R_S = (1/g_{mb}) \| r_o \| R_I \tag{3.39}$$

便得到图 3.19(c)中简化的等效电路。现在可以容易地得到输出电压

$$v_o = v_s = g_m v_{gs} R_S \tag{3.40}$$

进而得到共漏放大器的电压增益

$$A_v \equiv \frac{v_o}{v_i} = \frac{v_o}{v_{gs} + v_o} = \frac{g_m R_S}{1 + g_m R_S} \tag{3.41}$$

式(3.39)中，由于 $1/g_{mb}$ 通常远小于 r_o 和 R_I，使 $R_S \approx 1/g_{mb}$。再使用式(3.34)，式(3.41)变为

$$A_v = \frac{1}{1 + \chi} \tag{3.42}$$

式(3.42)表示，源极跟随器的电压增益受 MOS 管体效应的影响而下降。由于 χ 在 0.1 至 0.3 的范围，所以体效应使电压增益下降到 0.7 至 0.9。解决的办法是把 NMOS 管做在 P 阱内。

源极跟随器的输入电阻 R_i 趋于无穷大。在计算输出电阻时，需把图 3.19(c)中的 v_i 置零;再根据信号源吸收定理,电流源 $g_m v_{gs}$ 可以用电阻 $1/g_m$ 来代替。由此,电路的输出电阻可近似写为

$$R_o \approx \frac{1}{g_m + g_{mb}} = \frac{1}{g_m(1 + \chi)} \tag{3.43}$$

共漏放大器的特点:电压增益略小于 1,有很大的输入电阻和很小的输出电阻,适合于驱动低阻抗负载,所以通常被用作电压缓冲器或放大器的输出级。共漏放大器的这个阻抗变换功能,还可以用来提升放大器的高频响应。共漏放大器的缺点是降低了信号的幅度。

3.5　MOS 管的高频特性

MOS 管的内部电容主要是**栅极电容**。除此之外,还有源极和漏极与基片之间两个反偏 PN 结的电容,以及栅极与源、漏区之间的**重叠电容**。当沟道没有生成时,栅极与基片之间也有一个电容。这些电容被表示为图 3.20 中的 6 个电容。MOS 管工作时,这些电容都要被充放电,都会影响 MOS 管的高频特性。本节的目的是把这些电容放入 MOS 管的小信号模型中。

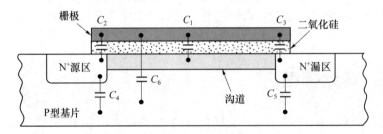

图 3.20　MOS 管的内部电容

3.5.1　栅极与沟道之间的电容

栅极与沟道之间的电容是指在栅电极与沟道之间形成的平板电容器的电容(图 3.20 中的 C_1)。当 MOS 管工作在三极管区且 v_{DS} 很小时,沟道的深度几乎处处相等。此时的栅极与沟道之间的电容等于 WLC_{ox},并可看作在源极和漏极之间平分

$$C_{gs(ch)} = C_{gd(ch)} = \frac{1}{2} WLC_{ox} \tag{3.44}$$

式(3.44)在 v_{DS} 较大时也用得很好。其中的 C_{ox} 为栅极单位面积电容值〔见式(3.7)〕。

当 MOS 管工作在有源区时,沟道变成斜坡状,且在漏极处被夹断。此时栅极与沟道之间的电容值近似等于三极管区电容值的 $2/3$,且全部归源极所有

$$\begin{cases} C_{gs(ch)} = \dfrac{2}{3} WLC_{ox} \\ C_{gd(ch)} = 0 \end{cases} \tag{3.45}$$

当 MOS 管截止时,沟道消失,所以 $C_{gs(ch)} = C_{gd(ch)} = 0$。但在栅极与基片之间存在一个电容(图 3.20 中的 C_6),这个电容也是栅极电容,而且全部归基片所有

$$\begin{cases} C_{gs(ch)} = C_{gd(ch)} = 0 \\ C_{gb} = WLC_{ox} \end{cases} \tag{3.46}$$

3.5.2　栅极与源漏区之间的重叠电容

栅极与源漏区之间也存在两个小电容,这是由源漏区向沟道方向稍有延伸形成的(图 3.20 中的 C_2 和 C_3)。如果把源、漏扩散区与栅电极之间的重叠长度称为 L_{ov},**重叠电容**可表示为

$$C_{ov} = WL_{ov}C_{ox} \tag{3.47}$$

重叠长度 L_{ov} 一般非常小,但在现代 CMOS 技术中是不可忽略的。其中栅极与源极之间的重叠电容归入 C_{gs},栅极与漏极之间的重叠电容归入 C_{gd}。这两个电容的大小与 MOS 管的工作区无关。

3.5.3　结电容

在源极和漏极扩散区与基片之间也还存在两个反偏 PN 结电容 C_{sb} 与 C_{db}(图 3.20 中的 C_4 和 C_5)。这两个电容还可以包括沟道与基片之间的 PN 结反偏电容。关于 C_{sb} 和 C_{db} 的计算,见式(2.7)。

3.5.4　高频模型

把上面讨论的 $C_{gs(ch)}$、$C_{gd(ch)}$、C_{sb}、C_{db} 和 C_{ov} 五个电容加入图 3.16 的低频模型中,便得到图 3.21(a)中的 MOS 管在有源区的高频小信号模型,其中 $C_{gs} = C_{gs(ch)} + C_{ov}$ 和 $C_{gd} = C_{ov}$。

这个模型的缺点是,使用起来非常麻烦,只能用于像 SPICE 那样的仿真计算。当源极与基片短接时,电容 C_{sb} 和电流源 $g_{mb}v_{bs}$ 都可以略去。虽然等效电路中的 C_{gd} 很小,但可以通过 **Miller 效应**(稍后说明)对放大器的高频特性产生重要影响,所以是不可略去的。电容 C_{db} 一般可以略去。这样之后,图 3.21(a)中的电路就变成图 3.21(b)中的等效电路。这个等效电路就很容易使用。由于这个等效电路与 BJT 的高频等效电路非常相似,我们也把它称为**高频混合 π 模型**。

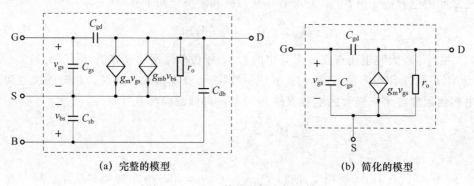

(a) 完整的模型　　　　　　　　　(b) 简化的模型

图 3.21　MOS 管的高频小信号模型

3.6　基本放大器的高频特性

本节讨论三种基本 MOS 放大器(共源、共栅和共漏)的高频特性。但由于 Miller 效应的重要性,我们先对它作一介绍。这三种放大器的低频特性,已在前面 3.4 节作过讨论。

3.6.1　MOS 管的 Miller 效应

上面的 3.5 节介绍了 MOS 管的内部电容,其中的 C_{gd} 由栅极和漏极之间的重叠电容产生。这个电容虽然很小,但会通过 Miller 效应使电路的高频响应大为下降。下面就来说明这一点。

把图 3.17(b)中 MOS 管的低频模型替换成图 3.21(b)中的高频模型,就得到图 3.22(a)中的共源放大器高频等效电路。MOS 管的内部电容 C_{gd} 是连接在输入与输出之间的反馈元件,输出电压将通过 C_{gd} 影响栅极电压。R_o 等于 R_D 与 r_o 的并联,是放大器的输出电阻。我们将通过电流增益来说明 Miller 效应。

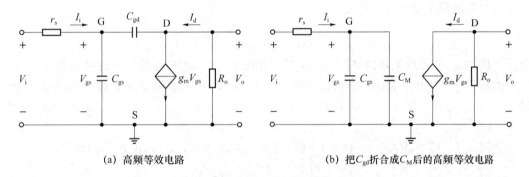

(a) 高频等效电路　　　　　　　　(b) 把C_{gd}折合成C_M后的高频等效电路

图 3.22　MOS 管的 Miller 效应

在图 3.22(a)中,对 MOS 管的栅极节点 G 使用 KCL

$$I_i = sC_{gs}V_{gs} + sC_{gd}(V_{gs} - V_o) \tag{3.48}$$

再对 MOS 管的漏极节点 D 使用 KCL

$$\frac{V_o}{R_o} + g_m V_{gs} + sC_{gd}(V_o - V_{gs}) = 0 \tag{3.49}$$

在式(3.48)和式(3.49)中消去 V_o,得到 I_i 与 V_{gs} 之间的关系式

$$I_i = s\left(C_{gs} + C_{gd}\frac{1 + g_m R_o}{1 + sR_o C_{gd}}\right)V_{gs} \tag{3.50}$$

一般情况下,电容 C_{gd} 相对很小,使它的容抗在中低频区比电阻 R_o 大很多,即 $|1/(j\omega C_{gd})| \gg R_o$,或写为 $|j\omega R_o C_{gd}| \ll 1$。所以式(3.50)分母中的 $sR_o C_{gd}$ 与 1 相比可以略去。式(3.50)变为

$$I_i \approx s[C_{gs} + C_{gd}(1 + g_m R_o)]V_{gs} \tag{3.51}$$

式(3.51)右边方括号内是两个电容 C_{gs} 和 $C_{gd}(1 + g_m R_o)$ 的并联,而 $s[C_{gs} + C_{gd}(1 + g_m R_o)]$ 为两个电容并联后的复阻抗的倒数。如果从图 3.22(a)的输入端向右看去,I_i 就是由 V_{gs} 在

并联电容上产生的电流(根据式(3.51))。如果从图3.22(a)的输出端向左看去,电容C_{gd}的阻抗$|1/j\omega C_{gd}|$由于远大于R_o而可以略去。

由此,可以把图3.22(a)中的电路改画成图3.22(b)中的电路。图3.22(b)中的电容C_M就叫Miller电容,它的电容量可根据式(3.51)计算为

$$C_M = C_{gd}(1+g_m R_o) \tag{3.52}$$

式中,$g_m R_o$为放大器的中低频电压增益。由于略去了式(3.50)分母中的$sR_o C_{gd}$,这样得到的Miller电容C_M是近似的。下面的例题将说明,这种近似只引入很小的误差。

式(3.52)表示,重叠电容C_{gd}由于Miller效应而被放大了$g_m R_o$倍。这种电容量极大倍增的现象就叫Miller效应,它使跨路电容C_{gd}变成MOS放大器带宽的主要限制因素。现在的图3.22(b)中,输入和输出是相互分离的。而产生Miller效应的原因是放大器有很大的中低频电压增益$g_m R_o$。

3.6.2 共源放大器

共源放大器的频率响应可以容易地从图3.22(b)算出。图3.22(b)中电路的频率响应仅取决于输入回路的时间常数;这个时间常数$\tau = r_s(C_{gs}+C_M)$。所以,图3.17(a)中MOS共源放大器的截止频率可计算为

$$f_C = \frac{1}{2\pi\tau} = \frac{1}{2\pi r_s(C_{gs}+C_M)} \tag{3.53}$$

由此得出结论:共源放大器的高频响应由于存在电容C_{gd}的Miller效应而变得很差。

例题3.3 要求用Miller近似法计算图3.17(a)中MOS共源放大器的-3 dB频率点。MOS管和电路有参数:$I_D = 1$ mA、$V_t = 1$ V、$C_{gs} = 0.5$ pF和$C_{gd} = 0.1$ pF,以及$r_s = 30$ kΩ和$R_D = 3$ kΩ。$V_{DD} = V_{SS} = 5$ V。

在图3.17(a)中,$V_{GS} = 0-(1\times3-5) = 2$ V。用式(3.33)算出MOS管的跨导

$$g_m = \frac{2I_D}{V_{GS}-V_t} = \frac{2\times1}{2-1} = 2(\text{mA/V})$$

略去MOS管的输出电阻r_o后,放大器的交流负载电阻$R_o = R_D = 3$ kΩ。Miller电容可计算为

$$C_M = C_{gd}(1+g_m R_o) = 0.1\times(1+2\times3) = 0.7(\text{pF})$$

用式(3.53),算出放大器的-3 dB频率点

$$f_{-3dB} = \frac{1}{2\pi r_s(C_{gs}+C_M)} = \frac{1}{2\times3.14}\frac{1}{30\times(0.5+0.7)} = 4.42(\text{MHz})$$

由于负载电阻R_D很小,放大器的低频电压增益就很低,只有大约6倍,使Miller效应不明显。此外,我们可以对式(3.50)中的$sR_o C_{gd}$计算当$f = 4.42$ MHz时的值,这个值等于0.008,确实远小于1。所以,在低于截止频率的中低频区,Miller近似式(3.52)是用得很好的。

3.6.3 共栅放大器

把图3.18(b)中MOS管的低频模型替换成图3.21(b)中的高频模型,就得到图3.23(a)中

的共栅放大器高频等效电路。图中增加了信号源内阻 r_s（这里的内阻 r_s 是不可略去的，因为后面有电容 C_{gs} 需要驱动），MOS 管的输出电阻 r_o 由于很大而被略去。虽然图 3.18(a) 中的 MOS 管存在体效应，但由于共栅接法的输入电阻很小，使源极的信号摆幅也很小，这个体效应是可以略去的。

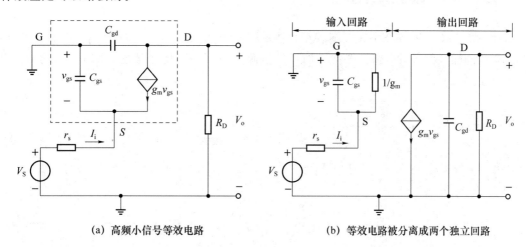

(a) 高频小信号等效电路　　　　　　(b) 等效电路被分离成两个独立回路

图 3.23　共栅放大器

对于图 3.23(a) 中的电路，可以做两点简化。首先，电容 C_{gd} 是接在输出与地之间的，就可以移到输出回路。其次，电流源 $g_m v_{gs}$ 同时属于输入回路和输出回路。对于输入回路，可以用信号源吸收定理改画成电阻 $1/g_m$（即只要有 v_{gs}，就会有电流 $g_m v_{gs}$ 向下流入 S 节点）。对于输出回路，电流源 $g_m v_{gs}$ 仍然存在（因为只要有 v_{gs}，就会有电流 $g_m v_{gs}$ 流过 C_{gd} 与 R_D 的并联支路）。

这样简化之后，就得到图 3.23(b) 中的等效电路。现在的输入回路和输出回路已被分离开来。两个回路各有一个时间常数

$$\tau_I = (1/g_m \parallel r_S) C_{gs} \tag{3.54}$$

$$\tau_O = R_D C_{gd} \tag{3.55}$$

式中，τ_I 为输入回路的时间常数，τ_O 为输出回路的时间常数。两者对应的截止频率分别为

$$f_{CI} = \frac{1}{2\pi\tau_I} \tag{3.56}$$

$$f_{CO} = \frac{1}{2\pi\tau_O} \tag{3.57}$$

一般情况下，C_{gs} 和 C_{gd} 都很小，所以共栅放大器有很高的截止频率。由于 C_{gd} 通常要比 C_{gs} 小很多，所以电路的高频响应一般取决于输入回路的 f_{CI}。但式(3.54) 中的 $1/g_m$ 有时会很小，使放大器的两个截止频率靠得很近。总起来说，共栅放大器有极好高频响应的原因是消除了 C_{gd} 的 Miller 效应。

例题 3.4　在图 3.23(a) 中，假设 $r_s = 100\ \text{k}\Omega$（表示前级放大器中的 MOS 管输出电阻），$R_D = 2\ \text{k}\Omega$，$g_m = 0.5\ \text{mA/V}$，$C_{gs} = 0.5\ \text{pF}$，$C_{gd} = 0.1\ \text{pF}$。要求确定这个共栅放大器的截止频率。

用式(3.54) 和式(3.55) 计算输入和输出回路的时间常数：$\tau_I = 0.98\ \text{ns}$ 和 $\tau_O = 0.2\ \text{ns}$。

用式(3.56)和式(3.57)计算输入和输出回路的截止频率 $f_{CI}=162\,\mathrm{MHz}$ 和 $f_{CO}=796\,\mathrm{MHz}$。这个共栅放大器的截止频率应该为 $162\,\mathrm{MHz}$，是由输入回路产生的。 ◀

3.6.4 源极跟随器

把图 3.19(b)中 MOS 管的低频模型替换成图 3.21(b)中的高频模型，就得到图 3.24(a)中的源极跟随器高频等效电路。图中增加了信号源内阻 r_i。R_S 仍然是图 3.19(c)中的 R_S，它等于 $1/g_m \| r_o \| R_I$。

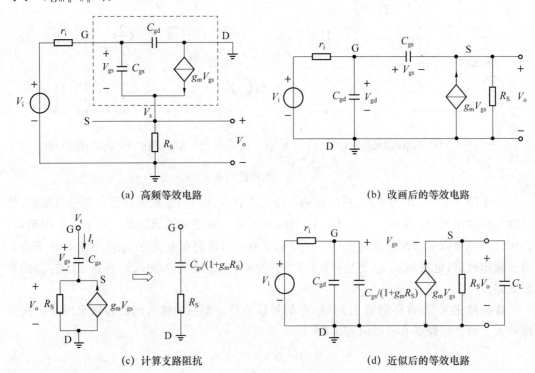

(a) 高频等效电路   (b) 改画后的等效电路

(c) 计算支路阻抗   (d) 近似后的等效电路

图 3.24 源极跟随器

在图 3.24(a)中，电容 C_{gd} 是接在栅极与地之间的，可以移到图中的左边，与 V_i 和 r_i 组成回路。这就得到图(b)中的电路[Neamen,p445]。

在图(b)的电路中，由于是电压跟随器的原因，V_o 总是略小于栅极与地之间的电压 V_{gd}，所以 V_{gs} 是非常小的。这等于把 C_{gs} 接在两个几乎相等的电位之间，使 C_{gs} 的实际充放电电流变得很小；或者说，C_{gs} 的有效电容量变得很小。

实际的计算过程可以用图 3.24(c)来说明。图 3.24(c)的左边就是图 3.24(b)中由 C_{gs} 和 R_S、$g_m V_{gs}$ 组成的串并联支路。对支路外加试验电压 V_t 后，可算出 I_t；而比值 V_t/I_t 就是支路的复阻抗。在对图 3.24(c)左边的电路计算时，需要知道：电流源 $g_m V_{gs}$ 是由电容 C_{gs} 上的电压产生的，而 C_{gs} 上的电压是由 I_t 流过 C_{gs} 产生的，它等于 $I_t/(sC_{gs})$。所以，电流源 $g_m V_{gs}=g_m I_t/(sC_{gs})$。然后，这个电流源与电流 I_t 相加后流过 R_S，并产生电压 $R_S[I_t+g_m I_t/(sC_{gs})]$。把这个电压与电容 C_{gs} 上的电压 $I_t/(sC_{gs})$ 加起来，就等于 V_t。由此，算出比值 V_t/I_t。

$$\frac{V_t}{I_t} = \frac{1+g_m R_S}{sC_{gs}} + R_S \tag{3.58}$$

式(3.58)表示,从图 3.24(b)中的栅极 G 向右看去,是电阻 R_S 与电容 $C_{gs}/(1+g_m R_S)$ 的串联,如图 3.24(c)右边所示。由于电容 C_{gs} 被减小到了 $C_{gs}/(1+g_m R_1)$,电容的容抗就变得很大;这使电阻 R_S 的阻值相对变得很小。这就可以近似地略去 R_S,再把图 3.24(c)中的电容 $C_{gs}/(1+g_m R_S)$ 改画成与图 3.24(b)中的 C_{gd} 并联。与此同时,从图 3.24(b)中的输出端向左看时,由于 $C_{gs}/(1+g_m R_S)$ 的容抗远大于 R_S 而可以略去。这就得到图 3.24(d)中最后想要的高频等效电路(图中的 C_L 稍后说明)。

从图 3.24(d)可以容易地得到源极跟随器电路的时间常数近似表达式

$$\tau \approx r_i \left(C_{gd} + \frac{C_{gs}}{1+g_m R_S} \right) \tag{3.59}$$

式(3.59)表示,源极跟随器使 C_{gs} 变得很小,而 C_{gd} 一般也很小,所以源极跟随器有很小的时间常数和很高的截止频率。有意思的是,图 3.24(d)中的结构与图 3.22(b)中 Miller 效应的结构非常一致。但两者的不同点是,Miller 效应使电容 C_{gd} 增加了 $g_m R_o$ 倍,而源极跟随器使 C_{gs} 减少到了 $1/(1+g_m R_S)$。

这个时间常数引起的截止频率为

$$f_C = \frac{1}{2\pi\tau} \tag{3.60}$$

当输出端接有负载电容 C_L〔如图 3.24(d)所示〕时,电路中就同时存在三个电容。这可以使电路在某种情况下趋于不稳定,产生过冲和振铃。但对于大多数源极跟随器来说,这种过冲和振铃,在最坏情况下也是很小的。与之相比,射极跟随器的过冲和振铃会大很多。出现过冲和振铃的根本原因是,这两种电路都有反馈。(后面第 6 章将讨论反馈的问题。)

3.7　小　　结

MOS 管是依靠电场效应工作的,所以输出电流 i_D 可以用输入电压 v_{GS} 来表示,并由此得到 MOS 管的平方率传递特性。由于 MOS 管的跨导随栅压而变,所以只有当 v_{gs} 很小时,才可看作线性元件。在此基础上,我们导出了 MOS 管的小信号参数和模型,分析了 MOS 管的三种基本放大器。本章的最后讨论了 MOS 管的内部电容,导出了高频下的 MOS 管小信号模型,其中的电容 C_{gd} 由于 Miller 效应而成为 MOS 管高频特性的主要限制因素。这使共源放大器的高频特性变得很差。共栅和共漏放大器,由于消除了 Miller 效应而有很好的高频特性。其中的共栅放大器是很好的电流跟随器和缓冲器;而共漏放大器是很好的电压跟随器和缓冲器。由于 MOS 集成电路有极好的性价比而在绝大多数应用领域内取代了 BJT 技术。

练　习　题

3.1　一个工作在有源区的 MOS 管当 $V_{DS} = V_{ov}$ 时有 $I_D = 200\ \mu A$。当 V_{DS} 增加 0.5 V

后，I_D 增加到 203 μA。要求估算输出电阻 r_o 和 Early 电压 V_A。

3.2 在图 P3.2 中，v_I 为 1 V 的直流电压，NMOS 管的 $V_{tn} = 0.8$ V 和 $C_{ox} = 3$ fF/μm^2。在仅考虑沟道电荷的前提下，要求确定当 MOS 管被切断后输出电压 v_O 的终值。假设只有一半的沟道电荷注入到 C_L 上。

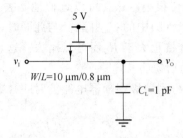

图 P3.2

3.3 在图 P3.3 的共源放大器中，$V_{DD} = 3$ V、$R_D = 5$ kΩ、$\mu_n C_{ox} = 200$ μA/V^2、$W = 10$ μm、$L = 1$ μm、$V_t = 0.6$ V 和 $\lambda = 0$。要求：(a) 计算工作在三极管区边缘时的电压 v_I 和 v_O，以及此时的小信号电压增益。(b) 计算当 MOS 管工作在有源区且小信号电压增益等于 1 时的电压 v_I 和 v_O。

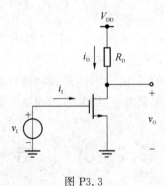

图 P3.3

3.4 在图 P3.4 的共栅放大器中，假设 MOS 管工作在有源区，且有参数 $I_D = 100$ μA、$R_D = 10$ kΩ、$\mu_n C_{ox} = 200$ μA/V^2、$W = 100$ μm、$L = 1$ μm、$\lambda = 0.01$ /V，略去体效应。(a) 计算放大器的输入电阻；(b) 如果 $R_D = 1$ MΩ（假设 R_D 用电流源实现），重新计算输入电阻。

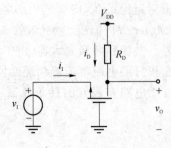

图 P3.4

3.5 图 P3.5 表示一个宽带 MOS 电流放大器的交流等效电路，其中 M$_2$ 的 W/L 为 M$_1$ 的 4 倍，它们的偏流分别为 $I_{D1} = 1$ mA 和 $I_{D2} = 4$ mA。MOS 管 M$_1$ 有参数：$C_{gd} = 0.05$ pF、$C_{gs} =$

$0.2 pF$、$C_{sb} = C_{db} = 0.09 pF$、$V_{ov} = 0.3 V$ 和 $r_o = \infty$。MOS 管 M_2 有参数：$C_{gd} = 0.2 pF$、$C_{gs} = 0.8 pF$、$C_{sb} = C_{db} = 0.36 pF$、$V_{ov} = 0.3 V$ 和 $r_o = \infty$。要求计算：(a)低频小信号电流增益 i_o/i_i；(b)由很小的阶跃输入产生的从 10% 到 90% 的输出上升时间(提示：先计算跨接在 M_2 栅源之间的电容 C_{tot})。

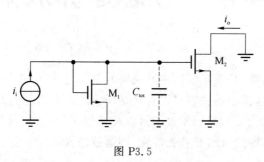

图 P3.5

第4章　理想运算放大器

运算放大器简称运放,是模拟电路中最主要的单元电路。在许多应用中,运放的性能远好于实际需要的性能,这样的运放就可以看成是**理想的**。本章首先说明**理想运放**的特点,然后讨论用理想运放组成的反相和同相放大器以及其他实用电路,最后介绍两个运放电路的设计。第 5 章将介绍实际运放的非理想效应,即运放的参数。

4.1　什么是理想运算放大器

运算放大器的功能是对两个输入端之间的电位差进行放大。图 4.1 是运算放大器的等效电路,图中的①和②为运放的两个**输入端**,③为**输出端**。两个输入端分别称为**反相输入端**和**同相输入端**,输入信号 v_1 和 v_2 分别加在两个输入端与地之间。输出信号 v_O 也以地为参照。输出电压 v_O 的极性与输入信号 v_1 相反,与输入信号 v_2 相同。

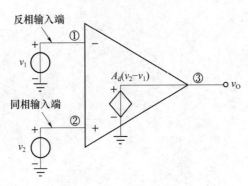

图 4.1　运放等效电路

理想运放的一个特点是输入阻抗为无穷大,即流入两个输入端①和②的电流恒为零。理想运放的第二个特点是运放的输出阻抗恒为零,所以运放的输出 v_O 是一个恒定的电压源。理想运放仅对输入信号 v_1 和 v_2 之间的差值进行放大,这个差值就叫**差分输入信号**。所以当 v_1 和 v_2 相等时,由于差分输入信号为零,输出 v_O 也为零。这两个相等的输入信号 v_1 和 v_2 被称为**共模输入信号**。理想运放对共模输入信号的输出为零;这说明理想运放完全抑制了两个输入信号中的共模成分。运放的两个最重要的参数是**差分电压增益和带宽**,而理想运放的这两个参数都趋于无穷大。

理想运放的这些特点实际上是达不到的,但对许多应用来说,运放的特性又非常接近理想值。比如,在用于低频电路时,运放的带宽可以认为是无穷大。使用理想运放的好处是,使运放电路的分析变得很容易。

4.2　反相放大器

由于运放有极大的差分增益,所以总是被接成负反馈的形式。在图 4.2 中,输入信号 v_1 通过电阻 R_1 加到反相输入端,同相输入端接地,输出通过电阻 R_2 接到反相输入端。由于输出信号 v_0 与输入信号 v_1 反相(稍后说明这一点),所以图 4.2 中的电路被称为**反相放大器**。需要知道,当运放接成负反馈时,总是把反馈信号送到反相输入端。

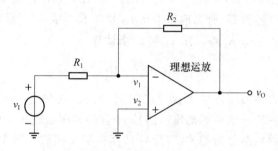

图 4.2　用理想运放组成的反相放大器

4.2.1　反相放大器分析

把图 4.2 中的运放用图 4.1 中的等效电路代替后,得到图 4.3 中的反相放大器等效电路。由于运放的差分电压增益 A_d 趋于无穷大,而输出电压 v_0 是有限的,所以两个输入端上的电压 v_1 和 v_2 总保持几乎相等。由于这个原因,我们把图 4.3 中的输入端①称为**虚地**。意思是:由于 v_1 与地电位几乎相等,我们可以近似地把输入端①看成是与地短接的。

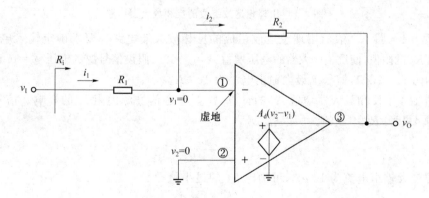

图 4.3　反相放大器等效电路

利用**虚地**的概念,可以从图 4.3 写出输入电流表达式

$$i_1 = \frac{v_1 - v_1}{R_1} = \frac{v_1}{R_1} \tag{4.1}$$

由于从运放输入端流入运放的电流为零,电流 i_1 就只能全部流过 R_2。输出电压就可写为

$$v_O = v_1 - i_2 R_2 = -i_2 R_2 = -i_1 R_2 = -\frac{v_1}{R_1} \cdot R_2 \qquad (4.2)$$

式(4.2)运算中把 v_1 看作零,也是利用了**虚地**的概念。

从式(4.2)得到反相放大器的电压增益

$$A_v \equiv \frac{v_O}{v_1} = -\frac{R_2}{R_1} \qquad (4.3)$$

式(4.3)表示,对于用理想运放组成的反相放大器,它的电压增益等于两个电阻之比,与运放的参数无关。式(4.3)中的负号表示输出信号与输入信号是反相的。在图 4.3 中,如果 $v_1 > 0$,就有 $v_O < 0$;如果 $v_1 < 0$,就有 $v_O > 0$。此外,图 4.3 中的 i_2 会从运放的输出端流入运放。由于运放的输出电阻为零,所以输出电压 v_O 也不会因流入 i_2 而变。

反相放大器的输入电阻 R_i 可以用 v_1 和 i_1 来计算

$$R_i = \frac{v_1}{i_1} = R_1 \qquad (4.4)$$

式(4.4)表示,反相放大器的输入电阻仅与电阻 R_1 有关,这也是由于运放的反相输入端可以看作**虚地**的原因。我们一般不能把输入信号 v_1 直接加在运放的反相输入端上。

虚地的概念是运放电路分析的关键,而且只存在于反相放大器中。反相放大器中的**虚地**就是运放的反相输入端,它有两个要点:(1)虚地的电压为零;(2)从虚地流入运放的电流为零。这就可以容易地算出输入电压 v_1 与输出电压 v_O 之间的关系。

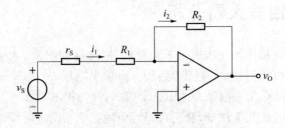

图 4.4　用理想运放组成的反相放大器电路

例题 4.1　图 4.4 表示用理想运放组成的反相放大器电路。要求确定输入电阻 R_1 和反馈电阻 R_2 的阻值,使反相放大器的电压增益 $A_v = -10$。假设信号源的电压 $v_S = 0.1\sin\omega t$ V,信号源内阻 $r_s = 2$ kΩ,信号源最大输出电流为 10 μA。

对图 4.4 中反相放大器增益 A_v 的计算,需要考虑信号源内阻 r_s 的影响。信号源内阻 r_s 是与输入电阻 R_1 串联的。所以有

$$i_1 = \frac{v_S}{r_s + R_1}$$

从信号源最大输出电流为 10 μA,可确定 R_1 的最小值

$$r_s + R_{1(\min)} = \frac{v_{S(\max)}}{i_{1(\max)}} = \frac{0.1}{10 \times 10^{-6}} \text{ k}\Omega = 10 \text{ k}\Omega$$

所以 $R_{1(\min)} = 8$ kΩ。我们取 $R_1 = 8$ kΩ。反相放大器的增益可用式(4.3)计算为

$$A_v = -\frac{R_2}{r_s + R_1} = -10$$

所以

$$R_2 = 10 \times (r_s + R_1) \text{ k}\Omega = 100 \text{ k}\Omega$$

4.2.2　反相放大器用作加法器

反相放大器可以容易地扩展为加法器,如图 4.5 所示。由于虚地的原因,三条输入支路是互不影响的。我们可以容易地算出由三个输入电压 v_{I1}、v_{I2} 和 v_{I3} 引起的流向虚地的总电流

$$i_1 = i_{I1} + i_{I2} + i_{I3} = \frac{v_{I1}}{R_1} + \frac{v_{I2}}{R_2} + \frac{v_{I3}}{R_3} \tag{4.5}$$

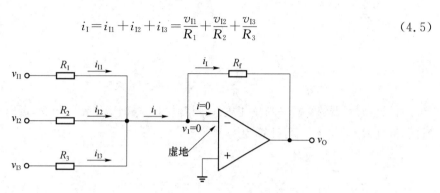

图 4.5　反相放大器扩展成加法器

总电流 i_1 一定会全部流过反馈电阻 R_f,这就得到输出电压 v_O

$$v_O = -i_1 R_f = -\left(\frac{v_{I1}}{R_1} + \frac{v_{I2}}{R_2} + \frac{v_{I3}}{R_3} \right) R_f \tag{4.6}$$

如果 $R_1 = R_2 = R_3 = R$,式(4.6)变为

$$v_O = -\frac{R_f}{R}(v_{I1} + v_{I2} + v_{I3}) \tag{4.7}$$

式(4.7)表示,输出电压与输入电压之和成正比,这就是**加法器**,其中 $-R_f/R$ 为比例因子。如果 R_1、R_2、R_3 互不相等,就等于在三个输入电压相加时,使用了不同的权数。除加法器外,运放还可以组成乘法器、积分器和微分器等电路。这也就是**运算放大器**名称的由来。

4.3　同相放大器

在上面的反相放大器分析中,输入信号被通过电阻加在反相输入端上。我们也可以把输入信号加到同相输入端上,这就变成了同相放大器,而反馈信号仍然是从运放的输出端送到反相输入端。

4.3.1　同相放大器分析

图 4.6 是一个同相放大器电路,输入信号 v_1 直接加在运放的同相输入端,原先反相放大器中 R_1 的左边现在接地。由于运放的差分增益趋于无穷大,它的两个输入端的电位 v_1 和 v_2 总是几乎相等。这一现象类似于反相放大器中的**虚地**,但同相放大器中的 v_1 和 v_2 会同时随输入信号 v_1 的摆动而摆动,不再固定在地电位上。我们把这一现象称为**虚短路**。意

思是说,运放的两个输入端①和②是几乎短接的,v_1 和 v_2 之间的电位差几乎为零。

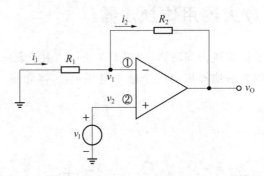

图 4.6　基本的同相放大器

对同相放大器的分析是与反相放大器相似的。根据虚短路的概念,可以断定 $v_1 = v_2 = v_I$。所以,流过 R_1 的电流 i_1 可计算为

$$i_1 = -\frac{v_I}{R_1} \tag{4.8}$$

流过 R_2 的电流 i_2 可计算为

$$i_2 = \frac{v_1 - v_O}{R_2} = \frac{v_I - v_O}{R_2} \tag{4.9}$$

从运放的输入阻抗为无穷大可知 $i_1 = i_2$。利用式(4.8)和式(4.9),得到

$$-\frac{v_I}{R_1} = \frac{v_I - v_O}{R_2} \tag{4.10}$$

从式(4.10)可算出同相放大器的电压增益

$$A_v \equiv \frac{v_O}{v_I} = 1 + \frac{R_2}{R_1} \tag{4.11}$$

式(4.11)表示,同相放大器的输出信号与输入信号是同相的,而且同相放大器的电压增益永远不小于 1。此外,从输入信号 v_I 看到的同相放大器的输入阻抗趋于无穷大。同相放大器的两个输入端的电位随输入信号的变化而同时变高或变低,所以是一个**共模信号**。然而,两个输入端的电位总是有一点点细微的差异,正是这个细微的电位差产生了输出电压。对于反相放大器,情况是一样的,即图 4.3 中的 v_1 总是与地电位有一点点细微的差异,并由此产生反相放大器的输出电压。

4.3.2　电压跟随器

在图 4.6 的同相放大器电路中,当 $R_1 \to \infty$ 时,式(4.11)变为

$$A_v = \frac{v_O}{v_I} = 1 \tag{4.12}$$

这表示输出电压总是跟随输入电压,这样的同相放大器就叫**电压跟随器**。由于式(4.12)中的电压增益 A_v 与 R_2 无关,我们就可以使 $R_2 = 0$,这就得到图 4.7 中的跟随器电路(R_1 因趋于无穷大而被去除)。电压跟随器的输入阻抗趋于无穷大,输出阻抗趋于零。所以当输出电阻很大的信号源要驱动小电阻负载时,可以把电压跟随器接在信号源与负载之间。由于这

个原因,电压跟随器也被称为**缓冲器**或**阻抗变换器**。

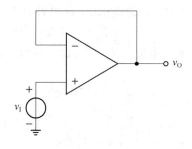

图 4.7　运放接成电压跟随器

现在来看用一个输出电阻为 $100\ \text{k}\Omega$ 的信号源驱动 $1\ \text{k}\Omega$ 负载电阻的电路,如图 4.8(a) 所示[Neamen,p538]。这种情况在传感器电路中会经常遇到,因为传感器的输出电阻都非常大(可看作**恒流源**)。这里的问题是,如果把信号源与负载直接相连,信号源中只有 1% 的电压传递给了负载。这是因为信号源与负载电阻不匹配,造成了极大的信号浪费。

如果在信号源与负载之间接入一个电压跟随器,如图 4.8(b)所示,情况就大不一样。由于电压跟随器的输入阻抗非常大,流过 r_s 的电流几乎为零,使 $v_2 \approx v_S$。再根据**虚短路**的概念,可以有 $v_2 \approx v_1 = v_O = v_L$。信号电压 v_S 几乎完全传递了负载;信号源与负载之间电阻不匹配的问题得到解决。

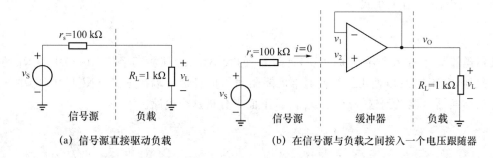

(a) 信号源直接驱动负载　　　　　　(b) 在信号源与负载之间接入一个电压跟随器

图 4.8　电压跟随器用作缓冲器

4.4　运放的基本应用

前面讨论的加法器和电压跟随器是运放的两个基本应用,本节将介绍理想运放的其他一些应用。

4.4.1　电流电压转换器

有些电路或器件的输出是电流(比如光二极管),而我们需要的是电压。这就要用到电流电压转换器,图 4.9 就是这样的一个电路。信号源是电流源 i_S 与内阻 r_s 的并联。电流源 i_S 在内阻 r_s 与运放电路的输入电阻 R_i 之间分流。但无论流向运放的电流 i_1 有多大,运放反相输入端的电位总是几乎为零。这等于说,流过 r_s 的电流也几乎为零;因为稍有一点点

电流流入 r_s,运放的反相输入端就不再是地电位了。所以,电流源 i_s 几乎全部流向运放,然后流过 R_2,最后从输出端流入运放。由此,输出电压可计算为

$$v_O = -i_2 R_2 = -i_s R_2 \qquad (4.13)$$

式(4.13)表示,输出电压 v_O 与输入电流 i_s 成正比,这就是电流电压转换器的功能。

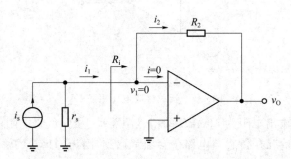

图 4.9　电流电压转换器电路

4.4.2　电压电流转换器

图 4.10(a)是基本的电压电流转换器电路,它把输入电压 v_1 转换成流过 R_2 的电流 i_2。电压 v_1 与电流 i_2 有关系式

$$\frac{v_1}{R_1} = i_1 = i_2 \qquad (4.14)$$

这表示电流 i_2 与输入电压 v_1 成正比,且与 R_2 的大小无关。但由于图 4.10(a)中的 R_2 两端都不接地,电流 i_2 难以使用。我们通常需要驱动的负载是一端接地的。图 4.10(b)中的电压电流转换器就能做到这一点[Neamen,p540]。下面来分析这个电路。

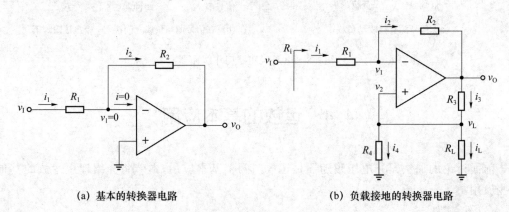

(a) 基本的转换器电路　　　　　　　　(b) 负载接地的转换器电路

图 4.10　电压电流转换器

电路中的 R_L 是电压电流转换器需要驱动的负载,它的下端接地。运放的反相输入端现在不是虚地,但两个输入端是**虚短路**的关系,所以 $v_1 = v_2 = v_L$,而 $v_L = i_L R_L$。再把 $i_1 = i_2$ 改写为

$$\frac{v_1 - i_L R_L}{R_1} = \frac{i_L R_L - v_O}{R_2} \qquad (4.15)$$

整理后得到

$$v_O - i_L R_L = \frac{R_2}{R_1}(i_L R_L - v_I) \tag{4.16}$$

对同相输入端使用 KCL

$$\frac{v_O - i_L R_L}{R_3} = i_L + \frac{i_L R_L}{R_4} \tag{4.17}$$

把式(4.16)代入式(4.17)

$$\frac{\frac{R_2}{R_1} i_L R_L - v_I}{R_3} = i_L + \frac{i_L R_L}{R_4} \tag{4.18}$$

合并 i_L 项后,式(4.18)变为

$$i_L\left(\frac{R_2 R_L}{R_1 R_3} - 1 - \frac{R_L}{R_4}\right) = v_I \frac{R_2}{R_1 R_3} \tag{4.19}$$

为了使 i_L 与 R_L 无关,令式(4.19)括号内的第一项与第三项相互抵消。这可写为

$$\frac{R_2}{R_1 R_3} = \frac{1}{R_4} \tag{4.20}$$

而式(4.19)简化为

$$i_L = -v_I \frac{R_2}{R_1 R_3} = -\frac{v_I}{R_4} \tag{4.21}$$

式(4.21)表示,负载电流 i_L 与输入电压 v_I 成正比,且不受 R_L 变化的影响。

例题 4.2 在图 4.10(b)的电压电流转换器电路中,$R_L = 100\ \Omega$,$R_1 = 10\ \text{k}\Omega$,$R_2 = 10\ \text{k}\Omega$,$R_3 = 1\ \text{k}\Omega$,$R_4 = 1\ \text{k}\Omega$,$v_I = -5\ \text{V}$。要求确定负载电流 i_L 和输出电压 v_O。

本题给出的电阻满足式(4.20),因为

$$\frac{R_2}{R_1 R_3} = \frac{10}{10 \times 1} = 1 = \frac{1}{R_4}$$

用式(4.21)计算负载电流 $i_L = \frac{5\ \text{V}}{1\ \text{k}\Omega} = 5\ \text{mA}$。负载两端的电压为 $v_L = i_L R_L = 5\ \text{mA} \times 100\ \Omega = 0.5\ \text{V}$。

电流 i_4 和 i_3 分别为:$i_4 = v_L/R_2 = 0.5\ \text{mA}$;$i_3 = i_4 + i_L = 5.5\ \text{mA}$。

输出电压为 $v_O = i_3 R_3 + v_L = 6\ \text{V}$,还可算出 i_1 和 i_2:$i_1 = i_2 = -0.55\ \text{mA}$。

由于 i_2 和 i_3 都要由运放提供,所以这个运放必须有提供 $5.5\ \text{mA} + 0.55\ \text{mA} = 6.05\ \text{mA}$ 电流的能力。需要注意的是,i_2 和 i_3 的实际方向总是相同的,或同时从运放输出端流出,或同时流入运放输出端。

4.4.3　差值放大器

一般的运放电路是可以对两个输入电压的差值进行放大的。但我们需要一种具有对称性的**差值放大器**,这就是图 4.11(a)中的电路。分析这个电路可以用叠加定理。

首先分析由输入信号 v_{I1} 产生的输出电压 v_{O1},此时需把输入信号 v_{I2} 置零,得到图 4.11(b)中的电路。由于没有电流流过 R_3 和 R_4,使 $v_2 = 0$。图 4.11(b)中的电路即变成一个一般的反相放大器,输出电压 v_{O1} 可以容易地写为

$$v_{O1} = -\frac{R_2}{R_1} v_{I1} \tag{4.22}$$

分析输入信号 v_{I2} 可以用图 4.11(c) 中的电路,此时 $v_1 = v_2$。在同相输入端,R_3 和 R_4 构成一个分压器,所以有

$$v_2 = \frac{R_4}{R_3 + R_4} v_{I2} \tag{4.23}$$

剩下的电路就是一个同相放大器,输出电压 v_{O2} 可根据式(4.11)写为

$$v_{O2} = \left(1 + \frac{R_2}{R_1}\right) \frac{R_4}{R_3 + R_4} v_{I2} \tag{4.24}$$

根据叠加定理,差值放大器的总的输出电压等于 v_{O1} 和 v_{O2} 之和

$$v_O = v_{O1} + v_{O2} = \left(1 + \frac{R_2}{R_1}\right) \frac{R_4}{R_3 + R_4} v_{I2} - \frac{R_2}{R_1} v_{I1} \tag{4.25}$$

对差值放大器的一般性要求是,当 $v_{I1} = v_{I2}$ 时,输出电压 v_O 为零。由此,从式(4.25)解得

$$\frac{R_2}{R_1} = \frac{R_4}{R_3} \tag{4.26}$$

把式(4.26)代入式(4.25),得到

$$v_O = \frac{R_2}{R_1}(v_{I2} - v_{I1}) \tag{4.27}$$

从式(4.27)可以算出图 4.11(a) 中差值放大器的差分增益:$A_d = R_2/R_1 = R_4/R_3$。

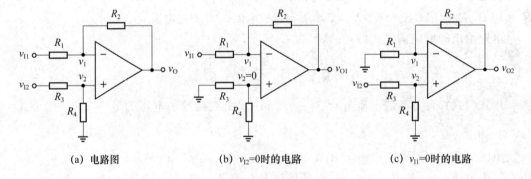

(a) 电路图   (b) $v_{I2}=0$ 时的电路   (c) $v_{I1}=0$ 时的电路

图 4.11 差值放大器

差值放大器的**差分输入电阻** R_i 是指差分输入信号所看到的差值放大器的阻值。在图 4.11(a) 中,由于虚短路使 $v_1 = v_2$,差分输入电阻 R_i 就简单地等于 $R_1 + R_3$。而实际的电流是从 v_{I1} 出发,经过 R_1 和 R_2 流入运放的输出端,然后到地,再经过 R_4 和 R_3 回到 v_{I2}。这一切的关键是运放在起作用。

例题 4.3 我们希望图 4.11(a) 中的差值放大器有差分电压增益 $A_d = 20$ 和差分输入电阻 $R_i = 60$ kΩ。从 $R_i = 60$ kΩ 可确定 $R_1 = R_3 = 30$ kΩ。从差分电压增益 $A_d = 20$ 可确定 $R_2/R_1 = 20$,所以 $R_2 = R_4 = 600$ kΩ。◀

4.4.4 测量放大器

测量放大器也称仪表放大器,是专门用于高精度测量的,所以要求有极高的输入阻抗和

极好的共模抑制能力,而极好的共模抑制能力需要有极好的电路对称性。如果把图4.11(a)中的差值放大器用作测量放大器,一个明显的缺点是,无法获得很高的输入电阻。在图 4.11(a)中的两个输入电阻 R_1 和 R_3 之前各连接一个电压跟随器,利用电压跟随器的阻抗变换特性,就可解决这个问题。

但这样的电路仍有一个缺点:很难改变放大器的增益。原因是,需要同时改变电阻 R_1 和 R_3 的阻值,而且还需保持两个电阻之比不变。这个缺点是前面的差值放大器所固有的。最好是只改变其中的一个电阻。如果再增加三个电阻,构成图 4.12(a)中的电路,就能做到这一点。这个电路就被称为**测量放大器**,电路中的 A_1 和 A_2 是两个用作输入级的同相放大器,A_3 用作差值放大级。

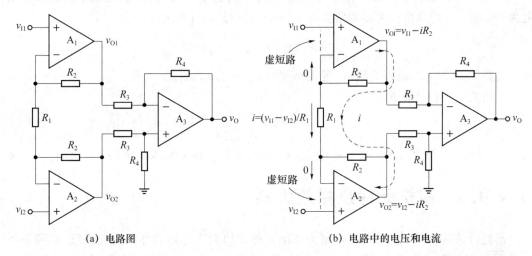

(a) 电路图　　　　　　　　　　(b) 电路中的电压和电流

图 4.12　测量放大器

我们的分析从缓冲器 A_1 和 A_2 的**虚短路**开始,分析过程示于图 4.12(b)中。图中用虚线标出了电流 i 的流向,它从 A_1 的输出端出发,流过 R_2、R_1 和 R_2 之后流入 A_2 的输出端。先根据**虚短路**概念,计算流过 R_1 的电流

$$i = \frac{v_{I1} - v_{I2}}{R_1} \tag{4.28}$$

流过两个 R_2 的电流也是 i,所以缓冲器 A_1 和 A_2 的输出电压分别为

$$v_{O1} = v_{I1} + iR_2 \tag{4.29}$$

$$v_{O2} = v_{I2} - iR_2 \tag{4.30}$$

利用上面的式(4.27),总的输出电压 v_O 可表示为

$$v_O = \frac{R_4}{R_3}(v_{O2} - v_{O1}) \tag{4.31}$$

代入式(4.29)式(4.30)后,式(4.31)变为

$$v_O = \frac{R_4}{R_3}(v_{I2} - v_{I1} - 2iR_2) \tag{4.32}$$

再代入式(4.28),便得到测量放大器的输出电压表达式

$$v_O = \frac{R_4}{R_3}\left(v_{I2} - v_{I1} - 2R_2 \frac{v_{I1} - v_{I2}}{R_1}\right) = \frac{R_4}{R_3}\left[v_{I2}\left(1 + \frac{2R_2}{R_1}\right) - v_{I1}\left(1 + \frac{2R_2}{R_1}\right)\right]$$

$$= \frac{R_4}{R_3}\left(1 + \frac{2R_2}{R_1}\right)(v_{I2} - v_{I1}) \tag{4.33}$$

测量放大器的电压增益为

$$A_v \equiv \frac{v_O}{v_{12} - v_{11}} = \frac{R_4}{R_3}\left(1 + \frac{2R_2}{R_1}\right) \tag{4.34}$$

从式(4.34)看，只要改变电阻R_1就可改变测量放大器的电压增益，而且测量放大器有极好的共模抑制能力。此外，由于输入信号是加在缓冲器同相输入端的，所以测量放大器有极大的输入电阻。

例题 4.4 在图4.12(a)中，要求确定电阻R_1的范围，使测量放大器有6到200的增益调节范围。假设用$R_4 = 2R_3$把差值放大级的增益设定为2。

从式(4.34)看，R_1越大，测量放大器的电压增益越小。假设$R_{1(\min)}$使测量放大器的增益为200，$R_{1(\max)}$使测量放大器的增益为6。先用式(4.34)计算$R_{1(\min)}$：

$$200 = 2 \times \left(1 + \frac{2R_2}{R_{1(\min)}}\right)$$

我们选择$R_2 = 82\ \mathrm{k\Omega}$，所以电阻$R_1$的最小值$R_{1(\min)} = 1.66\ \mathrm{k\Omega}$。

再用式(4.34)计算$R_{1(\max)}$：

$$6 = 2 \times \left(1 + \frac{2R_2}{R_{1(\max)}}\right)$$

从$R_2 = 82\ \mathrm{k\Omega}$算得$R_{1(\max)} = 82\ \mathrm{k\Omega}$。所以，$R_1$的变化范围在$1.66\ \mathrm{k\Omega}$和$82\ \mathrm{k\Omega}$之间。◄

4.4.5 阻抗元件反相放大器

前面讨论的反相放大器都以电阻为外部元件。如果用电容做外部元件，可以得到另外一种反相放大器，如图4.13所示，其中的Z_1和Z_2为两个阻抗元件。利用虚地概念，可以写出电路的传递函数

$$\frac{V_o(s)}{V_i(s)} = -\frac{Z_2(s)}{Z_1(s)} \tag{4.35}$$

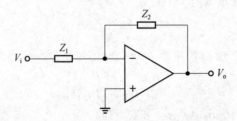

图4.13 包含阻抗元件的反相放大器

在式(4.35)中，用$j\omega$代替s就得到反相放大器的频率特性。下面用一个实例来说明。

例题 4.5 (1)要求写出图4.14(a)中电路的传递函数$V_o(s)/V_i(s)$，说明传递函数对应的是一个单极点的低通网络，并确定它的直流增益和$-3\ \mathrm{dB}$频率点的表达式。(2)假设输入电阻$R_1 = 1\ \mathrm{k\Omega}$，要求确定图4.14(a)中的电阻和电容，使电路的直流增益为$40\ \mathrm{dB}$和$-3\ \mathrm{dB}$频率点为$1\ \mathrm{kHz}$。(3)确定增益幅值下降到1时的频率值，并确定此时的相移。

(1) 用$Z_1 = R_1$和$Z_2 = R_2 \parallel (1/sC_2)$代入式(4.35)，得到图4.14(a)中电路的传递函数

$$\frac{V_o(s)}{V_i(s)} = -\frac{R_2}{R_1}\frac{1}{1 + sR_2C_2}$$

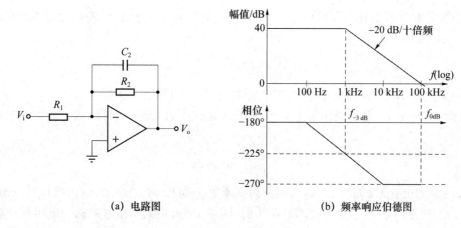

(a) 电路图　　　　　(b) 频率响应伯德图

图 4.14　包含电容的反相放大器

这个传递函数只有一个极点,所以是一个单极点的一阶系统。令 $s=0$,得到直流增益 $-R_2/R_1$。当 $s \to \infty$ 时,增益 $V_o/V_i \to 0$,所以是一个低通网络。电路的时间常数 $\tau = R_2 C_2$,所以 -3 dB 频率点为

$$f_{-3dB} = \frac{1}{2\pi\tau} = \frac{1}{2\pi R_2 C_2}$$

(2) 为达到 40 dB 的直流增益,可选择 $R_2/R_1 = 100$。由于输入电阻 R_1 等于 1 kΩ,所以选择 $R_2 = 100$ kΩ。对于 1 kHz 的 -3 dB 频率点,选择 C_2 为

$$C_2 = \frac{1}{2\pi f_{-3dB} R_2} = \frac{1}{6.28 \times 1\,000 \times 100 \times 10^3}\ \text{nF} = 1.59\ \text{nF}$$

(3) 由于电路是一阶系统,所以高频区将以 -20 dB/十倍频的斜率下降,在经过两个十倍频后增益幅值降到 0 dB,此时的频率点 $f_{0dB} = 1$ kHz $\times 100 = 100$ kHz。这个频率点远大于截止频率 $f_{-3dB} = 1$ kHz,所以相移一定非常接近 $-90°$,加上反相器本身的 $-180°$ 相移,总的相移应该非常接近 $-270°$,也就是 $+90°$。图 4.14(b) 是根据计算结果画出的伯德图。◀

4.4.6　反相积分器

在图 4.13 中,如果用电阻 R 代替输入回路中的 Z_1,用电容 C 代替反馈回路中的 Z_2,就得到图 4.15(a) 中的电路。这个电路可以实现积分运算。

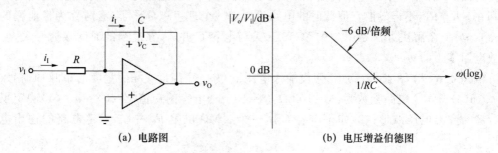

(a) 电路图　　　　　(b) 电压增益伯德图

图 4.15　反相积分器

由于**虚地**的原因,输入电压 v_I 全部加在 R 上,并产生电流 $i_1 = v_I/R$。电流 i_1 会全部流

过电容 C,使电容 C 上建立起电压 v_C。假设 $t=0$ 时电容上的电压为 $V_C(0)$,那么当 $t>0$ 时电容上的电压可表示为

$$v_C(t) = V_C(0) + \frac{1}{C}\int_0^t i_1(u)\mathrm{d}u \qquad (4.36)$$

式中,u 为表示时间的积分变量,积分完成后自行消失,只剩下时间变量 t。

从图 4.15(a)看,输出电压 $v_O(t) = -v_C(t)$,输入电流 $i_1(t) = v_1(t)/R$。所以,式(4.36)变为

$$v_O(t) = -\frac{1}{RC}\int_0^t v_1(u)\mathrm{d}u - V_C(0) \qquad (4.37)$$

式中,$V_C(0)$ 为电容 C 的初值,RC 为积分时间常数。如果 $V_C(0)=0$,输出电压就与输入电压之积分成正比。由于输出与输入是反相的,图 4.15(a)中的电路就被称为**反相积分器**。

上面是时域的推导过程,我们也可以从频域来分析。在式(4.35)中,用 R 代替 Z_1,用 $1/sC$ 代替 Z_2,得到传递函数

$$\frac{V_o(s)}{V_i(s)} = -\frac{1}{sRC} \qquad (4.38)$$

用 $\mathrm{j}\omega$ 代替 s,得到频率响应

$$\frac{V_o(\mathrm{j}\omega)}{V_i(\mathrm{j}\omega)} = -\frac{1}{\mathrm{j}\omega RC} \qquad (4.39)$$

频率响应的幅值和相位分别为

$$\left|\frac{V_o(\mathrm{j}\omega)}{V_i(\mathrm{j}\omega)}\right| = \frac{1}{\omega RC} \qquad (4.40)$$

$$\theta = 90° \qquad (4.41)$$

从式(4.40)看,反相积分器增益的幅值随频率的增加而下降,当频率 $\omega=1/RC$ 时,幅值等于 1,所以增益幅值的伯德图是一条以 -6 dB/倍频为斜率且在 $\omega=1/RC$ 处穿越 0 dB 的斜线,RC 为积分器的时间常数。这个幅值伯德图示于图 4.15(b)中。而且,这个伯德图与实际的频率响应完全一样。

从式(4.38)看,反相积分器的极点位于 $s=0$,此时电容等于开路,电路没有反馈,电压增益趋于无穷大。所以,积分器存在一个不稳定因素:输入信号中的 dc 分量将使输出趋于无穷大。

解决这个稳定性问题的办法,是在图 4.15(a)的积分电容 C 上并联一个电阻 R_2,这就得到前面图 4.14(a)中的电路。电阻 R_2 使电路在直流下仍能保持负反馈状态,电路的增益饱和在 $-R_2/R_1$,不再发散。但此时的电路不再是一个理想积分器了(有时称为带泄漏的积分器)。另一个解决办法是用一个 MOS 开关与电容 C 并联,在适当的时间接通开关,使电容放电回零。

例题 4.6 在图 4.15(a)中,假设输入电压 v_1 为 1 V 高度、1 ms 宽度的单脉冲信号,如图 4.16(a)所示。电路参数为:$R=10$ kΩ,$C=10$ nF,电容的初值 $V_C(0)=0$。(1)确定反相积分器的输出电压波形;(2)如果电容 C 用一个 1 MΩ 电阻 R_2 并联,确定电路的输出电压波形。

(1) 用式(4.37)写出反相积分器在输入电压 v_1 激励下的输出电压

$$v_O(t) = -\frac{1}{RC}\int_0^t v_1(u)\mathrm{d}u$$

把 $R=10\text{ k}\Omega$、$C=10\text{ nF}$ 和 $v_I=1\text{ V}$ 代入上式后，得到

$$v_O(t)=-\frac{t\times10^{-3}}{10\times10^3\times10\times10^{-9}}=-10t\,(\text{V})$$

式中，t 以 ms 为单位。

输出电压是一个负向斜坡电压，如图 4.16(b) 所示。当 $t=1\text{ ms}$ 时，v_O 达到 -10 V。当 $t>1\text{ ms}$ 时，由于 $v_I(t)=0$，v_O 保持不变。从图 4.15(a) 的电路也可以看出这一点，因为流过电阻 R 的电流是恒定的。用恒定的电流对电容充电，就使电容上的电压（和电荷量）匀速上升或下降。一旦输入变为零，流过电阻 R 的电流就等于零，电容上的电压和电荷量由于没有放电回路而保持不变。

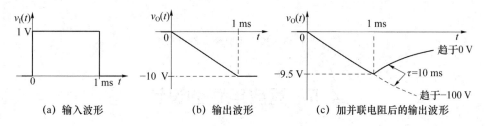

(a) 输入波形　　　　　(b) 输出波形　　　　　(c) 加并联电阻后的输出波形

图 4.16　反相积分器的波形

(2) 在电容 C 上并联 $R_2=1\text{ M}\Omega$ 电阻后，由于虚地的原因，输入电流 v_I/R 没有改变，但电流 v_I/R 中有一部分被 R_2 分流。我们可以用一阶电路的初值、终值和时间常数来确定输出电压的波形。

输出电压的初值 $v_O(0)=0$。输出电压的终值是指输入电流 v_I/R 流过 C 和 R_2 并联支路很长时间后的输出电压值，这个值应该等于电流 v_I/R 流过 R_2 时产生的压降的负值：$v_O(\infty)=-(v_I/R)R_2=-100\text{ V}$。电路的时间常数 $\tau=R_2C=10\text{ ms}$。由此，输出电压可以用初值、终值和时间常数写为

$$v_O(t)=v_O(0)+[v_O(\infty)-v_O(0)](1-e^{-t/\tau})=v_O(\infty)(1-e^{-t/\tau})$$

当 $t=1\text{ ms}$ 时，输出电压为

$$v_O(1\text{ms})=-100\text{ V}\times(1-e^{-1/10})=-9.5\text{ V}$$

在 $t=1\text{ ms}$ 之后，输入电流为零；电容上的电压，即输出电压的负值，从 -9.5 V 开始以 $\tau=10\text{ ms}$ 的时间常数通过 R_2 放电至零。整个输出电压波形如图 4.16(c) 所示。本例题的要点是：虚地把输入支路与反馈支路隔离了开来。本题还可以把图 4.16(a) 中的输入信号分成两个阶跃信号 $u(t)$ 和 $-u(t-1)$ 来计算。　　　　◀

4.4.7　精密半波整流器

前面讲到的都是用线性元件组成的放大器。如果把二极管等非线性元件与运放结合，可以组成非线性运放电路。本节介绍的精密半波整流器就是这样的一个非线性电路。

图 4.17 是由二极管和运放组成的精密半波整流器。当 $v_I>0$ 时，电路为一个电压跟随器，输出电压跟随输入电压，负载电流 $i_L=i_D$。反馈回路通过正向二极管闭合。由于负反馈的作用，运放的输出 v_{O1} 总比电路的输出 v_O 高一个二极管正向压降。

当 $v_I<0$ 时，运放的输出 v_{O1} 变负，负载电流 i_L 也趋于变负。但反向偏置的二极管阻止

了这个电流,切断了反馈回路,使运放处于开环状态。由于没有电流流过 R_L,电路的输出电压恒为零。所谓**精密整流器**,是指当 v_I 为很小正电压时,仍有 $v_O = v_I$,不像一般的二极管那样要大于 0.6 V 后才有输出。

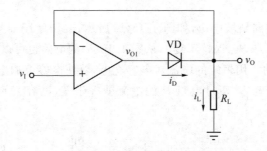

图 4.17　精密半波整流器电路

4.5　运放电路的设计

本节讨论两个运放电路的设计,即基准电压源和桥式电路的设计。

4.5.1　基准电压源设计

齐纳二极管的电压是相对固定的,一般在 5 V 到 6 V 的范围。如果把齐纳二极管与运放结合起来,可以得到范围很宽的稳压输出。图 4.18 就是这样的一个基准电压源。下面来说明稳压源的设计。

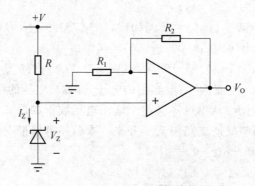

图 4.18　简单的运放基准电压源

图 4.18 中的电压源 $+V$ 和电阻 R 把齐纳管偏置在反向击穿区,运放被接成同相放大器。由于同相放大器有极高的输入电阻,所以不会影响齐纳二极管的工作。输出电压可写为

$$V_O = \left(1 + \frac{R_2}{R_1}\right) V_Z \tag{4.42}$$

式中,V_Z 为齐纳管的稳压值。由于负载电流是由运放提供的,所以负载的变化不会引起齐纳管电流的变化。这个电路的一个缺点是,电压源 $+V$ 的变化会影响齐纳管电流 I_Z,进而

影响齐纳管电压 V_z,使输出电压随之改变。所以,齐纳管应该被偏置在动态电阻最小的范围。这个电路的另一个缺点是,输出电压因齐纳管而有较大的噪声。

例题 4.7　要求设计图 4.18 中的运放基准电压源,使输出 8 V 的稳定电压。齐纳二极管的击穿电压为 5.6 V,齐纳二极管的偏置电流应该在 1 mA 到 1.2 mA 的范围内。

图 4.18 中的输出电压与齐纳管电压之比,就是同相放大器的电压增益

$$\frac{V_O}{V_z} = 1 + \frac{R_2}{R_1}$$

从 V_O 和 V_z 得到 R_2 与 R_1 之比: $R_2/R_1 = 0.429$。我们取 $R_2 = 20\ \mathrm{k\Omega}$,就有 $R_1 = 46.6\ \mathrm{k\Omega}$。另外,取 $+V = 8$ V 和齐纳管的反向电流 $I_z = 1.1$ mA,所以电阻 R 可计算为 $R = (8 - 5.6)/1.1 = 2.18\ \mathrm{k\Omega}$。　◀

4.5.2　桥式电路设计

桥式电路总是与传感器一起使用的,比如图 4.19(a) 中的桥式测量电路。图中,传感器 R_3 阻值的改变量 δ 反映了外界条件的改变。从图 4.19(a) 可以算出输出电压 v_{AB} 与偏离量 δ 之间的关系式

$$v_{AB} = v_A - v_B = \left[\frac{R_2(1+\delta)}{R_2(1+\delta)+R_1} - \frac{R_2}{R_1+R_2}\right]V_C \tag{4.43}$$

当 $\delta \ll 1$ 时,可得到近似式

$$v_{AB} \approx \delta\left[\frac{R_1 \| R_2}{R_2(1+\delta)+R_1}\right]V_C \tag{4.44}$$

式(4.44)表示,电压 v_{AB} 是与 δ 成正比的;这就可以用来表示传感器阻值的变化。由于 v_{AB} 的两端都不接地,就需要一个测量放大器。此外,V_C 应该来自一个非常稳定的电压源[Neamen,p561]。

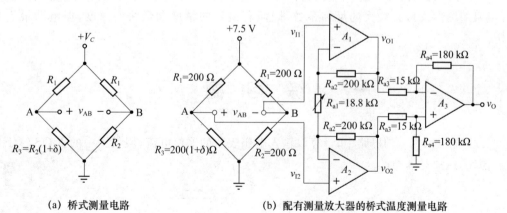

(a) 桥式测量电路　　　　　　　(b) 配有测量放大器的桥式温度测量电路

图 4.19　桥式测量电路的设计

例题 4.8　要求为图 4.19(a) 中的电路设计一个放大器,当 R_3 对于 R_2 有 ±1% 偏离时,将产生输出电压 $v_O = \pm 5$ V。电路的参数为: $R_1 = R_2 = 200\ \Omega$, $V_C = 7.5$ V。

利用式(4.44),算出桥式电路的输出电压 v_{AB}

$$v_{AB} = \delta \times \frac{200 \| 200}{200(1+\delta)+200} \times 7.5 = \frac{15\delta}{4\delta+8}$$

当 $\delta=0.01$ 时,桥式电路的输出电压为

$$v_{AB}=\frac{15\times0.01}{4\times0.01+8}\text{ V}=0.018\,66\text{ V}$$

为了使的输出 v_O 达到 $+5$ V,测量放大器的电压增益应该为 $5/0.018\,66=268.0$。我们选择图 4.12(a)中的测量放大器,它的输出电压 v_O 由式(4.33)给出。由此得到

$$\frac{v_O}{v_{AB}}=\frac{R_{a4}}{R_{a3}}\left(1+\frac{2R_{a2}}{R_{a1}}\right)=268$$

式中,R_{a1}、R_{a2}、R_{a3} 和 R_{a4} 分别对应于图 4.12(a)中测量放大器的 R_1、R_2、R_3 和 R_4。

我们一般希望比值 R_{a4}/R_{a3} 和 R_{a2}/R_{a1} 在同一量级,所以这两个比值都应该略大于 10。如果取 $R_{a4}=180$ kΩ 和 $R_{a3}=15$ kΩ,得到比值 $R_{a4}/R_{a3}=12$,这就要求 $R_{a2}/R_{a1}=10.7$。取 $R_{a2}=200$ kΩ,得到 $R_{a1}=18.8$ kΩ。电阻 R_{a1} 可以用一个固定电阻和一个可变电阻串联而成,用来调节测量放大器的电压增益。图 4.19(b)表示设计完成的测量电路,电桥电路的 $+7.5$ V 电源可以用图 4.18 中的稳压电路来提供。 ◀

4.6 小　　结

理想运放的特点是,增益和带宽趋于无穷大,输入阻抗趋于无穷大,输出阻抗趋于零。理想运放电路的计算都是利用虚地或虚短路的概念完成的。其中,虚地的概念适用于反相放大器,虚短路的概念适用于同相放大器。但无论是反相放大器还是同相放大器,两个输入端之间总是存在一个非常小的电位差,正是这个电位差产生了运放的输出电压。运放本身的开环增益越大,运放闭环后的处理精度就越高。这个处理精度还与反馈系数(即反馈信号与输出信号之比)有关。反馈系数越大,处理精度也越高。当输出端与反相输入端短接时(接成跟随器形式),有最大的反馈系数,因而有最好的精度和最快的速度,但电路最不易稳定。

练　习　题

4.1　在图 P4.1 的电路中,计算以输入电压表示的输出电流,假设图中的 MOS 管工作在有源区,运放是理想的。

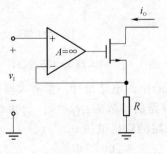

图 P4.1

4.2　在图 P4.2 的电路中,计算电阻 R_a 的值,使输入电压为零时的输出电压也为零。假设运放是理想的,包括运放的输入失调电流为零(注:输入失调电流是指流入运放两个输入端电流的差值。)

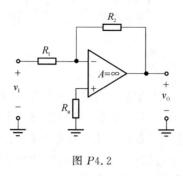

图 P4.2

第5章 运算放大器的参数

第4章讨论了理想运算放大器的特性和用它组成的电路。但实际的运放都不是理想的,都有许多非理想效应,表现为诸多的参数。本章选择其中的主要参数,并把它们分为输入、输出和传递三部分进行讨论。本章然后比较详细地讨论运放的开环增益和带宽两个参数对闭环特性的影响。本章的最后讨论另外三个重要参数:摆速、带宽和失调电压。当我们想开发运放潜能的时候,就需要了解这些参数。

5.1 输 入 参 数

图 5.1 表示在运放输入端上存在的分布参数,v_1 为加在反相输入端上的电压,v_2 为加在同相输入端上的电压,每个输入端与地之间以及两个输入端之间都有一条电阻与电容并联的支路。从图 5.1 可以导出运放的输入电阻和电容参数。

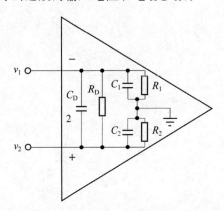

图 5.1　运放输入端上的分布参数

5.1.1 输入电阻 r_i

输入电阻有**共模输入电阻**r_{icm}和**差分输入电阻**r_{id}之分。共模输入电阻 r_{icm} 是指运放的共模输入信号所看到的对地之间的电阻。此时,运放的两个输入端需短接。在图 5.1 中,如果把 v_1 和 v_2 短接,就有 $r_{icm} = R_1 \| R_2$。差分输入电阻 r_{id} 是指运放的差分输入信号所看到的输入电阻。在图 5.1 中,差分输入电阻 $r_{id} = R_D \| (R_1 + R_2)$。

5.1.2 输入电容 C_i

输入电容也有**共模输入电容**C_{icm}和**差分输入电容**C_{id}之分。共模输入电容 C_{icm} 是指运放的共模输入信号所看到的对地之间的电容。此时,运放的两个输入端需短接。在图 5.1 中,如果把 v_1 和 v_2 短接,就有 $C_{icm} = C_1 + C_2$。差分输入电容 C_{id} 是指运放的差分输入信号所看到的电容。在图 5.1 中,差分输入电容 $C_{id} = C_D + C_1/2$(假设 $C_1 = C_2$)。

5.1.3 输入失调电压 V_{OS}

输入失调电压V_{OS}是指为了使运放的输出电压为零而必须在两个输入端之间施加的直流电压,如图 5.2(a)所示。所有的运放都有失调电压,这是由设计和制造中产生的元件参数不匹配引起的。图 5.2(b)表示一种比较精确的测试电路。运放 A(包括由 1 kΩ 电阻和 1 nF 电容组成的反馈通路)的特性接近一个积分器,所以有极大的低频增益;这使被测运放的输出总保持在地电位上。由于 R_2 与 R_1 的比值为 1 000,所以 $V_{OS} = V_O/1\ 000_{[Carter,p154]}$。本章后面的 5.7 节将分析 MOS 放大器输入失调电压的组成。

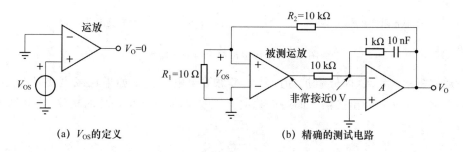

(a) V_{OS}的定义   (b) 精确的测试电路

图 5.2 运放的失调电压

5.1.4 输入共模电压范围 V_{ICR}

输入共模电压范围V_{ICR}的意思是,如果**输入共模电压**V_{IC}处于这个范围内,运放可以正常工作;如果 V_{IC} 超出这个范围,运放就无法正常工作。我们要求输入共模电压范围尽可能大。

输入共模电压等于运放两个输入端上电压的平均值,即 $V_{IC} = (v_1 + v_2)/2$(见图 5.1)。输入共模电压变化时,运放输入级两个晶体管的基极或栅极电位会一起上下摆动。运放能不能保持正常工作,就要看输入级的所有晶体管是否都在有源区内。所以,输入共模电压范围的大小与电路结构有关。

如果把运放接成反相放大器,它的同相输入端被接地,而反相输入端也在地电位附近作微小摆动;输入共模信号几乎为零。所以,对接成反相放大器的运放没有 V_{ICR} 的要求。而用于同相放大器的运放必须有很大的 V_{ICR}。

5.2　输　出　参　数

图 5.3(a)表示在运放输出端上存在的分布参数,这主要是**输出阻抗**参数 z_o,它被置于理想运放的输出端与实际运放的输出端之间。由于运放的输出电阻 r_o 很小,所以与 r_o 并联的分布电容通常可以略去,这就可以用**输出电阻** r_o 代替输出阻抗 z_o,得到图 5.3(b)中的等效电路。总起来说,运放有输出阻抗和输出电阻两个参数,但二者并无太大差别。

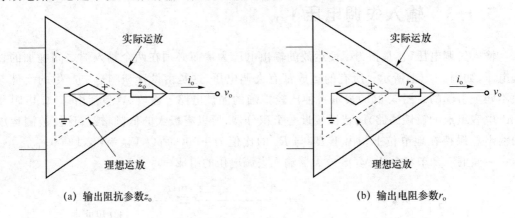

(a) 输出阻抗参数 z_o　　　　　　　　　(b) 输出电阻参数 r_o

图 5.3　运放输出端上的分布参数

当运放驱动重负载(即低阻抗)时,就要考虑输出电阻 r_o。如果负载主要是电阻,输出电阻的影响只是减小输出摆幅。如果负载主要是电容,就会产生额外的相移,使电路趋于不稳定。

5.3　传　递　参　数

5.3.1　差分电压增益 A_d

差分电压增益 A_d 是指输出电压的改变量与两个输入端之间电压改变量之比,通常以 dB 为单位。差分电压增益 A_d 也称**开环电压增益**,用 A_{OL} 表示。图 5.4 表示典型(单极点)的差分电压增益幅值曲线。运放的低频差分电压增益 A_{do} 大约为 92 dB,并从 5 kHz 开始沿一条斜率为 -20 dB/十倍频的直线下降。

5.3.2　带宽 BW

带宽 BW 被定义为运放可以给出规定输出幅度的最高频率值,这个输出幅度通常为低频时的 -3 dB。BW 以 Hz 为单位。在图 5.4 中,带宽 BW 大约为 5 kHz。

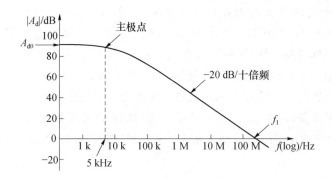

图 5.4　典型的差分电压增益幅值曲线

5.3.3　单位增益带宽 f_1

单位增益带宽 f_1 是指开环电压增益的幅值下降到等于 1 的频率值。f_1 以 Hz 为单位，在图 5.4 中，f_1 大约等于 200 MHz。

5.3.4　增益带宽积 GBW

增益带宽积 GBW 被定义为低频或 dc 差分电压增益 A_{d0} 与带宽 BW 之积，以 Hz 为单位。在图 5.4 中，A_{d0} 为 92 dB，也就是 39 810，BW 为 5 kHz，所以 GBW 等于 199 MHz。这个数值与 f_1 的 200 MHz 非常接近。对于单极点运放，这两个频率值是近似相等的。本章后面的 5.6.4 小节将说明 GBW 的计算。

5.3.5　共模抑制比 CMRR

共模抑制比 CMRR 被定义为运放对差分输入电压的放大倍数 A_d 与对共模输入电压的放大倍数 A_{cm} 之比。共模抑制比以 dB 为单位。我们希望 CMRR 越大越好。

在理想情况下，CMRR 趋于无穷大。但对于实际的运放，输入共模电压总会通过电路的不对称引起输出电压的改变。由于实际的运放不能完全抑制输入共模信号，它的**共模抑制比**就不为无穷大。此外，CMRR 是随频率而变的；当频率增加时，CMRR 会很快下降。

5.3.6　电源抑制比 PSRR

电源抑制比 PSRR 被定义为运放对差分输入电压的放大倍数 A_d 与对电源电压变化量的放大倍数 A_p 之比，且有表达式

$$\begin{cases} \mathrm{PSRR}^+ = A_d / A_p^+ \\ \mathrm{PSRR}^- = A_d / A_p^- \end{cases} \tag{5.1}$$

式中，PSRR^+ 和 PSRR^- 分别表示正、负电源的 PSRR，A_d 为运放的差分电压增益，A_p^+ 和 A_p^- 分别表示运放对正、负电源变化量的小信号电压增益。电源抑制比以 dB 为单位。

电源电压的变化总会通过电路的不对称引起输出电压的变化。所以,电源抑制比PSRR 在产生机理上是与共模抑制比相同的。我们希望**电源抑制比**尽可能大,这需要运放中的电路元件有很好的对称性;即使电源电压变化了,输出电压仍无太大改变。此外,**电源抑制比**也是随频率的增加而下降的。这就是说,电源上的高频噪声可以容易地到达运放的输出端。补救的方法是在电路板上的运放电源端加接恰当的旁路电容。

例题 5.1 图 5.5(a)表示一个共源放大器,要求计算电源电压 V_{DD} 和 $-V_{SS}$ 的低频PSRR。图 5.5(a)中的 v_{dd} 和 v_{ss} 分别表示 V_{DD} 和 $-V_{SS}$ 的改变量,并假设 MOS 管工作在有源区[Gray,p483]。

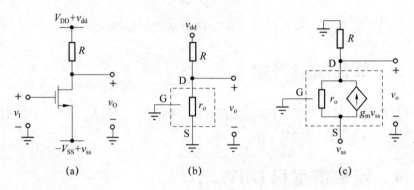

图 5.5 共源放大器低频 PSRR 的计算

从图 5.5(a)看,放大器的差分电压增益 $A_d = g_m(R \parallel r_o) \approx g_m R$,其中 g_m 和 r_o 分别为MOS 管的跨导和输出电阻。从图 5.5(a)可以画出图 5.5(b)中用来计算 PSRR$^+$ 的小信号等效电路。在图 5.5(b)中,由于 $r_o \gg R$ 使 v_{dd} 的绝大部分降落在 r_o 上,所以 $A_p^+ \approx 1$。由此算出电路的 PSRR$^+$

$$\text{PSRR}^+ = \frac{A_d}{A_p^+} = g_m R$$

从图 5.5(a)同样可以画出图 5.5(c)中用来计算 PSRR$^-$ 的小信号等效电路。这是一个共栅放大器。先对电流源 $g_m v_{ss}$ 和 r_o 做戴维南变换,得到 $V_{Th} = g_m v_{ss} r_o$ 和 $R_{Th} = r_o$。由此算出输出电压 $v_o = v_{ss}(g_m r_o + 1)[R/(R+r_o)]$,再算出 $A_p^- = v_o/v_{ss} = (g_m r_o + 1)[R/(R+r_o)] \approx g_m R$(共栅与共源有相同的增益)。最后算出

$$\text{PSRR}^- = \frac{A_d}{A_p^-} = \frac{g_m R}{g_m R} = 1$$

比较后可知,低频下的 PSRR$^+$ 要比 PSRR$^-$ 大 $g_m R$ 倍。 ◀

5.3.7 摆速 SR

摆速SR 描述运放对内部电容或负载电容的充放电能力。它被定义为:当输入端加上阶跃电压使差分级处于一侧截止、一侧通导时的输出电压变化率。图 5.6 表示摆速 SR 的常用测试结构和定义[Carter,p147]。图 5.6(a)表示以阶跃信号作为输入信号 v_I;图 5.6(b)表示常用的测试结构,运放被接成电压跟随器形式(其实,摆速 SR 与运放的**闭环形式**无关,但通常是这样讨论的);图 5.6(c)表示运放摆速的定义 SR $= \Delta V/\Delta t$。摆速还可以分为上升摆速

SR^+ 和下降摆速 SR^-，但两者在数值上是相等的。

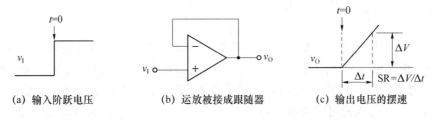

(a) 输入阶跃电压　　　　(b) 运放被接成跟随器　　　　(c) 输出电压的摆速

图 5.6　运放的摆速

影响摆速 SR 的主要因素是运放内部的 Miller 补偿电容，而接入补偿电容的目的是使运放有稳定的闭环单位增益（即接成跟随器的形式）。在未做补偿的运放中，SR 是由运放内部的分布电容或外部的负载电容确定的。本章后面的 5.6 节将说明摆速的计算。

5.3.8　总谐波失真 THD

总谐波失真 THD 被定义为当输入为正弦量时，输出信号中各谐波分量的总的均方根电压值与基频分量的均方根电压值之比。被计算的谐波分量可以是前 4 个或前 9 个谐波分量。总谐波失真 THD 通常表示为百分比。

输出信号的谐波失真是由运放传递曲线的非线性引起的，所以也称**非线性失真**。图 5.7 是一种可能的运放输出信号幅值谱。这种频谱通常是在数字域上用快速傅里叶变换（FFT）算出的，并以 1 V 为满度。现在假设用图中的前 4 个谐波分量来计算 THD。图中的 f_1 为基频分量，是需要的信号。它的幅度为 -6 dB，即 0.5 V，它的均方根值为 0.354 V。f_2 至 f_5 的 4 个谐波分量的幅度分别为 -50 dB、-60 dB、-70 dB 和 -80 dB。它们的均方根值分别为 2.23×10^{-3}、0.70×10^{-3}、0.22×10^{-3} 和 0.07×10^{-3}。略去幅度很小的 f_4 和 f_5 后，THD 可计算为（谐波分量的总的均方根值等于谐波分量总功率的平方根）

$$\text{THD}\approx\frac{\sqrt{P_2+P_3}}{\sqrt{P_1}}=\frac{\sqrt{(2.23\times10^{-3})^2+(0.70\times10^{-3})^2}}{0.354}=0.66\%$$

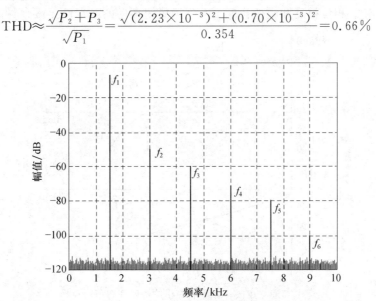

图 5.7　一种可能的运放输出信号幅值谱

5.3.9 稳定时间 t_s

稳定时间 t_s 被定义为:在输入阶跃信号作用下,输出电压稳定在规定的终值误差带内所需的时间。由于电容的存在,信号通过运放时总会有延迟。当输出电压上升到终值后,还可以有过冲,然后经历一段阻尼振荡后才稳定在终值附近。图5.8表示运放稳定时间的组成[Carter,p151]。我们要求稳定时间越短越好。

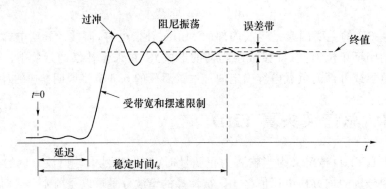

图5.8 运放输出电压的稳定过程

5.3.10 相位裕度 Φ_m 和幅值裕度 A_m

相位裕度 Φ_m 被定义为:运放在单位增益频率点的相移与 $-180°$ 之差。Φ_m 是开环测量的,以度为单位。**幅值裕度** A_m 被定义为:0 dB 与相移到达 $-180°$ 时的增益幅值之差。A_m 以 dB 为单位,也是开环测量的。幅值裕度 A_m 有时称**增益裕度**,它与相位裕度 Φ_m 是一件事情的两个侧面。图5.9表示运放一种可能的相位和幅值裕度,其中的相位裕度约为 $70°$,幅值裕度约为 30 dB。相位裕度和幅值裕度关系到运放闭环后的稳定性。

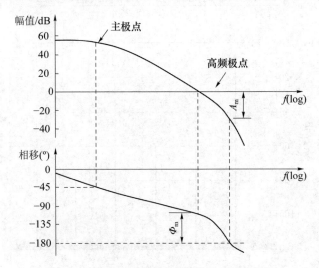

图5.9 运放一种可能的相位裕度和幅值裕度

5.4 闭环放大器的低频增益

上面对参数讨论时,运放是开环的;但运放又都是接成闭环后使用的。所以,我们有必要来分析运放参数对闭环后性能的影响;或者说,由于运放非理想参数的影响,闭环后的性能与理想值会有多大差异。我们仅讨论闭环放大器在**低频增益**和**高频响应**两方面的特性。(低频增益和高频响应是一个电路或系统最主要的特性;知道了这两个特性,也就基本掌握了电路或系统的性质。)

本节讨论闭环放大器的低频增益,而且只讨论反相放大器的情况。对于同相放大器,只给出分析结果。对于下面 5.5 节要讨论的频率响应,由于同相与反相放大器有相同的反馈特性(在 7.4 节说明),我们只需讨论其中的一种放大器;我们选择同相放大器。

5.4.1 实际反相放大器的低频增益

图 5.10 表示实际反相放大器的等效电路。由于差分电压增益是影响闭环增益的主要因素,我们假设运放的输入电阻为无穷大。对反相输入端使用 KCL

$$\frac{v_1 - v_1}{R_1} = \frac{v_1 - v_O}{R_2} \tag{5.2}$$

这里的 v_1 是讨论的中心内容,所以虚地的概念不成立。把 v_1 项集中到等号右边

$$\frac{v_I}{R_1} = v_1 \left(\frac{1}{R_1} + \frac{1}{R_2} \right) - \frac{v_O}{R_2} \tag{5.3}$$

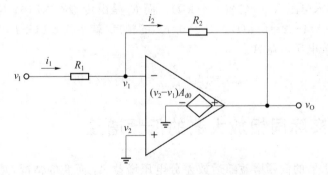

图 5.10 实际反相放大器的低频等效电路

从运放本身看,由于 $v_2 = 0$,所以

$$v_O = -v_1 A_{d0} \tag{5.4}$$

A_{d0} 为运放的低频差分电压增益。

从式(5.4)得到 v_1 的表达式,把它代入式(5.3)后,得到

$$\frac{v_I}{R_1} = -\frac{v_O}{A_{d0}} \left(\frac{1}{R_1} + \frac{1}{R_2} \right) - \frac{v_O}{R_2} \tag{5.5}$$

从式(5.5)解出反相放大器的低频闭环电压增益

$$A_{\text{CL0}} \equiv \frac{v_{\text{O}}}{v_{\text{I}}} = -\frac{R_2}{R_1} \frac{1}{1+\frac{1}{A_{\text{d0}}}\left(1+\frac{R_2}{R_1}\right)} \tag{5.6}$$

式(5.6)中,当 $A_{\text{d0}} \to \infty$ 时,得到

$$A_{\text{CL0}}(\infty) = -\frac{R_2}{R_1} \tag{5.7}$$

式(5.7)就是用理想运放组成的反相放大器的增益表达式〔见式(4.3)〕,而式(5.6)右边分母中的 $(1+R_2/R_1)/A_{\text{d0}}$ 就表示因 A_{d0} 为非无穷大而产生的相对增益误差。

从式(5.6)可以看出运放的低频差分电压增益 A_{d0} 对反相放大器低频电压增益的影响:虽然运放的差分电压增益 A_{d0} 因运放内部晶体管参数的不同而有很大的离散性,但由运放组成的反相放大器的电压增益,由于 $A_{\text{d0}} \gg (1+R_2/R_1)$ 而只有非常细微的误差。这个细微的相对误差近似等于 $(1+R_2/R_1)/A_{\text{d0}}$,是个很小的数。

例题 5.2 用图 5.10 中的反相放大器对传感器的输出电压进行放大。已知传感器有参数:最大输出电压 $V_{\text{S(max)}} = 2$ mV,最大输出电流 $I_{\text{S(max)}} = 0.5$ μA,内阻 $r_{\text{s}} = 2$ kΩ。如果想把 2 mV 的 $V_{\text{S(max)}}$ 放大到 -40 mV 且误差不超过 0.1%,要求确定运放的最小差分电压增益。

输出电压 -40 mV 是由传感器的最大输出电流 $I_{\text{S(max)}} = 0.5$ μA 流过 R_2 产生的,所以有

$$R_2 = \frac{V_{\text{O(max)}}}{I_{\text{S(max)}}} = \frac{40\text{mV}}{0.5\mu\text{A}} = 80 \text{ k}\Omega$$

我们要求放大器的闭环电压增益

$$A_{\text{CL}} = \frac{v_{\text{O}}}{v_{\text{I}}} = -\frac{0.04}{0.002} = -20$$

所以,放大器的输入电阻 $R_{\text{i}} = 80/20 = 4$(kΩ)。而 R_{i} 是由传感器内阻 r_{s} 与 R_1 串联而成,由此算出 $R_1 = R_{\text{i}} - r_{\text{s}} = 4 - 2 = 2$(kΩ)。对于 0.1% 的精度,就是要求 $(1+R_2/R_1)/A_{\text{d0}} = 0.1\%$。由此算出最小差分电压增益 $A_{\text{d0(min)}}$

$$A_{\text{d0(min)}} = \left(1+\frac{R_2}{R_1}\right) \times 1\,000 = 21\,000 \qquad \blacktriangleleft$$

5.4.2 实际同相放大器的低频增益

实际同相放大器的低频增益随运放差分电压增益 A_{d0} 而变的情况,是与反相放大器一样的。具体说,实际同相放大器的低频增益的相对误差,也近似等于 $(1+R_2/R_1)/A_{\text{d0}}$。

5.5 闭环放大器的频率响应

5.5.1 实际运放的开环频率特性

实际运放的差分电压增益 A_{d} 一般可以表示为单主极点的频率特性

$$A_d(f) = \frac{A_{d0}}{1+j\dfrac{f}{f_{DP}}} \tag{5.8}$$

式中，A_{d0} 为低频差分电压增益，f_{DP} 为主极点频率。式(5.8)表示，运放的差分电压增益(即开环增益 A_{OL})在低频区达到最大值；当频率 $f=f_{DP}$ 时，增益的幅值下降了 3 dB。再增加频率，增益的幅值会沿一条−6 dB/倍频的斜线下降。用式(5.8)可以画出开环增益的幅值伯德图，如图 5.11(a)所示。

在式(5.8)中，当 $f \gg f_{DP}$ 时可以略去分母中的 1，再对等式右边取绝对值并令其等于 1，便得到开环时的近似单位增益带宽表达式

$$f_1 \approx A_{d0} f_{DP} \tag{5.9}$$

而式(5.9)的右边就是增益带宽积 GBW。这表示，当放大器的频率响应可以表示为单主极点特性时，单位增益带宽 f_1 与增益带宽积 GBW 是近似相等的。(这在前面已经说过。)

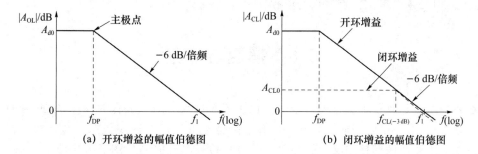

(a) 开环增益的幅值伯德图　　　　　(b) 闭环增益的幅值伯德图

图 5.11　单主极点运放的频率曲线

5.5.2　实际的闭环频率特性

根据下面第 6 章反馈理论的式(6.5)，闭环增益可写为

$$A_{CL}(f) = \frac{A_d(f)}{1+\beta A_d(f)} \tag{5.10}$$

式中，β 为反馈系数。反馈系数是指反馈到输入端的量与输出量之比。在同相放大器(如图 4.6 所示)中，反馈到反相输入端的电压等于 v_O 在 R_1 和 R_2 之间的分压。所以，反馈系数可计算为

$$\beta = \frac{R_1}{R_1+R_2} = \frac{1}{1+R_2/R_1} \tag{5.11}$$

把式(5.8)和式(5.11)代入式(5.10)，得到闭环增益的频率响应表达式

$$A_{CL}(f) = \frac{A_{d0}}{\left(1+j\dfrac{f}{f_{DP}}\right)+\dfrac{A_{d0}}{1+R_2/R_1}} = \frac{A_{d0}}{1+\dfrac{A_{d0}}{1+R_2/R_1}} \cdot \frac{1}{1+j\dfrac{f}{f_{DP}\left(1+\dfrac{A_{d0}}{1+R_2/R_1}\right)}} \tag{5.12}$$

在低频区，由于式(5.12)右边的后一个分式趋于 1，前一个分式就是低频下的闭环增益表达式。前一个分式还可以用 $A_{d0} \gg 1$ (分子与分母同除以 A_{d0})简化为

$$A_{CL0} \approx 1+\frac{R_2}{R_1} \tag{5.13}$$

A_{CL0} 就是理想同相放大器的电压增益(见 4.3 节),是一个比较接近 1 的数。利用这一点以及 $A_{d0} \gg 1$,就可以略去式(5.12)后一个分式括号内的 1(因括号内的分式远大于 1)。式(5.12)变为

$$A_{CL}(f) \approx A_{CL0} \cdot \frac{1}{1 + j\dfrac{f}{f_{DP}(A_{d0}/A_{CL0})}} \tag{5.14}$$

用式(5.14)画出的闭环增益幅值伯德图如图 5.11(b)所示。

在式(5.14)中,当 $f = f_{DP}(A_{d0}/A_{CL0})$ 时,便得到闭环时的 $-3\,dB$ 频率点

$$f_{CL(-3dB)} = f_{DP} \cdot \frac{A_{d0}}{A_{CL0}} \tag{5.15}$$

从式(5.15)得到 $A_{d0}/A_{CL0} = f_{CL(-3\,dB)}/f_{DP}$。这表示,从开环变成闭环时,低频增益降低的倍率等于带宽增加的倍率。或者说,开环放大器与闭环放大器的增益带宽积是相等的,总是等于 $A_{d0}f_{DP}$,但必须以单主极点运放为前提。

5.6　摆速与带宽

摆速是由于运放跟不上输入信号的变化速率而进入非线性操作时发生的,此时的输入级一半处于截止,一半处于通导。开关电容电路会经常工作在这一状态。本节的讨论基于前面图 5.6 中给出的**摆速**定义。这里的图 5.12(a)可以看成是从图 5.6 中复制过来的;而图 5.12(b)只是把图 5.12(a)中的运放展开为一个简单的 CMOS 运放,图中的 C_C 为 Miller 补偿电容。图 5.12(c)为电路的输出波形。电路的输入波形,由于分析的原因,已经从图 5.6(a)中的阶跃信号变成了图 5.12(a)中的矩形波。

下面先导出摆速的计算式,然后说明运放中存在的**受摆速限制**和**受带宽限制**的两种操作方式,最后说明摆速与带宽的关系。

5.6.1　上升摆速 SR^+ 的计算

图 5.12(b)中的电路被接成与图 5.12(a)中一致的形式,并假设图 5.12(b)中的电路处于输出低电位状态,即 $v_O = V_{OL}$。这对应于图 5.12(c)中 A 点之前的状态:输入 v_1 和 v_1、v_2 都为低电位,但 v_1 的电位略高于 v_2,使输出 v_O 处于低电位,C_C 上的电压接近零,因为 V_{DS5} 和 V_{GS5} 都很小。

现在用 v_1 的上升边使 v_2 从 V_{OL} 跳变到 V_{OH},M_2 被截止,尾电流 I 全部流入 M_1,然后流入 M_3,使 v_{GS3} 和 v_{GS4} 略有升高。由于 M_3 和 M_4 尺寸相同且构成电流镜,就一定有等于 I 的电流 I_{D4} 流入 M_4,而这个电流只能来自电容 C_C。于是,M_5 的负载电流 I_5 一分为二:一部分继续流入 M_5;另一部分等于 I 的电流 i_C 流过 C_C 和 M_4,对 C_C 充电,使输出电压 v_O 直线上升。这就产生了输出电压的上升摆速 SR^+,在图 5.12(c)中为从 A 到 B 的斜线。

现在来计算 SR^+。在图 5.12(b)中,充电电流 i_C 与输出电压之间的关系为

$$i_C = C_C \frac{d(v_O - v_{G5})}{dt} \tag{5.16}$$

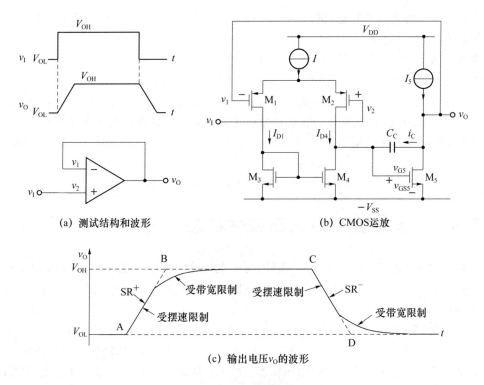

(a) 测试结构和波形　　　　　　　　(b) CMOS运放

(c) 输出电压v_O的波形

图 5.12　摆速的计算

由于第二级有很大的电压增益,所以 v_{G5} 只有很小的变化而可以略去。式(5.16)变为

$$i_C \approx C_C \frac{\mathrm{d}v_O}{\mathrm{d}t} \tag{5.17}$$

式(5.17)中的充电电流 i_C 与尾电流 I 相等,所以有

$$\frac{\mathrm{d}v_O}{\mathrm{d}t} = \frac{I}{C_C} \tag{5.18}$$

运放的正向摆速 SR^+ 就是此时 v_O 的上升速率

$$\mathrm{SR}^+ = \frac{I}{C_C} \tag{5.19}$$

式(5.19)中,由于 I/C_C 是常数,所以运放的正向摆速 SR^+ 也是常数,且与 I 成正比,与 C_C 成反比。由此,为了提高摆速,应该使用较大的尾电流 I 和较小的补偿电容 C_C。

5.6.2　下降摆速 SR^- 的计算

现在假设电容 C_C 已充电完毕,输出变成高电位 V_{OH},如图 5.12(c)中从 B 到 C 的右半部分(左边的虚线稍后说明);电容上的电压达到最大值 $V_{OH} - V_{OL}$。如果此时用图 5.12(a)中 v_I 的下降边使 v_2 从 V_{OH} 下降到 V_{OL},M_1、M_3 和 M_4 都被截止,I 只能经过 M_2、C_C 和 M_5 的通路向 C_C 反向充电,使 C_C 上的电压直线下降,输出电压 v_O 也直线下降。这就是下降摆速 SR^-,而且同样可以用式(5.19)来计算,只是方向相反。这在图 5.12(c)中表示为从 C 到 D 的斜边。在这一阶段,流过 M_5 的电流将达到最大值 $I + I_5$,而 v_{G5} 仍变化很小。电路最后

停留在 $v_O = V_{OL}$ 的低电平状态,同时 v_I 和 v_1、v_2 也都等于 V_{OL}。这就回到图 5.12(c) 中 A 点之前的状态,电路走过了完整的一周。

例题 5.3 假设放大器的输入是一个频率为 100 kHz 和振幅为 1 V 的正弦波,要求计算使输出不失真的最小放大器摆速[Gray p693]。这个例题的意思是,不仅当输入为阶跃信号时放大器会进入摆速操作状态,只要输入信号的变化速率超过了放大器的摆速 SR,放大器都会进入摆速操作状态,比如这里的正弦信号。正弦信号的最大速率出现在过零点的时候,并等于 ωA_m,其中 ω 为正弦量的角频率,这里等于 $2\pi \times 100$ krad/s,A_m 为正弦量的振幅,这里等于 1 V。所以放大器的摆速应该至少为

$$SR_{(min)} = (2\pi \times 100 \times 10^3) \times 1 = 680 \times 10^3 \, (V/s) = 0.68 \, (V/\mu s) \qquad \blacktriangleleft$$

5.6.3 反馈使运放回到线性状态

上面无论 v_O 处于 SR^+ 还是 SR^- 阶段,运放的输入级都是半边导电、半边截止,运放处于非线性状态。此时,电路中的反馈(如图 5.12(a) 和 (b) 所示)会把运放拉回到线性状态。下面来说明这一点。

在上面计算上升摆速 SR^+ 时,先要对 v_2 加很大的正阶跃电压,使输出电压 v_O 从 V_{OL} 匀速上升到 V_{OH}。当 v_O 上升到大约比 V_{OH} 低 $v_{GS1} + V_{t2}$(V_{t2} 为 M_2 的阈值电压)时,M_2 开始通导并进入有源区,运放回到正常的闭环状态。由于此时的上升速率已经变成了**受带宽限制**,所以会沿一条指数曲线逼近终值 V_{OH}。这就是图 5.12(c) 左上方的那条实线指数曲线。

接下来,当 v_O 稳定在 V_{OH} 之后对 v_2 加很大的负阶跃电压,使 v_O 以摆速 SR^- 下降到大约比 V_{OL} 高 $v_{GS2} + V_{t1}$ 时,M_1、M_3 和 M_4 会同时通导并进入有源区,电路又回到闭环状态,并使 v_O 沿着图 5.12(c) 右下方的实线指数曲线逼近终值 V_{OL}。

由于运放都是接成负反馈的,所以当很大的阶跃输入使运放进入**受摆速限制**的非线性状态后,接下来一定会回到**受带宽限制**的线性状态。所以,摆速与带宽是密切相关的。有意思的是:当运放工作在**受摆速限制**的非线性状态时,输出是一条直线;当运放工作在**受带宽限制**的线性状态时,输出是一条指数曲线。

5.6.4 带宽

先来计算图 5.12(b) 中 CMOS 运放的带宽,这也就是第二级的带宽。为此,把式 (3.53) 重复于下

$$f_C = \frac{1}{2\pi\tau} = \frac{1}{2\pi r_s (C_{gs} + C_M)} \qquad (5.20)$$

从式 (5.20) 可以容易地导出图 5.12(b) 中运放的带宽。首先,式 (5.20) 中的电阻 r_s 对应于图 5.12(b) 中运放第一级的输出电阻 r_o,而 r_o 等于 M_2 和 M_4 输出电阻之并联,即 $r_o = r_{o2} \| r_{o4}$。其次,式 (5.20) 中的 C_M 就是图 5.12(b) 中第二级的 Miller 电容 $C_M = (1 + A_2)C_C$,而第二级的低频电压增益为 $-A_2$。式 (5.20) 中的 C_{gs} 由于比 Miller 电容小很多而可以略去。这就得到运放的带宽

$$f_C = \frac{1}{2\pi r_o (1 + A_2) C_C} \qquad (5.21)$$

在图 5.12(b)中,两级运放的低频电压增益可计算为

$$A_{d0} = A_1 \mid -A_2 \mid = g_m r_o A_2 \tag{5.22}$$

式中,g_m 为 M_1 和 M_2 的跨导。把上面的带宽 f_C 与低频增益 A_{d0} 相乘,便得到运放的增益带宽积

$$GBW = g_m r_o A_2 \times \frac{1}{2\pi r_o (1 + A_2) C_C} \approx \frac{g_m}{2\pi C_C} \tag{5.23}$$

式(5.23)表示,图 5.12(b)中运放的 GBW 是与跨导 g_m 成正比、与 C_C 成反比的。(注:放大器的频率特性应该从 GBW 或 f_1 来看,因为 GBW 和 f_1 是相对固定的,而 f_C 随放大器的反馈系数而变。)

5.6.5　摆速与带宽的关系

摆速和**带宽**是限制运放输出电压变化速率的两个因素。从式(5.19)和式(5.23)看,摆速 SR 和带宽 GBW 是通过偏流 I 和补偿电容 C_C 相互关联的(跨导与偏流的平方根成正比),而且两者都要求偏流尽可能大和补偿电容 C_C 尽可能小。增加偏流会增加放大器的功率;减小补偿电容 C_C 则要求提高第二级的增益(根据 Miller 电容),因而需要在第二级中用 NMOS 管做放大管,而非 PMOS 管。

5.7　失　调　电　压

失调电压被定义为:使输出为零而必须在两个输入端之间施加的 dc 电压,如图 5.2(a)所示。理想运放的失调电压等于零,但实际运放的失调电压都不等于零。运放中的每一级都会产生失调电压,但主要是由输入级引起的。本节说明由 MOS 运放输入级引起的失调电压。这又要分两部分:(1)由输入管引起的失调电压;(2)由负载电阻引起的失调电压。本节最后简要说明失调电压的漂移特性。

5.7.1　差分级输入管引起的失调电压[Sedra]

图 5.13(a)表示由输入管引起失调电压的情况。先假设电压 $V_{OS1} = 0$,两个输入管 M_1 和 M_2 用恒流源 I 偏置,两个负载电阻都等于 R_D。如果 M_1 和 M_2 不完全对称,就有 $I_{D1} \neq I_{D2}$,使输出电压 $V_O \neq 0$,由此产生失调电压。

现在来调节图 5.13(a)中的电压 V_{OS1},使输出电压 $V_O = 0$。根据图 5.2(a)中对失调电压的定义,这个 V_{OS1} 就是图 5.13(a)中由输入管不对称引起的失调电压。下面来分析 V_{OS1} 的组成。

对 M_1 和 M_2 的栅源极与地组成的回路使用 KVL

$$V_{OS1} = V_{GS2} - V_{GS1} \tag{5.24}$$

把栅源电压 V_{GS} 分为阈值电压 V_t 和过驱电压 V_{ov} 两部分。经整理后,得到

$$V_{OS1} = (V_{t2} - V_{t1}) + (V_{ov2} - V_{ov1}) \tag{5.25}$$

式(5.25)表示,失调电压是由阈值电压失配和过驱电压失配两部分组成。利用式(3.14),式(5.25)变为

$$V_{OS1} = (V_{t2} - V_{t1}) + \left[\sqrt{\frac{2I_{D2}}{k'(W/L)_2}} - \sqrt{\frac{2I_{D1}}{k'(W/L)_1}} \right] \tag{5.26}$$

式(5.26)中,式(5.25)中的过驱电压失配变成了 MOS 管尺寸的失配。在图 5.13(a)中,由于 V_{OS1} 的存在,两个漏极电流是相等的,这就可以用 I_D 来表示。式(5.26)变为

$$V_{OS1} = (V_{t2} - V_{t1}) + \sqrt{\frac{2I_D}{k'(W/L)_2}} - \sqrt{\frac{2I_D}{k'(W/L)_1}} \tag{5.27}$$

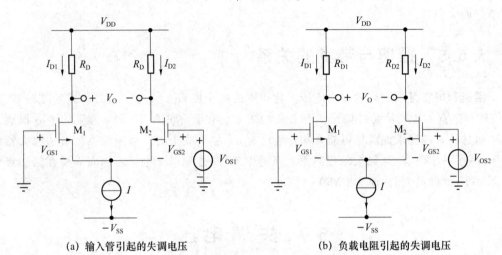

(a) 输入管引起的失调电压 (b) 负载电阻引起的失调电压

图 5.13 基本 MOS 差分级的失调电压

一般来说,像图 5.13(a)中两个 MOS 管之间的失配都是很小的,所以式(5.27)可以用近似式化简。我们定义两个 MOS 管宽长比的差值和均值

$$\begin{cases} \Delta(W/L)_{(1-2)} = (W/L)_1 - (W/L)_2 \\ (W/L)_{(1+2)} = \dfrac{(W/L)_1 + (W/L)_2}{2} \end{cases} \tag{5.28}$$

由式(5.28)得到两个 MOS 管的宽长比

$$\begin{cases} (W/L)_1 = (W/L)_{(1+2)} + \Delta(W/L)_{(1-2)}/2 \\ (W/L)_2 = (W/L)_{(1+2)} - \Delta(W/L)_{(1-2)}/2 \end{cases} \tag{5.29}$$

把式(5.29)代入式(5.27),得到

$$V_{OS1} = (V_{t2} - V_{t1}) + \sqrt{\frac{2I_D}{k' \left[(W/L)_{(1+2)} - \dfrac{\Delta(W/L)_{(1-2)}}{2} \right]}} - \sqrt{\frac{2I_D}{k' \left[(W/L)_{(1+2)} + \dfrac{\Delta(W/L)_{(1-2)}}{2} \right]}} \tag{5.30}$$

对式(5.30)中的两个根式提取公因子

$$V_{OS1} = (V_{t2} - V_{t1}) + \sqrt{\frac{2I_D}{k'(W/L)_{(1+2)}}} \left[\sqrt{\frac{1}{1 - \dfrac{\Delta(W/L)_{(1-2)}}{2(W/L)_{(1+2)}}}} - \sqrt{\frac{1}{1 + \dfrac{\Delta(W/L)_{(1-2)}}{2(W/L)_{(1+2)}}}} \right] \tag{5.31}$$

再利用式(3.14),式(5.31)变为

$$V_{OS1} = (V_{t2} - V_{t1}) + (V_{GS} - V_t)\left[\sqrt{\frac{1}{1 - \frac{\Delta(W/L)_{(1-2)}}{2(W/L)_{(1+2)}}}} - \sqrt{\frac{1}{1 + \frac{\Delta(W/L)_{(1-2)}}{2(W/L)_{(1+2)}}}}\right] \tag{5.32}$$

用近似式化简: 在近似计算中,如果 $|a| \ll 1$,就可以有:$1/(1-a) \approx 1+a$。所以根式中的两个分式都可以做这样的近似代换。式(5.32)变为

$$V_{OS1} \approx (V_{t2} - V_{t1}) + (V_{GS} - V_t)\left[\sqrt{1 + \frac{\Delta(W/L)_{(1-2)}}{2(W/L)_{(1+2)}}} - \sqrt{1 - \frac{\Delta(W/L)_{(1-2)}}{2(W/L)_{(1+2)}}}\right] \tag{5.33}$$

再有,如果 $|b| \ll 1$,可以有近似式:$\sqrt{1+b} \approx 1+b/2$。这样近似代换后,得到

$$V_{OS1} \approx (V_{t2} - V_{t1}) + \frac{V_{GS} - V_t}{2} \cdot \frac{\Delta(W/L)_{(1-2)}}{(W/L)_{(1+2)}} \tag{5.34}$$

式(5.34)就是由输入 MOS 管的不匹配引起的失调电压近似表达式。它由阈值电压的不匹配和 MOS 管尺寸的不匹配两部分组成。

现在把上面的分析思路做一归纳:当负载电阻匹配时,失调是由输入管的 V_{GS} 失配引起的。V_{GS} 可分为 V_t 和 V_{ov} 两部分,其中的 V_t 暂无法细分,而 V_{ov} 可以用 W/L 来表示。用宽长比均值和差值的方法做代换,得到式(5.32)。用近似式进行简化,得到想要的式(5.34)。

例题 5.4　要求确定图 5.13(a)中使 MOS 差分级的失调电压不超过 20 mV 的最大 $\Delta(W/L)/(W/L)$。电路中,两个 MOS 管的源极 $V_{S1} = V_{S2} = -1$ V,以及 $V_{t1} = V_{t2} = 0.7$ V。

由于 $V_{t1} = V_{t2}$,式(5.34)变为

$$V_{OS1} = \frac{V_{GS} - V_t}{2}\frac{\Delta(W/L)}{(W/L)}$$

从上式解出 $\Delta(W/L)/(W/L)$ 的计算式

$$\frac{\Delta(W/L)}{(W/L)} = \frac{2V_{OS1}}{V_{GS} - V_t}$$

代入 $V_{OS1} = 20$ mV、$V_{GS} = 1$ V 和 $V_t = 0.7$ V,算得最大的 $\Delta(W/L)/(W/L)$

$$\left.\frac{\Delta(W/L)}{(W/L)}\right|_{max} = \frac{2 \times 20 \times 10^{-3}}{1 - 0.7} = \frac{40}{0.3} \times 10^{-3} = 0.133$$

5.7.2　差分级负载电阻引起的失调电压[Gray,p235]

在分析由负载电阻引起的失调电压时,我们仍然在其中一个输入管的栅极串联失调电压 V_{OS2},以改变两个输入管的电流,使两个负载电阻上的压降相等,因而输出电压 V_O 等于零,如图 5.13(b)所示。

分析过程与上面对输入管的分析相似。先从式(5.24)出发,并到达式(5.26)。现在的情况是,两个 MOS 管的 W/L 是相同的,而 $I_{D1} \neq I_{D2}$。所以接下来,用式(5.28)和式(5.29)的方法改写 I_{D1} 和 I_{D2},得到像式(5.32)的形式。再用近似代换,并注意到由于 $V_O = 0$ 而使 I_D 与 R_D 成反比关系,便得到

$$V_{OS2} = \frac{V_{GS} - V_t}{2} \cdot \frac{\Delta R_D}{R_D} \tag{5.35}$$

式(5.35)就是图 5.13(b)中由负载电阻不对称引起的失调电压表达式。把式(5.35)和

式(5.34)加起来,就得到差分级完整的失调电压表达式

$$V_{OS} = \Delta V_t - \frac{V_{GS} - V_t}{2} \frac{\Delta (W/L)_{(1-2)}}{(W/L)_{(1+2)}} + \frac{V_{GS} - V_t}{2} \frac{\Delta R}{R}$$

$$= \Delta V_t - \frac{V_{GS} - V_t}{2} \left[\frac{\Delta (W/L)_{(1-2)}}{(W/L)_{(1+2)}} + \frac{\Delta R}{R} \right] \tag{5.36}$$

式(5.36)右边的第一项来自阈值电压的失配。这一项与偏流无关,可以用布图来减小。通过加大图形面积,可以把这一项减小到 2 mV 左右[Gray,p236]。式(5.36)右边的第二项是由输入管的宽长比失配和负载电阻的失配引起的,还与过驱电压 $V_{ov} = V_{GS} - V_t$ 有关。

从更大的范围说,运放的失调电压由**随机性失调电压**和**系统性失调电压**两部分组成。本小节讨论的是随机性失调电压;而系统性失调电压是由电路设计的不平衡引起的。本书后面的 12.2.4 小节将对典型电流镜负载差分级的失调电压做比较详细的讨论。

5.7.3 失调电压的漂移[Gray,p236]

失调电压的漂移主要来自 V_{ov} 和 V_t,因为二者都有很大的温度系数,而且会使 V_{GS} 向相反的方向漂移。其中,过驱电压 V_{ov} 受温度的影响主要因为迁移率的改变,它使 I_D 呈负温度系数。阈值电压 V_t 与费米势有关,使 I_D 呈正温度系数。此外,ΔV_t 项本身可以在 V_{OS} 的漂移中占有很大的比例。

5.8 小   结

运放有许多非理想参数。弄清这些参数的含义,是使用运放时首先要做到的。本章在解释了这些参数之后,讨论了非理想参数对闭环放大器的低频增益和高频响应两个性能的影响。闭环放大器的低频增益要比运放的低频开环增益低很多,而闭环放大器的截止频率要比运放的开环截止频率高很多。在单主极点运放的前提下,闭环与开环放大器的 GBW(包括 f_1)是相等的。摆速和带宽也是运放使用时需要考虑的两个参数,而且两者是相互关联的。摆速和带宽都是由差分级的恒流源和增益级的补偿电容共同确定的;我们总是希望摆速和带宽尽可能大,所以要求恒流源尽可能大和补偿电容尽可能小。MOS 运放的随机性失调电压主要来自阈值电压和器件尺寸的失配。MOS 运放的失调电压要比双极运放大很多。失调电压会引起精度问题,但一般不产生非线性问题,而摆速和带宽可以引起非线性误差。当我们想开发运放的潜能时,就必须考虑它的非理想参数。但对大多数应用而言,运放仍然可以看成是理想的。

练 习 题

5.1 在图 4.2 的反相放大器中,假设 $R_1 = 1$ kΩ 和 $R_2 = 10$ kΩ。要求计算:(a)当运放的 A_d 分别等于 10^4 和 10^5 时的电路增益;(b)重做(a)中的计算,但电路改为图 4.6 中的同

相放大器。

5.2 假设把一个 $PSRR^+ = 10$ 的运算放大器连接成电压跟随器的形式,如图 P5.2 所示。输入 v_I 被置零,但一个峰值 $V_p = 20\ mV$ 的低频交流信号被叠加到正电源电压上。要求计算输出电压 v_O 的峰值。

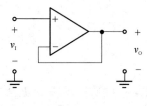

图 P5.2

5.3 图 P5.3 中测量放大器电路的电压增益必须为 10^3 和 0.1% 的精度。要求确定放大器开环增益的最小值 $A_{d(min)}$。假设运放的开环增益有 $+100\%$ 和 -50% 的容差;略去运放输入电阻和输出电阻的影响。

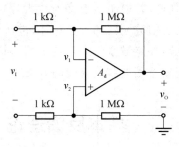

图 P5.3

第6章 反　　馈

反馈就是从放大器的输出端取出一个与输出量成正比的信号,把它传递到输入端,与输入信号合在一起,以改善放大器的某些性质。反馈有**正反馈**和**负反馈**两种。如果反馈信号与输入信号相减,就叫负反馈;如果相加,就叫正反馈。本章只讨论负反馈。

负反馈可以用来保持放大器性能的稳定,使它不受晶体管参数、电源电压和温度等变化的影响。负反馈还可以用来扩展放大器的频带、提高信噪比、降低非线性失真和改善输入输出阻抗。它的缺点是,在某些频率区内,可以变成正反馈而使电路不稳定。

本章首先介绍基本的**反馈理论**,并说明负反馈对放大器性能的改善。在讨论了反馈放大器的四种基本结构后,将说明反馈放大器的参数计算,包括理想和实际两种情况。本章然后讨论闭环放大器最主要的参数:**环路增益**。本章的最后将说明如何用**环路增益**来判定反馈放大器的稳定性,这包括**奈奎斯特判据**和**伯德图**的方法。

6.1　基本反馈理论

图 6.1 是反馈放大器的基本结构。它由**基本放大器**A、**反馈网络**β 和加法器组成。基本放大器 A 把**误差信号**x_e 放大成输出信号 x_o。反馈网络 β 对输出信号 x_o 进行采样,把采样得到的**反馈信号**x_{fb} 送到加法器。加法器从输入信号 x_i 中减去反馈信号 x_{fb},把所得的误差信号 x_e 送到基本放大器 A。这里的信号 x 可以是电压或电流,也可以是拉普拉斯变换信号 $X(s)$ 或频率信号 $X(j\omega)$ 等。为便于说明,我们暂时把它看成是低频信号。

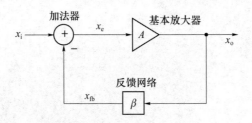

图 6.1　反馈放大器的基本结构

从图 6.1 可以写出输出信号表达式

$$x_o = A x_e \tag{6.1}$$

式中,A 为基本放大器的增益,x_e 为误差信号。

反馈信号可写为

$$x_{fb} = \beta x_o \tag{6.2}$$

式中,β 为反馈网络的传递函数(或称**反馈系数**)。

加法器有表达式

$$x_e = x_i - x_{fb} \tag{6.3}$$

由于误差信号 x_e 非常小（因为 A 很大），所以反馈信号 x_{fb} 的大小与输入信号 x_i 非常接近。

式(6.1)可以用式(6.2)和式(6.3)改写为

$$x_o = A(x_i - \beta x_o) = Ax_i - A\beta x_o \tag{6.4}$$

对式(6.4)整理后，得到反馈放大器的**闭环传递函数**（或称**闭环增益**）

$$A_{CL} \equiv \frac{x_o}{x_i} = \frac{A}{1 + A\beta} \tag{6.5}$$

式(6.5)还可改写为

$$A_{CL} = \frac{A}{1 + T} \tag{6.6}$$

式中，$T = A\beta$ 称为闭环系统的**环路增益**。一般来说，T 是一个随频率而变的复数，但我们暂时假设 T 是一个正实数因子。（T 是一个关于稳定性的重要参数，本章的后面将对它作重点讨论。）

由于 $A\beta \gg 1$，式(6.5)可近似写为

$$A_{CL} \approx \frac{A}{A\beta} = \frac{1}{\beta} \tag{6.7}$$

式(6.7)表示，反馈放大器的增益仅取决于反馈网络，与基本放大器 A 无关。由于反馈网络通常是用无源元件组成的，这使我们可以容易地设计出所需的闭环增益。这样的增益不受晶体管参数、温度、电源电压等变化的影响。运算放大器就是因此而被发明的[Carter,p1]。

6.2　负反馈的优点

6.2.1　降低增益敏感度和非线性失真

反馈放大器的**增益敏感度**是指它的闭环增益 A_{CL} 随基本放大器增益 A 的变化而变化的程度。前面的 5.4 节曾对此作过比较详细的讨论，并有结论：闭环增益的相对变化率大约只有开环增益相对变化率的 $1/A\beta$（见式(5.6)，而图 5.10 中的 A_{do} 和 $(1 + R_2/R_1)$ 分别是这里的 A 和 $1/\beta$）。

图 6.2 表示增益敏感度降低后，放大器的非线性失真也随之降低[Sedra]。放大器产生非线性失真的原因是它的传递曲线是非线性的，也就是，它的增益随输入信号的大小而变。图 6.2(a)表示一种基本放大器的传递曲线：当 $x_e < x_{e1}$ 时，增益 $A_1 = 1\,000$；当 $x_e > x_{e1}$ 时，增益下降到 $A_2 = 500$。

图 6.2(b)中两个区间内的闭环增益可以用式(6.5)计算为：$A_{CL1} = 9.90$ 和 $A_{CL2} = 9.80$（假设反馈放大器的 $\beta = 0.1$）。比较图 6.2(a)和(b)中的曲线可知，反馈放大器传递曲线的线性度要远好于基本放大器的线性度，这使反馈放大器有很宽的线性工作区。通常的功率放大级就需要这个特性。

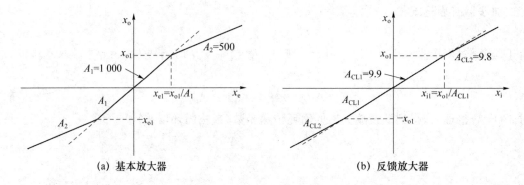

图 6.2　放大器的传递曲线

例题 6.1　下图中的同相放大器实现图 6.1 中的反馈结构。假设运放有无穷大的输入电阻和零输出电阻,并有电压增益 $A = 2 \times 10^4$。要求找出:(1)反馈系数表达式;(2)确定比值 R_2/R_1,使闭环电压增益 A_{CL} 等于 20;(3)如果 $V_i = 1$ V,找出 V_o、V_{fb} 和 V_e;(4)如果 A 下降 10%,A_{CL} 下降多少?

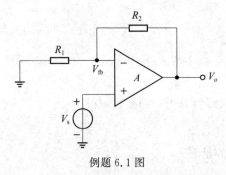

例题 6.1 图

(1)反馈系数为反馈电压 V_{fb} 与输出电压 V_o 之比:$\beta = R_1/(R_1 + R_2)$。

(2)用 $A_{CL} = 20$ 和 $A = 2 \times 10^4$ 代入式(6.5)算出 $\beta = 0.049\,95$,由 $\beta = 0.049\,95$ 算出比值 R_2/R_1 19.02。

(3)用式(6.5)算出 $V_o = V_i[A/(1 + A\beta)] = 20$ V,$V_{fb} = \beta V_o = 0.999 V_o$。$V_e = V_i - V_{fb} = 1 - 0.999$ V $= 0.001$ V。

(4)当 A 下降 10% 时,A_{CL} 可用式(6.5)计算为 $A_{CL} = 19.98$。所以,当基本放大器的增益下降 10% 时,闭环增益 A_{CL} 只下降 0.01%。二者相差 1 000 倍,这个 1 000 倍就是 $1 + A\beta$。　◀

6.2.2　扩展带宽

反馈可以扩展放大器的带宽。前面的 5.5 节已对此作过比较详细的讨论,并有结论:假设放大器的开环低频增益为 A_0 以及 -3 dB 带宽为 f_{-3dB},如果我们以反馈系数 β 把放大器接成闭环,那么闭环放大器的 -3 dB 带宽将被扩展大约 $A_0\beta$ 倍;与此同时,闭环增益只有开环增益的 $1/A_0\beta$。

例题 6.2　一个单极点放大器的开环低频增益 $A_0 = 2 \times 10^5$,开环 -3 dB 频率为 10 Hz。如果闭环后的带宽为 200 kHz,我们来确定闭环下的低频增益。由于闭环时的带宽比开环时扩展了 20 000 倍,所以闭环时的低频增益为 $(2 \times 10^5)/20\,000 = 10$。　◀

6.2.3　抑制噪声

任何电路都存在噪声。对于放大器来说,噪声可以从外界进入,也可以由内部产生。

图 6.3 可以用来说明反馈放大器对噪声的抑制能力（反馈放大器无法辨认是内部噪声还是外部噪声，它的功能只是紧紧地跟随输入信号，以此抑制其他所有信号）。图中，基本放大器的放大倍数 $A=100$，反馈系数 $\beta=0.1$。由于输入信号为零，所以图中的波形都是噪声。

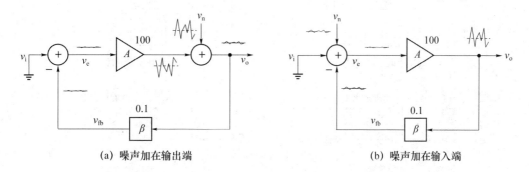

（a）噪声加在输出端　　　　　　　　　　　（b）噪声加在输入端

图 6.3　反馈放大器对噪声的抑制

在图 6.3（a）中，噪声电压 v_n 加在输出端。反馈放大器的输出 v_o 经过反馈网络、左边的加法器和放大器 A 后变成 $-10v_o$，再进入右边的加法器。反馈使输出趋于零，所以右边加法器的两个输入应该几乎相等（极性相反），即 $10v_o \approx v_n$，或者 $v_o \approx 0.1v_n$。这表示，当噪声 v_n 加在输出端时，被衰减到了接近 $1/10$。这个 10 就是闭环放大器的 $A\beta$。

在图 6.3（b）中，噪声 v_n 被移到放大器 A 之前，与输入信号叠加在一起；这就得不到任何衰减。它与输入信号一样被放大了接近 10 倍。这个 10 倍就是 $1/\beta=10$。比较图 6.3（a）和（b）可知，噪声加入的位置越靠近输出端，抑制的效果越好。

6.3　四种反馈结构

反馈放大器可以按输入端和输出端的接法分为四类：**串联并联反馈**、**串联串联反馈**、**并联并联反馈**、**并联串联反馈**，如图 6.4 中所示。其中，前面的**串联**或**并联**是指反馈信号与输入信号相减的连接方式（对电压加减只能用串联，对电流加减只能用并联）；后面的**串联**或**并联**是指反馈网络对输出信号进行采样的连接方式（对电压采样只能用并联，对电流采样只能用串联）。四种反馈结构实际上也确定了四种基本放大器类型：电压、跨导、跨阻和电流放大器，以及四种反馈网络类型：分压、电阻、电导和分流网络。此外，图 6.4 中的四种结构都需接成负反馈的形式。比如，图 6.4（a）中的输入电压 v_i 要减去反馈电压 v_{fb} 后才能加到基本放大器的输入端；而且，如果 v_e 增加，经过 A_v 和 β_v 之后，使 v_{fb} 增加，使 v_e 减小，以实现负反馈。

本节的下面说明四种反馈结构的特性，并从理想情况和实际情况两方面来计算其参数。这里的**理想情况**是指放大器与反馈网络是互不影响的；而**实际情况**是两者有耦合的，这主要是反馈网络对基本放大器的负载效应。关于四种反馈结构更详细的内容，见参考文献[Sedra]、[Horenstein，p661]。

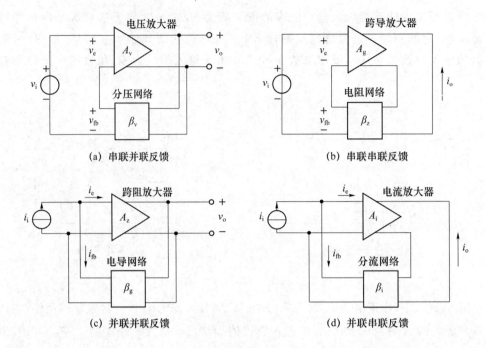

图 6.4　四种反馈结构

6.3.1　理想情况下的参数计算

本小节只讨论四种反馈结构中最常见的两种,即**串联并联反馈**和**串联串联反馈**,计算它们在理想情况下的闭环增益和闭环输入、输出电阻。按照这两种结构的分析方法,我们不难导出其他两种反馈结构的闭环参数。

1. 串联并联反馈

串联并联反馈的闭环电压增益可根据图 6.4(a)和式(6.5)写为

$$A_{vCL} \equiv \frac{v_o}{v_i} = \frac{A_v}{1 + A_v \beta_v} \tag{6.8}$$

式中,A_v 为基本放大器的电压增益,β_v 为反馈网络的分压系数。

在计算闭环输入电阻时,先把图 6.4(a)改画成图 6.5(a)中的等效电路(需保证图 6.5(a)中受控源 $A_v v_e$ 的方向使电路处于负反馈状态)。图中的 r_i 和 r_o 分别为基本放大器的输入和输出电阻,R_{iCL} 是需要计算的闭环输入电阻。

图 6.5(a)中的 v_i 和 v_e 之间有关系式

$$v_i = v_e + v_{fb} = v_e + \beta_v v_o = v_e + A_v \beta_v v_e \tag{6.9}$$

利用 $v_e / i_i = r_i$ 可以解得理想情况下的闭环输入电阻

$$R_{iCL} \equiv \frac{v_i}{i_i} = r_i (1 + A_v \beta_v) \tag{6.10}$$

式(6.10)表示,反馈放大器输入端的串联接法把输入电阻提高了 $A_v \beta_v$ 倍。提高输入电阻对于电压放大器是有利的,因为这样可以降低放大器对信号源的负载,得到尽可能大的信号电压。

在计算闭环输出电阻时,先把图 6.5(a)改画成图 6.5(b)中的电路。在图 6.5(b)中,图 6.5(a)中的输入电压 v_i 已被置零,而 R_{oCL} 是需要计算的闭环输出电阻。v_t 是我们加在输出端上的试验电压。如果能找出由 v_t 产生的、流入反馈放大器输出端的电流 i_t,也就找到了放大器的闭环输出电阻。

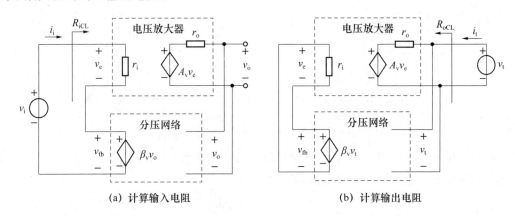

(a) 计算输入电阻   (b) 计算输出电阻

图 6.5   串联并联反馈结构的小信号等效电路

从图 6.5(b)的左边可知

$$v_e = -v_{fb} = -\beta_v v_t \tag{6.11}$$

利用式(6.11),流入输出端的电流可计算为

$$i_t = \frac{v_t - A_v v_e}{r_o} = \frac{v_t - A_v(-\beta_v v_t)}{r_o} = \frac{v_t(1 + A_v \beta_v)}{r_o} \tag{6.12}$$

由式(6.12)得到串联并联反馈结构在理想情况下的输出电阻

$$R_{oCL} \equiv \frac{v_t}{i_t} = \frac{r_o}{1 + A_v \beta_v} \tag{6.13}$$

式(6.13)表示,反馈放大器输出端的并联接法使输出电阻降低到了 $1/(1 + A_v \beta_v)$。降低输出电阻也是电压放大器所希望的,因为这样可以提高放大器的驱动能力,把尽可能大的电压传递给负载。

2. 串联串联反馈

串联串联反馈的闭环跨导增益可根据图 6.4(b)和式(6.5)写为

$$A_{gCL} \equiv \frac{i_o}{v_i} = \frac{A_g}{1 + A_g \beta_z} \tag{6.14}$$

式中,A_g 为基本放大器的跨导,β_z 为反馈网络的电阻系数(**电阻系数**把电流转换成电压)。

计算闭环输入电阻时,先把图 6.4(b)改画成图 6.6(a)中的电路〔需保证图 6.6(a)中受控源 $A_g v_e$ 的方向使电路处于负反馈状态〕。由于图 6.6(a)与前面的图 6.5(a)有相同的输入结构,所以串联串联反馈的输入电阻可仿照式(6.10)写为

$$R_{iCL} = r_i(1 + A_g \beta_z) \tag{6.15}$$

式(6.15)同样表示,反馈放大器输入端的串联接法把输入电阻提高了 $A_g \beta_z$ 倍。

在计算闭环输出电阻时,先把图 6.6(a)改画成图 6.6(b)中的电路。在图 6.6(b)中,

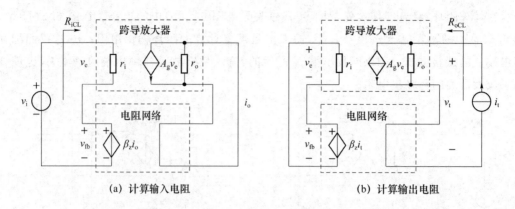

(a) 计算输入电阻　　　　　　　　　　　(b) 计算输出电阻

图 6.6　串联串联反馈结构的小信号等效电路

图 6.6(a) 中的 v_i 已被置零。i_t 是我们故意加入的试验电流，v_t 是当 i_t 流入放大器输出端时所产生的电压。对图 6.6(b) 的输入端，可以有

$$v_e = -v_{fb} = -\beta_z i_t \tag{6.16}$$

式 (6.16) 表示 v_e 是与 i_t 反向的，所以图 6.6(b) 中的受控源 $A_g v_e$ 在 i_t 激励下实际上是向上流动的。由此可算出流过放大器输出电阻 r_o 的电流为 $i_t + A_g \beta_z i_t$。而输出电压可写为

$$v_t = r_o(i_t + A_g \beta_z i_t) \tag{6.17}$$

由式 (6.17) 得到串联串联反馈结构在理想情况下的闭环输出电阻

$$R_{oCL} \equiv \frac{v_t}{i_t} = r_o(1 + A_g \beta_z) \tag{6.18}$$

式 (6.18) 表示，反馈放大器输出端的串联接法使输出电阻增加了 $A_g \beta_z$ 倍。增加输出电阻是跨导放大器所希望的，因为这样可以使输出电流不受负载变化的影响，起到恒流源的作用。

例题 6.3　一个运放有低频开环电压增益 1×10^5，它的频率响应由一个大小等于 5 Hz 的负实数极点产生。放大器被接入一个 $\beta = 0.01$ 的串联并联反馈回路，并得到闭环低频电压增益 $A_{CL0} \approx 100$。如果无反馈时的输出阻抗是纯电阻的 100 Ω，要求：(a) 证明反馈回路的输出阻抗可以表示为图 6.7(a) 中的电路；(b) 计算图 6.7(a) 中的元件值；(c) 画出反馈回路的输出阻抗从 1 Hz 到 100 kHz 的幅值曲线图。

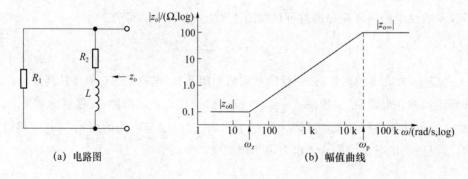

(a) 电路图　　　　　　　　　　　(b) 幅值曲线

图 6.7　一种反馈回路的输出阻抗

反馈回路的闭环输出阻抗可根据式 (6.13) 写为

$$R_{\text{oCL}} = \frac{r_o}{1 + A_v \beta_v} = \frac{r_o}{1 + \dfrac{A_0}{1 - s/s_p} \beta} = \frac{r_o}{1 + \dfrac{A_0}{1 + s\tau} \beta} = \frac{r_o}{1 + A_0 \beta} \frac{1 + s\tau}{1 + s \dfrac{\tau}{1 + A_0 \beta}} \quad (6.19)$$

式中,s_p 为运放的负实数极点,且有 $-s_p = \omega_p = 1/\tau$,其中 ω_p 和 τ 分别为运放的截止频率和时间常数。另一方面还可以算出图 6.7(a) 中的输出阻抗

$$z_o = R_1 \| (R_2 + sL) = \frac{R_1}{R_1 + R_2} \frac{R_2 + sL}{1 + \dfrac{sL}{R_1 + R_2}} = \frac{R_1}{1 + \dfrac{R_1}{R_2}} \frac{1 + s \dfrac{L}{R_2}}{1 + s \dfrac{L}{R_1 + R_2}} \quad (6.20)$$

比较上面两式,可得:$R_1 = r_o$、$R_1/R_2 = A_0 \beta$ 和 $L/R_2 = \tau = -1/s_p$。

(b) $R_1 = r_o = 100\ \Omega$;$R_2 = R_1/(A_0\beta) = 0.1\ \Omega$;$L = R_2/|s_p| = 3.18\ \text{mH}$。

(c) 这是一个一阶电路。从式(6.20)看,电路有零点 $-L/R_2$ 和极点 $-L/(R_1 + R_2)$,所以电路的两个转折频率分别为 $\omega_z = R_2/L = 0.1\ \Omega/0.003\ 18\ \Omega = 31.4\ \text{rad/s}$ 和 $\omega_p = (R_1 + R_2)/L = (0.1\ \Omega + 100\ \Omega)/0.003\ 18\ \text{H} = 31.5\ \text{krad/s}$,且 $\omega_z \ll \omega_p$。低频输出阻抗 $z_{o0} = R_1 \| R_2 = 0.1\ \Omega$,高频输出阻抗 $z_{o\infty} = R_1 = 100\ \Omega$。用这些数据画出的频率曲线如图 6.7(b) 所示。◀

6.3.2　实际电路的参数计算

在实际的反馈电路中,**基本放大器**与反馈网络总是耦合在一起的,我们需要把它们分离开来。其中的基本放大器是简单的,因为放大器的信号只能从输入端走向输出端。反馈网络一般是由无源元件组成的,信号就可以在两个方向上传递,分析变得复杂。但如果用一个双向二端口网络来代替反馈网络,就可以实现二者的分离。不过,这样的计算仍比较复杂。本小节仅分析其中的一种实际电路,即**串联并联反馈电路**,如图 6.8(a) 所示。我们的目标是找出图 6.8(a) 中电路的 A、β、闭环增益和闭环输入、输出电阻表达式。

图 6.8(a) 是一个同相放大器,先把它改画成图 6.8(b) 中的等效电路。根据上面的分析,为了把放大器与反馈网络分离开来,我们需要把反馈网络替换成一个二端口网络。二端口网络的右边应该与输出电压并联,以对输出电压进行采样;二端口网络的左边应该与输入信号串联,使二者的电压相减。这就应该使用 h 参数的二端口网络(二端口网络共有 4 组等价的参数,h 参数是其中之一)。这样代替之后,图 6.8(b) 就变成图 6.8(c) 中的电路。图中,h_{11} 和 h_{22} 分别为①端口和②端口的输入阻抗;h_{12} 为②端口对①端口的传递系数。h_{21} 为①端口对②端口的传递系数。由于放大器的输出电阻 r_o 非常小,当 $h_{21}i_i$ 流过 r_o 时产生的电压也非常小;这与放大器的电压源 $A_v v_e$ 相比,完全可以略去。

现在来说明如何用图 6.8(b) 和(c) 算出 3 个 h 参数[Sedra]。在计算 h_{11} 时,需把图 6.8(c) 中的②端口短接,以避免 v_o 的影响;这等于在图 6.8(b) 中把 v_o 接地,由此算出 $h_{11} = R_1 \| R_2$。在计算 h_{22} 时,图 6.8(c) 中的①端口需开路,以避免由 i_i 引起的电流源 $h_{21}i_i$ 的影响。这在图 6.8(b) 中就是把 R_1 和 R_2 与 r_i 断开,由此算出 $h_{22} = R_1 + R_2$。在计算 h_{12} 时,需把图 6.8(c) 中的①端口开路,以避免①端口电流 i_i 流过 h_{11} 时产生的影响;这等于在图 6.8(b) 中把 R_1 和 R_2 与 r_i 断开,由此算出 $h_{12} = R_1/(R_1 + R_2)$。这个 h_{12} 就是图 6.5 中的 β_v。图 6.8(c) 中的电路已经把基本放大器与反馈网络分离了开来,计算起来就很容易。下面用图 6.8 来计算

实际电路的 A、β 和其他闭环参数。

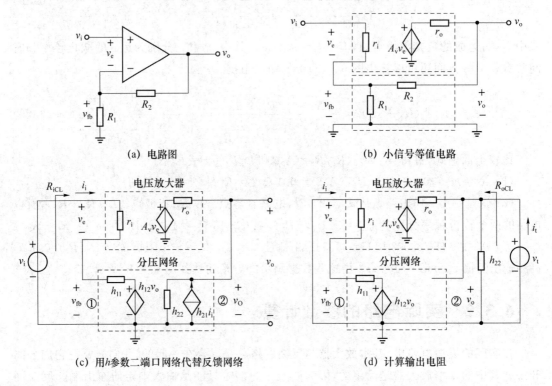

(a) 电路图   (b) 小信号等值电路

(c) 用 h 参数二端口网络代替反馈网络   (d) 计算输出电阻

图 6.8   实际的串联并联反馈放大器

在图 6.8(c)中,基本放大器的电压增益 A 是从误差电压 v_e 到输出电压 v_o 的增益

$$A\equiv\frac{v_o}{v_e}=A_v\,\frac{h_{22}}{h_{22}+r_o} \tag{6.21}$$

式中,A_v 为未考虑负载效应(即理想情况)时的基本放大器增益。

反馈网络的反馈系数 β 是从输出电压 v_o 到反馈电压 v_{fb} 的增益(v_i 需短接)

$$\beta\equiv\frac{v_{fb}}{v_o}=\frac{1}{v_o}\left(h_{12}\,v_o\,\frac{r_i}{h_{11}+r_i}\right)=\beta_v\,\frac{r_i}{h_{11}+r_i} \tag{6.22}$$

式中,$\beta_v=h_{12}$ 是未考虑负载效应〔见图 6.5,或图 6.8(c)中使 $i_i=0$〕时的反馈网络的反馈系数。

反馈放大器的闭环增益可计算为

$$A_{CL}\equiv\frac{v_o}{v_i}=\frac{A}{1+A\beta} \tag{6.23}$$

式中,A 和 β 分别由式(6.21)和式(6.22)给出。

反馈放大器的输入电阻 R_{iCL} 是图 6.8(c)中从 v_i 向闭环放大器看到的电阻。先写出输入回路的电流方程

$$i_i=\frac{v_i-h_{12}\,v_o}{r_i+h_{11}} \tag{6.24}$$

其中,

$$v_\mathrm{o}=A_\mathrm{v}v_\mathrm{e}\frac{h_{22}}{r_\mathrm{o}+h_{22}}=(r_\mathrm{i}i_\mathrm{i})\frac{A_\mathrm{v}h_{22}}{r_\mathrm{o}+h_{22}}=(r_\mathrm{i}i_\mathrm{i})A \tag{6.25}$$

利用式(6.25)和式(6.22),并注意到 h_{12} 就是 β_v,就可以把式(6.24)改写为

$$i_\mathrm{i}\big[(r_\mathrm{i}+h_{11})+(r_\mathrm{i}+h_{11})A\beta\big]=v_\mathrm{i} \tag{6.26}$$

由式(6.26)解得想要的闭环输入电阻

$$R_\mathrm{iCL}\equiv\frac{v_\mathrm{i}}{i_\mathrm{i}}=(r_\mathrm{i}+h_{11})+(r_\mathrm{i}+h_{11})A\beta=(r_\mathrm{i}+h_{11})(1+A\beta) \tag{6.27}$$

式(6.27)与理想情况下的式(6.10)在形式上是一样的。不同之处是,那里的 r_i 现在变成了 $r_\mathrm{i}+h_{11}$;而这里的 A 和 β 也都包含了实际情况下的 h_{11}、h_{12} 和 h_{22},也就是电阻 R_1 和 R_2。

反馈放大器的输出电阻可以用图 6.8(d)来计算。图中已把 v_i 置零,电流源 $h_{21}i_\mathrm{i}$ 被略去;v_t 是外接的试验电压。先对输出端使用 KCL

$$i_\mathrm{t}=\frac{v_\mathrm{t}}{h_{22}}+\frac{v_\mathrm{t}-A_\mathrm{v}v_\mathrm{e}}{r_\mathrm{o}} \tag{6.28}$$

式中,

$$v_\mathrm{e}=-h_{12}v_\mathrm{t}\frac{r_\mathrm{i}}{h_{11}+r_\mathrm{i}}=-v_\mathrm{t}\beta \tag{6.29}$$

把式(6.29)代入式(6.28),得到

$$i_\mathrm{t}=v_\mathrm{t}\frac{r_\mathrm{o}+h_{22}}{r_\mathrm{o}h_{22}}\Big(1+\frac{A_\mathrm{v}h_{22}}{r_\mathrm{o}+h_{22}}\beta\Big) \tag{6.30}$$

由式(6.30)即可解得反馈放大器的输出电阻

$$R_\mathrm{oCL}\equiv\frac{v_\mathrm{t}}{i_\mathrm{t}}=\frac{r_\mathrm{o}h_{22}}{r_\mathrm{o}+h_{22}}\frac{1}{1+A\beta}=\frac{r_\mathrm{o}\|h_{22}}{1+A\beta} \tag{6.31}$$

式(6.31)与理想情况下的式(6.13)在形式上也是一样的,但理想情况下的 r_o 现在变成了 $r_\mathrm{o}\|h_{22}$,也就是包含了 R_1 和 R_2;而 A 和 β 中也都包含了 R_1 和 R_2。

最后对本节的内容作一归纳。本节讨论的四种反馈结构的**闭环传递函数**或**增益**,在形式上是与一般反馈放大器的式(6.5)一样的。四种接法的传递函数分别叫**电压**、**跨导**、**跨阻**和**电流**传递函数或增益。输入端的串联接法使反馈放大器的输入电阻增加,输入端的并联接法使反馈放大器的输入电阻变小。输出端的串联接法使反馈放大器的输出电阻增加,输出端的并联接法使反馈放大器的输出电阻变小。

实际电路中的基本放大器与反馈网络之间总是有耦合的,我们需要把它们分离开来。基本放大器因为信号只能正向传输而比较简单。反馈网络需要用双向二端口网络来代替。幸运的是,由于基本放大器有很强的驱动能力,双向二端口网络中与基本放大器输出端相连的那个传递参数就可以略去。这使二端口网络的四个参数减少到了三个,使分析大为简化。而二端口网络中剩下的三个参数可以用反馈网络中的电阻来计算[Sedra]。

6.4　稳定性与环路增益

在负反馈放大器中,我们总是把输出信号的一部分与输入信号相减。由于输出信号的相位随频率而变,这个减法在有些频率区内可以变成加法。一旦负反馈变成正反馈,系统就

不稳定。本节的目的是说明反馈放大器的**稳定性**仅与**环路增益**有关，并说明如何找出电路的环路增益。

6.4.1　稳定性问题

反馈放大器的传递函数如式(6.5)所示；其中，开环增益 A 随频率而变(主要因为晶体管的内部电容)，β 也可看成随频率而变。这样，式(6.5)变为

$$A_{\mathrm{CL}}(s) = \frac{A(s)}{1 + A(s)\beta(s)} = \frac{A(s)}{1 + T(s)} \tag{6.32}$$

式(6.32)中的 $T(s) = A(s)\beta(s)$ 就叫反馈放大器的**环路增益**。如果想知道闭环系统的频率特性，只要用 $\mathrm{j}\omega$ 代替 s，而式(6.32)变为

$$A_{\mathrm{CL}}(\mathrm{j}\omega) = \frac{A(\mathrm{j}\omega)}{1 + T(\mathrm{j}\omega)} \tag{6.33}$$

从式(6.33)可以看出，反馈电路的稳定性仅与环路增益 $T(\mathrm{j}\omega)$ 有关。因为仅当 $T(\mathrm{j}\omega) = -1$ 时，分母才等于零。这使 $A_{\mathrm{CL}}(\mathrm{j}\omega)$ 趋于无穷大，电路变成不稳定。所以，判断系统稳定性的关键，是反馈系统的环路增益 $T(s)$，或者说，是环路增益的频率响应 $T(\mathrm{j}\omega)$。

6.4.2　如何确定环路增益

我们用图 6.9 来说明如何确定放大器的环路增益 T，其中的图 6.9(a)是从图 6.1 中复制过来的。在确定环路增益时，先要把输入信号 S_{i} 置零(稳定性与输入信号无关)，然后将环路在任意一点上断开。在图 6.9(b)中，我们把断点放在加法器与基本放大器之间，然后把试验信号 S_{t} 加到基本放大器的输入端，再把 S_{t} 沿环路到达加法器输出端的信号叫**返回信号** S_{r}。

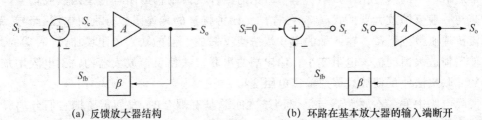

(a) 反馈放大器结构　　　　　　　(b) 环路在基本放大器的输入端断开

图 6.9　反馈放大器的环路增益

现在，基本放大器的输出 $S_{\mathrm{o}} = AS_{\mathrm{t}}$，而反馈信号为

$$S_{\mathrm{fb}} = A\beta S_{\mathrm{t}} \tag{6.34}$$

由于 $S_{\mathrm{i}} = 0$，**返回信号** S_{r} 等于 $-S_{\mathrm{fb}}$，所以有

$$\frac{S_{\mathrm{r}}}{S_{\mathrm{t}}} = \frac{-A\beta S_{\mathrm{t}}}{S_{\mathrm{t}}} = -A\beta \tag{6.35}$$

式(6.35)表示，环路增益 $A\beta$ 等于信号 S_{r} 与 S_{t} 之比的负值。这个负号是由加法器上的减号产生的；反馈信号 S_{fb} 经过加法器后变成了 $-S_{\mathrm{fb}}$。在环路上的任何一点断开，都会有这个负号。

有一点需要注意:在环路断开后,断点的两侧应保持原来的阻抗状态。这可以用图 6.10 来说明。在图 6.10(a)中,环路尚未断开,放大器的输入电阻为 R_i。在图 6.10(b)中,环路在放大器的输入端断开。为保持阻抗状态不变,我们必须在断点的加法器一侧增加电阻 R_i。

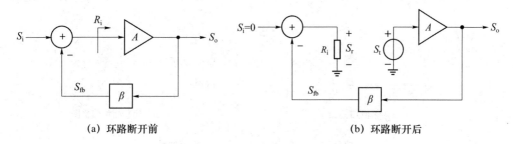

(a) 环路断开前　　　　　　　　　　　(b) 环路断开后

图 6.10　环路断开前后的阻抗状态需保持不变

例题 6.4　我们来计算图 6.8(a)中串联并联反馈放大器的环路增益。假设环路在运放的反相输入端处断开。从图 6.8(b)看,r_i 不可扔掉,必须把它与 R_1 并联才可保持断点处的阻抗不变(v_i 需置零)。为便于计算,可以把图(b)中的 r_o 并入 R_2,因而有 $A = A_v$ 和 $\beta = (R_1 \parallel r_i)/(r_o + R_2 + R_1 \parallel r_i)$。而环路增益为

$$T = -\frac{S_r}{S_t} = A\beta = A_v \frac{R_1 \parallel r_i}{r_o + R_2 + R_1 \parallel r_i}$$ ◀

6.5　放大器的伯德图

本节讨论两极点和三极点放大器的伯德图。这些放大器都处于开环状态,所以是放大器开环增益的伯德图。熟悉了这些内容后,放大器的稳定性分析就变得很容易[Neamen,p784],[Sedra]。

6.5.1　两极点放大器

假设两极点放大器的两个极点分别为 $s_{p1} = -\omega_{p1}$ 和 $s_{p2} = -\omega_{p2}$,它的频率响应可写为

$$A(j\omega) = \frac{A_0}{\left(1 + j\dfrac{\omega}{\omega_{p1}}\right)\left(1 + j\dfrac{\omega}{\omega_{p2}}\right)}$$ (6.36)

式中,A_0 为放大器的低频电压增益。ω_{p1} 和 ω_{p2} 为放大器的两个极点频率(以 rad/s 为单位)。

式(6.36)也可写成幅值和相位的形式

$$A(j\omega) = \frac{A_0}{\sqrt{1 + \left(\dfrac{\omega}{\omega_{p1}}\right)^2}\sqrt{1 + \left(\dfrac{\omega}{\omega_{p2}}\right)^2}} \angle -\left[\tan^{-1}\left(\frac{\omega}{\omega_{p1}}\right) + \tan^{-1}\left(\frac{\omega}{\omega_{p2}}\right)\right]$$ (6.37)

如果 ω_{p1} 与 ω_{p2} 相互远离,两者的频率响应互不影响,就可以有图 6.11 中电压增益 A 的伯德图。从图中看,低频下电压增益的幅值很接近 A_0,输出电压的相位与输入电压也很接近。

当频率超过 ω_{p2} 后,增益的幅值以 -40 dB/十倍频的斜率下降,输出电压与输入电压的相位差逐渐接近 $-180°$。与之相比,单极点放大器的滚降率趋于 -20 dB/十倍频和相移趋于 $-90°$。

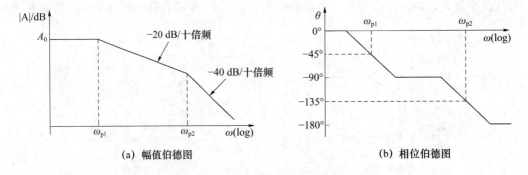

(a) 幅值伯德图　　　　　　　　　(b) 相位伯德图

图 6.11　两极点放大器的频率响应曲线

6.5.2　三极点放大器

假设三极点放大器的三个极点分别为 $s_{p1}=-\omega_{p1}$、$s_{p2}=-\omega_{p2}$ 和 $s_{p3}=-\omega_{p3}$,它的频率响应可写为

$$A(j\omega)=\dfrac{A_0}{\left(1+j\dfrac{\omega}{\omega_{p1}}\right)\left(1+j\dfrac{\omega}{\omega_{p2}}\right)\left(1+j\dfrac{\omega}{\omega_{p3}}\right)} \tag{6.38}$$

式中,A_0 为低频电压增益。ω_{p1}、ω_{p2}、ω_{p3} 为三个极点频率。同样把式(6.38)写成幅值和相位的形式,并假设三个极点相互远离,就可以有图 6.12 中的伯德图。在 $\omega>\omega_{p3}$ 的高频区,增益的幅值以 -60 dB/十倍频的斜率下降,增益的相移趋于 $-270°$(对于正弦量,$-270°$ 就是 $+90°$)。

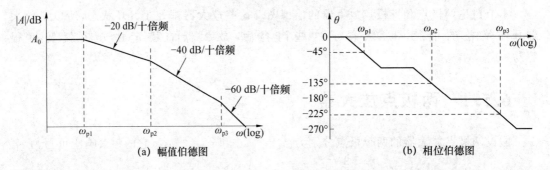

(a) 幅值伯德图　　　　　　　　　(b) 相位伯德图

图 6.12　三极点放大器的频率响应曲线

6.5.3　反馈放大器的环路增益

上面讨论的是两极点和三极点放大器的开环增益频率特性 $A(j\omega)$。把 $A(j\omega)$ 与反馈系数 β 相乘,就得到反馈放大器环路增益的频率特性

$$T(j\omega)=A(j\omega)\beta \tag{6.39}$$

反馈系数 β 被看成不随频率而变,是因为反馈网络一般是由电阻组成的。

假设运放有三个极点 $-\omega_{p1}$、$-\omega_{p2}$ 和 $-\omega_{p3}$，由它组成的闭环放大器的环路增益可根据式(6.38)写为

$$T(j\omega) = \frac{A_0\beta}{\left(1+j\dfrac{\omega}{\omega_{p1}}\right)\left(1+j\dfrac{\omega}{\omega_{p2}}\right)\left(1+j\dfrac{\omega}{\omega_{p3}}\right)} \tag{6.40}$$

从式(6.40)看，环路增益 $T(j\omega)$ 的幅值和相位都随频率而变，所以存在不稳定的可能性。下面来说明稳定性判别准则。

6.6　稳定性判据

我们在前面已经说明了反馈放大器的稳定性与环路增益之间的关系，即反馈放大器的稳定性完全取决于它的环路增益。这就可以用来判定反馈放大器的稳定性。本节先说明**奈奎斯特判据**，这是判别反馈系统稳定性的基本准则；然后说明如何从奈奎斯特判据引出另一种使用简便的稳定性判别方法，即利用伯德图的方法；最后说明如何从**相位裕度**和**幅值裕度**来判定反馈系统的**稳定程度**。

6.6.1　奈奎斯特判据

为了使用**奈奎斯特判据**，先要画出**奈奎斯特曲线**。奈奎斯特曲线就是用环路增益 $T(j\omega)$ 的模和幅角在复平面内画出的曲线。这其实是在画极坐标下的曲线；此时的频率从 0 变化到 $+\infty$。另有一条曲线的频率从 0 变化到 $-\infty$，它与正频率的曲线以实轴为对称。

现在用两极点放大器的环路增益来说明如何画奈奎斯特曲线，这个环路增益就是式(6.37)乘以 β

$$T(j\omega) = \frac{A_0\beta}{\sqrt{1+\left(\dfrac{\omega}{\omega_{P1}}\right)^2}\sqrt{1+\left(\dfrac{\omega}{\omega_{P2}}\right)^2}} \angle -\left[\tan^{-1}\left(\dfrac{\omega}{\omega_{P1}}\right)+\tan^{-1}\left(\dfrac{\omega}{\omega_{P2}}\right)\right] \tag{6.41}$$

用式(6.41)画出的奈奎斯特曲线如图 6.13 所示。当 $\omega=0$ 时，$T(j\omega)$ 的幅值达到最大值 $A_0\beta$，相位等于零。当 ω 从零向 $+\infty$ 变化时，幅值逐渐变小，相位越来越负。这是图 6.13 中下面的圆弧线。当 ω 从零向 $-\infty$ 变化时，得到上面用虚线画出的圆弧线。负频率时的幅值变化与正频率相同，而相位变成正值。当下面曲线的正频率趋于 $+\infty$ 时，幅值趋于零，相位趋于 $-180°$。当上面曲线的负频率趋于 $-\infty$ 时，幅值同样趋于零，而相位趋于 $+180°$。但对正弦量来说，$+180°$ 和 $-180°$ 没有任何区别。

式(6.40)是用三极点放大器组成的反馈放大器的环路增益，这里也把它写成极坐标形式

$$T(j\omega) = \frac{A_0\beta}{\sqrt{1+\left(\dfrac{\omega}{\omega_{p1}}\right)^2}\sqrt{1+\left(\dfrac{\omega}{\omega_{p2}}\right)^2}\sqrt{1+\left(\dfrac{\omega}{\omega_{p3}}\right)^2}}$$

$$\angle -\left[\tan^{-1}\left(\dfrac{\omega}{\omega_{p1}}\right)+\tan^{-1}\left(\dfrac{\omega}{\omega_{p2}}\right)+\tan^{-1}\left(\dfrac{\omega}{\omega_{p3}}\right)\right] \tag{6.42}$$

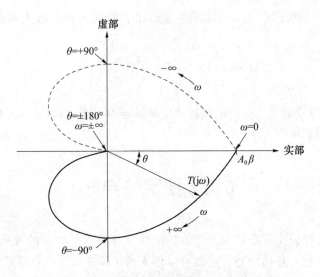

图 6.13　两极点反馈放大器环路增益的奈奎斯特曲线

图 6.14(a)表示用式(6.42)画出的一种可能的奈奎斯特曲线。当 $\omega=0$ 时,幅值达到最大值 βA_0,相位等于零。当 ω 从零向正、负两个方向变化时,奈奎斯特曲线的形状与两极点放大器的图 6.13 大致相同。但从式(6.42)看,三极点放大器环路增益的相移最大可以到$-270°$。表现在图 6.14(a)中就是,两条奈奎斯特曲线会穿过负实轴,然后沿着虚轴的方向接近原点。

图 6.14(b)表示另一种可能的奈奎斯特曲线。它与图 6.14(a)的不同点在于,当 $T(j\omega)$ 的相移达到$-180°$时,图 6.14(b)中的 $|T(j\omega)|>1$,而图 6.14(a)中的 $|T(j\omega)|<1$。这就是说,图 6.14(b)中的曲线是在$(-1,0)$点的左边穿越负实轴的,而图 6.14(a)中的曲线是在 $(-1,0)$点的右边穿越负实轴的。

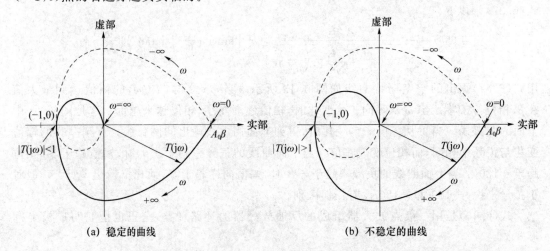

(a) 稳定的曲线　　　　　　　　　　　　　(b) 不稳定的曲线

图 6.14　三极点放大器环路增益的奈奎斯特曲线

在说明了奈奎斯特曲线的一些特性之后,我们给出奈奎斯特稳定性判据:**如果奈奎斯特曲线包围或穿过$(-1,0)$点,这个反馈放大器是不稳定的**。所以,图 6.14(a)中的反馈放大器是稳定的,图 6.14(b)中的反馈放大器是不稳定的。

例题 6.5　一个由三极点放大器组成的反馈放大器有环路增益[Neamen,p791]

$$T(j\omega) = \frac{100\beta}{\left(1 + j\,\dfrac{\omega}{10^5}\right)^3} \tag{6.43}$$

式中，10^5 为开环放大器的截止频率。要求确定当 $\beta = 0.2$ 和 $\beta = 0.02$ 时反馈放大器的稳定性。

把环路增益写成幅值和相位的形式

$$T(j\omega) = \frac{100\beta}{\left[\sqrt{1 + \left(\dfrac{\omega}{10^5}\right)^2}\right]^3} \angle -3\tan^{-1}\left(\frac{\omega}{10^5}\right) \tag{6.44}$$

从式(6.44)看，$\beta = 0.2$ 和 $\beta = 0.02$ 的两个环路增益的奈奎斯特曲线是相似的，只是它们的幅值相差十倍。先用上式算出两个环路增益在几个频率点上的幅值和相位。计算结果如表 6.1 所示。

表 6.1　两种环路增益的幅值和相位数据

角频率 ω/(krad · s⁻¹)		0	10	30	50	70	100	150	200	500	1 000
$\beta = 0.02$	幅值	2	1.97	1.76	1.43	1.10	0.71	0.341	0.179	0.015 1	0.001 97
	相位(°)	0	−17	−50	−80	−105	−135	−167	−190	−236	−253
$\beta = 0.2$	幅值	20	19.7	17.6	14.3	11.0	7.1	3.41	1.79	0.151	0.019 7
	相位(°)	0	−17	−50	−80	−105	−135	−167	−190	−236	−253

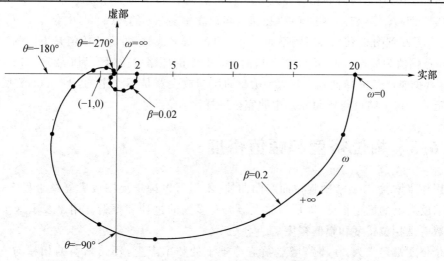

图 6.15　两种不同低频增益的环路增益奈奎斯特曲线

用表 6.1 中的数据画出的奈奎斯特曲线，如图 6.15 所示。从图中的曲线可以判定：$\beta = 0.2$ 的曲线包围了 $(-1,0)$ 点，所以是不稳定的。$\beta = 0.02$ 的曲线没有包围或穿越 $(-1,0)$ 点，所以是稳定的。　◀

6.6.2　用伯德图判别稳定性

从**奈奎斯特判据**可以引出另一种使用简便的稳定性判别法：如果在相移为 $\pm 180°$ 的频

率点上有$|T(j\omega)|\geqslant 1$,**这个反馈放大器是不稳定的**。这个方法之简便,是因为它可以使用伯德图,而不必画出奈奎斯特曲线。我们用上面例题 6.5 中的三极点放大器来说明这一点。

图 6.16(a)表示当 $\beta=0.2$ 和 $\beta=0.02$ 时环路增益 $T(j\omega)$ 的两条幅值曲线。低频时的环路增益与 β 的大小有关,分别为 20(26.02 dB)和 2(6.02 dB),而两者的 -3 dB 频率点 ω_{-3dB} 是相同的,都等于 100 krad/s(从例题 6.5 的表中看,$\omega_{-3dB}\approx 50$ krad/s;从式(6.43)看,$\omega_{-3dB}<100$ krad/s。前者比较准确,后者比较近似,两者都不算错)。这就是说,低频幅值不同的两个环路增益从同一频率 ω_{-3dB} 开始以相同的 -18 dB/倍频的斜率下降。显然,$\beta=0.02$ 的环路增益曲线要比 $\beta=0.2$ 的环路增益曲线先到达 $|T(j\omega)|=1$ 或 0 dB。

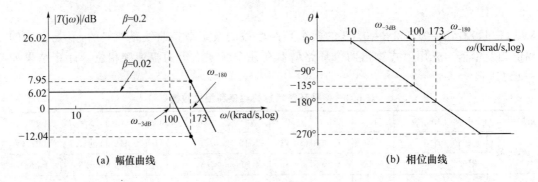

图 6.16　两个 β 不同的放大器的环路增益伯德图

在图 6.16(b)中,两者的相位曲线是一样的。两者的相移都在频率等于 173 krad/s 时达到 $-180°$,即 $\omega_{-180}=173$ krad/s〔173 krad/s 可以在例题 6.5 的式(6.44)中令 $\tan^{-1}(\omega/10^5)=60°$算出〕。再回到图 6.16(a),当频率为 $\omega_{-180}=173$ krad/s 时,两者的幅值是不同的。$\beta=0.2$ 的环路增益幅值为 2.5(7.95 dB),大于 1;而 $\beta=0.02$ 的环路增益幅值为 0.25(-12.04 dB),小于 1。根据本小节的简便判别法,$\beta=0.2$ 的反馈放大器是不稳定的,$\beta=0.02$ 的反馈放大器是稳定的。这个结论与例题 6.5 中的完全一样。

6.6.3　相位裕度和幅值裕度

利用环路增益 $T=A\beta$ 随频率而变的曲线,不但可以确定反馈放大器是否稳定,还可以确定反馈放大器的稳定程度,即反馈放大器会有多大的过冲和振铃。用来表示这个稳定程度的参数就是**相位裕度**和**幅值裕度**[Allen,p669]。

相位裕度被定义为:在环路增益幅值等于 1 的频率点上,环路增益的相移与 $-180°$ 之差,如图 6.17 所示。我们要求相位裕度在 50°以上,而更多的是要求 60°的相位裕度。

幅值裕度是指在相位 $\theta=-180°$ 的频率点上,环路增益的幅值低于 0 dB 的分贝数,也如图 6.17 所示。相位裕度和幅值裕度是一件事情的两个侧面,但相位裕度有更好的指导意义。前面的 5.3.10 小节也曾讨论过相位裕度和幅值裕度,但那里讲的是运放的情况,二者之间差一个 β 因子。

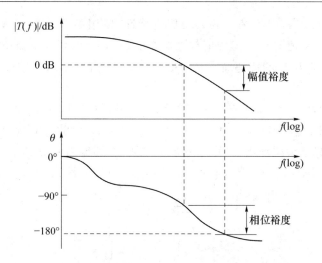

图 6.17　从环路增益的频率曲线确定相位裕度和幅值裕度

6.7　小　　结

　　本章首先讨论了反馈放大器的基本组成和闭环增益(或传递函数),以及在增益、噪声、带宽和非线性失真等方面的优点,然后讨论了四种反馈结构的性质。反馈放大器的主要缺点是会引起不稳定,所以本章重点讨论了反馈放大器的稳定性。

　　反馈放大器的稳定性取决于它的环路增益 $T(s) = A(s)\beta(s)$。当用环路增益 $T(j\omega)$ 画出的奈奎斯特曲线包含或穿过复平面内的点 $(-1,0)$ 时,电路就不稳定。这就是奈奎斯特判据。从奈奎斯特判据引出的另一个比较简便的判别方法是,当环路增益 $A\beta$ 的相移达到 $-180°$ 而幅值等于或大于 1 时,系统就不稳定。当我们希望用很大的反馈系数来得到很低的闭环增益(以获得很高的精度和很快的速度),同时又要保持系统稳定时,也许要对环路增益 $T(s)$ 进行修改。这就是第 7 章要讨论的频率补偿。

练　习　题

　　6.1　图 P6.1 是一个用运放搭建的并联并联反馈电路。电路参数为:$R_F = 1\ \text{M}\Omega$ 和 $R_L = 10\ \text{k}\Omega$。运放参数为:输入电阻 $r_i = 170\ \text{k}\Omega$、输出电阻 $r_o = 15\ \text{k}\Omega$ 和电压增益 $A_v = 1.3 \times 10^5$。要求计算电路的输入和输出阻抗、环路增益,以及低频下的反馈放大器总增益。

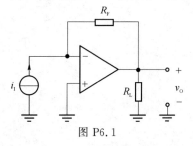

图 P6.1

6.2 对于图 6.2(a)中的基本放大器传递特性,使用参数: $x_{o1}=7\text{ V}$ 和 $A_1=5\times10^4$、$A_2=2\times10^4$。(a)如果把图 6.2(a)中的放大器置于 $\beta=10^{-4}$ 的反馈电路中,要求计算 A_{CL1} 和 A_{CL2} 并画出像图 6.2(b)中的传递曲线;(b)把 $\beta=10^{-4}$ 改为 $\beta=0.1$,再做(a)中的计算并画出曲线图。

6.3 图 P6.3 是一个并联并联反馈放大器的交流等效电路。电路参数为: $R_F=100\text{ k}\Omega$ 和 $R_L=15\text{ k}\Omega$。MOS 管参数为: $I_D=0.5\text{ mA}$、$W/L=100$、$k'=180\ \mu\text{A/V}^2$ 和 $r_o=\infty$。要求计算:(a)环路增益 $A\beta$;(b)闭环增益 A_{CL};(c)输入电阻 R_i 和输出电阻 R_o。(提示:使用 Y 参数双向二端口网络,其中,$y_{11}=1/R_F$,$y_{12}=-1/R_F$,$y_{22}=1/R_F$,略去 y_{21}。)

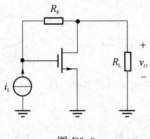

图 P6.3

6.4 在图 P6.4 的同相放大器中,$R_1=1\text{ k}\Omega$ 和 $R_2=5\text{ k}\Omega$;运放参数为:$r_i=1\text{ M}\Omega$、$r_o=100\ \Omega$ 和 $A_v=1\times10^4$。要求确定:(a)是哪种反馈结构;(b)输入电阻、输出电阻、环路增益和闭环增益。

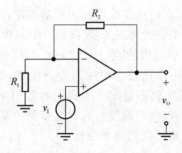

图 P6.4

6.5 一个放大器有低频增益 4×10^4,它的传递函数有三个负实数极点,大小分别为 2 kHz、200 kHz 和 4 MHz。(a)如果把放大器接成一个 β 为常数的反馈回路,使闭环低频增益 $A_{CL0}=400$,计算此时的相位裕度;(b)如果 A_{CL0} 依次为 200 和 100,重做(a)中的计算。

第 7 章　频 率 补 偿

第 6 章说明了如何判定反馈系统的稳定性,并讲了两个概念:**环路增益**和**奈奎斯特判据**。把环路增益和奈奎斯特判据合起来,就可以判定反馈放大器的稳定性:如果环路增益 $T(j\omega)$ 在相移等于$-180°$的频率点的幅值 $|T(j\omega)| \geqslant 1$,这个反馈放大器是不稳定的。对于不稳定或稳定性不好(即过冲和振铃太大)的放大器就要做电路修改,这就是本章要讨论的**频率补偿**。

本章介绍 3 种常用的频率补偿方法:**主极点补偿**、**幅值补偿**和**超前补偿**。其中,主极点补偿和幅值补偿是使环路增益的幅值曲线 $|T(j\omega)|$ 在较低的频率点穿越 0 dB 水平线;当位于穿越频率点右侧的高频极点起作用时,环路增益的幅值 $|T(j\omega)|$ 早已小于 0 dB 了(虽然穿越频率点越低,补偿效果越好,但太低的穿越频率点会损失太多的带宽。所以,补偿是一种恰到好处的折中)。而超前补偿方法是把次主极点推向更高的频率区,以此提高相移等于$-135°$的频率点,改善电路的稳定性。本章的最后将证明同相放大器和反相放大器有相同的环路增益。

7.1　主极点补偿

主极点补偿是指通过补偿使电路中只存在一个低频极点,其他极点都在高频区。这个低频极点就叫**主极点**,因为它对电路的频率特性起到主导作用。

主极点补偿有两种方法:一种方法是在输出端并联一个大电容;另一种方法是利用 Miller 电容把原先的一个高频极点移到低频区,变成电路的主极点。输出端并联大电容的方法属于**外部补偿**(在运放使用时接在外面);利用 Miller 电容的方法属于**内部补偿**(在运放制造时做在内部)。

7.1.1　利用负载电容的主极点补偿

图 7.1(a)表示利用负载电容的主极点补偿[Carter,p73]。图中的电路是一个同相放大器,$A_d(s)$ 是运放的差分增益,r_o 是运放的输出电阻,C_L 是接在运放输出端的补偿电容。环路增益 $A\beta$ 是从运放的同相输入端经过运放和 R_2 回到反相输入端的总增益。为计算环路增益,我们把图 7.1(a)画成图 7.1(b)中的等效电路,并把断点设在运放的反相输入端。V_t 是加在同相输入端的试验电压,而运放的受控源可写为 $A_d(s)V_t$(此时的反相输入端应看作交流地);V_r 为返回电压。

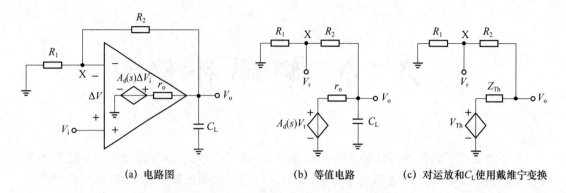

(a) 电路图　　　　　　　(b) 等值电路　　　(c) 对运放和C_L使用戴维宁变换

图 7.1　用负载电容的主极点补偿

把图 7.1(b)中的 C_L、r_o 和 $A_d(s)V_t$ 替换成戴维南等效电路,得到图 7.1(c)中的电路,其中 V_{Th} 和 Z_{Th} 分别为戴维南等值电压源和阻抗,并可计算为

$$V_{Th} = \frac{A_d(s)V_t}{1 + sr_oC_L} \tag{7.1}$$

$$Z_{Th} = \frac{r_o}{1 + sr_oC_L} \tag{7.2}$$

返回电压 V_r 可计算为

$$V_r = V_{Th}\frac{R_1}{Z_{Th} + R_1 + R_2} = \frac{A_d(s)V_t}{1 + sr_oC_L} \cdot \frac{R_1}{\dfrac{r_o}{1 + sr_oC_L} + R_1 + R_2} \tag{7.3}$$

从式(7.3)可以得到环路增益 $A\beta$ 的表达式

$$A\beta \equiv \frac{V_r}{V_t} = \frac{A_d(s)}{1 + sr_oC_L} \cdot \frac{R_1}{\dfrac{r_o}{1 + sr_oC_L} + R_1 + R_2} \tag{7.4}$$

由于返回电压 V_r 位于运放反向输入端之前,式(7.4)中 V_r/V_t 的前面就不需加负号〔与式(6.35)不同〕。

通常 $r_o \ll (R_1 + R_2)$,使式(7.4)最右边分母中的 $r_o/(1 + sr_oC_L)$ 可以略去,式(7.4)简化为

$$A\beta = \frac{A_d(s)}{1 + sr_oC_L}\frac{R_1}{R_1 + R_2} \tag{7.5}$$

运放一般可以表示为二阶系统

$$A_d(s) = \frac{A_{d0}}{\left(1 + \dfrac{s}{\omega_1}\right)\left(1 + \dfrac{s}{\omega_2}\right)} \tag{7.6}$$

式中,ω_1 和 ω_2 为运放的两个极点频率,A_{d0} 为运放的低频电压增益。

把式(7.6)代入式(7.5),得到想要的环路增益表达式

$$A\beta = \frac{R_1}{R_1 + R_2} \cdot \frac{A_{d0}}{\left(1 + \dfrac{s}{\omega_{DP}}\right)\left(1 + \dfrac{s}{\omega_1}\right)\left(1 + \dfrac{s}{\omega_2}\right)} \tag{7.7}$$

式中,$\omega_{DP} = 1/(r_oC_L)$ 为电路的主极点频率。式(7.7)就是主极点补偿电路的**稳定性方程**。

补偿是依靠负载电容 C_L 和输出电阻 r_o 实现的。

图 7.2 中的实线表示图 7.1 中的电路未接 C_L 时的环路增益 $A\beta$ 曲线。从虚垂线 A 看，大约只有 15° 的相位裕度，电路不太稳定。我们通过增加一个足够大的负载电容 C_L，在低频区放置了主极点 ω_{DP}，使电路可以在较低的频率点穿越 0 dB，如图 7.2 中的粗虚线所示。从虚垂线 B 看，现在的相移大约为 $-140°$，这等于 40° 的相位裕度，电路变得比较稳定了。这就是主极点补偿的结果。这里的关键是选择一个恰当的主极点频率 ω_{DP}。主极点太低，会过分损失带宽；主极点太高，会补偿不足。

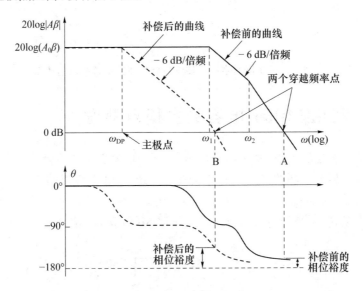

图 7.2　主极点补偿前后的环路增益伯德图〔其中 $A_0 = A_{d0}R_1/(R_1 + R_2)$〕

例题 7.1　要求对一个运放通过放置低频主极点进行单位增益补偿，并得到 45° 的相位裕度。运放有低频增益 $A_{d0} = 3\,600$，它的 3 个极点频率分别为 $f_{p1} = 1\,\text{MHz}$、$f_{p2} = 4\,\text{MHz}$ 和 $f_{p3} = 40\,\text{MHz}$。假设放置低频主极点不会改变原先的 3 个极点频率。

单位增益补偿（即 $\beta = 1$）和 45° 的相位裕度表示，当补偿后的环路增益幅值到达 0 dB 时，相移应该为 $-135°$。所以，需要放置的低频主极点的位置应该使环路增益以 -6 dB/倍频的速率下降，并在到达 0 dB 时的频率刚好等于 f_{p1}。这可以计算为

$$f_{DP} = \frac{f_{p1}}{A_{d0}} = \frac{1 \times 10^6}{3\,600}\,\text{Hz} = 278\,\text{Hz}$$

上式的意思是，放置在 278 Hz 的低频主极点 f_{DP} 使环路增益从 278 Hz 开始以 -6 dB/倍频的斜率下降。当频率到达 $f_{p1} = 1\,\text{MHz}$ 时，已经走过了大约 12 个倍频，此时环路增益的衰减量等于 $12 \times (-6) = -72$ dB。而 72 dB $= 3\,980 \approx 3\,600$，这刚好使运放在频率到达 f_{p1} 时的开环增益下降到 0 dB。而此时的相移刚好等于 $-135°$（由于主极点 f_{DP} 远离 f_{p1}），也就是 45° 的相位裕度。图 7.3 表示运放在补偿前后的环路增益曲线。由于要求 $\beta = 1$（即单位增益补偿），环路增益 $A_d\beta$ 就等于运放的开环增益 A_d。此外，由于运放的第二个极点 f_{p2} 离第一个极点 f_{p1} 比较近，低频主极点的频率 f_{DP} 还应略低一些。

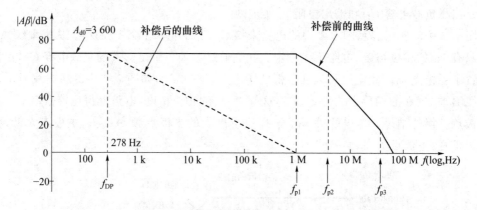

图 7.3 一种实际的主极点补偿前后的环路增益幅值伯德图

7.1.2 利用 Miller 电容的主极点补偿

上面讨论的负载电容补偿,由于电容量很大(下面的例题 7.2 将计算这个电容量),一般只用于外部补偿。运放内部的主极点补偿都是用 Miller 电容实现的。由于 Miller 效应依靠很高的电压增益,所以总是放在运放的增益级内,如图 7.4(a) 所示[Sedra]。图中的增益级是一个共源放大级,有很高的电压增益。现在先把 MOS 管 M_2 看成是短路的。

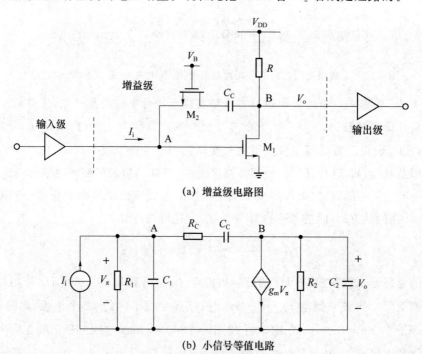

(a) 增益级电路图

(b) 小信号等值电路

图 7.4 利用 Miller 电容的主极点补偿

图 7.4(b)是图(a)中电路的小信号等效电路。图中,g_m 为 M_1 的跨导,I_i 为增益级的输入信号电流(由输入级产生),R_C 为 M_2 的电阻,这里暂时为零。R_1 和 C_1 表示 A 点与地之

间的总电阻和总电容；R_2 和 C_2 表示 B 点与地之间的总电阻和总电容。电容 C_1 除输入级的输出电容和增益级的输入电容外，还包括由增益级 MOS 管的内部电容 C_{gd} 产生的 Miller 电容，但不包括补偿电容 C_C。同样，C_2 由增益级的输出电容、输出级的输入电容和 Miller 电容组成。

从图 7.4(b) 看，在未接补偿电容 C_C 时，增益级存在两个极点，一个在输入回路，一个在输出回路。两个极点频率分别为

$$f_{p1} = \frac{1}{2\pi R_1 C_1} \tag{7.8}$$

$$f_{p2} = \frac{1}{2\pi R_2 C_2} \tag{7.9}$$

接入补偿电容 C_C 后，图 7.4(b) 变得比较复杂，但可以把补偿电容 C_C 两侧的电路分别用戴维南等效变换简化。左边电路的简化过程如图 7.5(a) 所示，其中的戴维南等效阻抗 Z_i 和等值电压源 V_i 可分别写为

$$Z_i = R_1 \,\|\, \frac{1}{sC_1} = \frac{R_1}{1+sR_1 C_1} \tag{7.10}$$

$$V_i = I_i Z_i \tag{7.11}$$

对于图 7.4(b) 中 C_C 右边的电路，我们用 Z_o 表示戴维南等效阻抗，它等于 R_2 和 C_2 之并联

$$Z_o = R_2 \,\|\, \frac{1}{sC_2} = \frac{R_2}{1+sR_2 C_2} \tag{7.12}$$

右边电路的戴维南等效电压源等于电流源 $g_m V_\pi$ 流过 R_2 和 C_2 并联支路所产生的压降 $g_m V_\pi Z_o$ 之负值。这就得到图 7.5(b) 中的全电路等效电路。对于这个电路，可以写出电流表达式

$$I = \frac{V_i + g_m V_\pi Z_o}{Z_i + Z_o + \dfrac{1}{sC_C}} \tag{7.13}$$

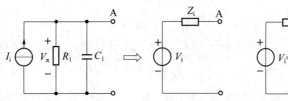
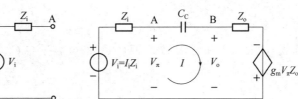

(a) C_C 左边电路的戴维宁等效变换   (b) C_C 右边电路戴维宁等效变换后的全电路

图 7.5 对图 7.4(b) 中的电路用戴维南等效变换简化

从图 7.5(b) 可知

$$V_\pi = V_i - I Z_i \tag{7.14}$$

将式 (7.14) 代入式 (7.13)，得到

$$I = \frac{V_i (1 + g_m Z_o)}{Z_i + Z_o + \dfrac{1}{sC_C} + g_m Z_i Z_o} \tag{7.15}$$

再根据图 7.5(b) 和式 (7.14)，写出输出电压表达式

$$V_o = I Z_o - g_m V_\pi Z_o = Z_o (I - g_m V_\pi) = Z_o (I + g_m I Z_i - g_m V_i) \tag{7.16}$$

将式(7.15)代入式(7.16)，得到

$$V_o = Z_o V_i \left[\frac{(1+g_m Z_i)(1+g_m Z_o)}{Z_i + Z_o + \frac{1}{sC_C} + g_m Z_i Z_o} - g_m \right] \tag{7.17}$$

再把式(7.11)代入式(7.17)，得到增益级的传递函数表达式

$$\frac{V_o}{I_i} = \frac{(sC_C - g_m)Z_i Z_o}{sC_C Z_i + sC_C Z_o + 1 + sC_C g_m Z_i Z_o} \tag{7.18}$$

最后将式(7.10)和式(7.12)代入式(7.18)，整理后得到想要的增益级传递函数表达式

$$\frac{V_o}{I_i} = \frac{(sC_C - g_m)R_1 R_2}{1 + s[R_1 C_1 + R_2 C_2 + C_C(R_1 + R_2 + g_m R_1 R_2)] + s^2[C_1 C_2 + C_C(C_1 + C_2)]R_1 R_2} \tag{7.19}$$

现在来说明式(7.19)。分子中有一个零点 $s_z = g_m/C_C$，它位于 s 平面的右半部。这个零点的主要影响是增加传递函数的相移，使电路趋于不稳定。在双极放大器的情况下，由于 g_m 很大，这个零点一般位于非常高的频率区，因而可以略去它的影响。对于 MOS 放大器，由于 g_m 很小，这个零点是需要补偿的。我们将稍后讨论这个零点的补偿，先讨论式(7.19)分母中的两个极点。

式(7.19)的分母是一个二次三项式，可以写成两个因式之积

$$D(s) = \left(1 + \frac{s}{\omega_{CP1}}\right)\left(1 + \frac{s}{\omega_{CP2}}\right) = 1 + s\left(\frac{1}{\omega_{CP1}} + \frac{1}{\omega_{CP2}}\right) + \frac{s^2}{\omega_{CP1}\omega_{CP2}} \tag{7.20}$$

式中，ω_{CP1} 和 ω_{CP2} 为 Miller 补偿后的两个新极点频率。一般来说，原先的一个极点〔比如 f_{p1}，见式(7.8)〕会向低频区移动变成主极点，我们假设 ω_{CP1} 为主极点，因此有 $\omega_{CP1} \ll \omega_{CP2}$。式(7.20)就可近似写为

$$D(s) \approx 1 + \frac{s}{\omega_{CP1}} + \frac{s^2}{\omega_{CP1}\omega_{CP2}} \tag{7.21}$$

比较式(7.21)和式(7.19)分母中的 s 项系数，可以确定

$$\omega_{CP1} = \frac{1}{R_1 C_1 + R_2 C_2 + C_C(R_1 + R_2 + g_m R_1 R_2)} \tag{7.22}$$

一般来说，$g_m R_2 \gg 1$ 和 $g_m R_1 \gg 1$，而且 C_C 的电容量与 C_1 和 C_2 比较接近。式(7.22)可近似写为

$$\omega_{CP1} \approx \frac{1}{g_m R_1 R_2 C_C} \tag{7.23}$$

再比较式(7.21)和式(7.19)分母中的 s^2 项系数，并使用式(7.23)，可得到

$$\omega_{CP2} \approx \frac{g_m C_C}{C_1 C_2 + C_C(C_1 + C_2)} = \frac{g_m}{C_1 + C_2 + \frac{C_1 C_2}{C_C}} \tag{7.24}$$

从式(7.23)和式(7.24)可知，当 C_C 增加时，ω_{CP1} 会下降而 ω_{CP2} 会增加。这就是**极点分裂**的意思。其中，ω_{CP2} 的增加是特别有好处的，因为这可以把原先的第二个极点〔比如 f_{p2}，见式(7.9)〕推向更高的频率区，从而推迟出现 $-135°$ 相移的频率点。此外，根据图 7.4 中的 Miller 效应，C_C 实际上被增加了 $g_m R_2$ 倍〔也见式(7.23)〕，变成一个非常大的电容。这就是说，实现 Miller 补偿只需一个很小的电容，因而可以在集成电路内部实现。下面的例题将对两种主极点补偿方法所需的电容量作比较。在做例题之前，我们先回到上面提到的那个

位于右半 s 平面内的零点。

式(7.19)中的零点可表示为

$$s_z = \frac{g_m}{C_C} \qquad (7.25)$$

存在这个零点,是因为图 7.4(b)中有两条从输入到输出的通路,一条通过电流源 $g_m V_\pi$,另一条通过补偿电容 C_C。这两条通路在电阻 R_2 上产生的电压是相减的,零点由此产生。零点 s_z 的问题在于:如果 $\omega_z < \omega_{CP2}$,就会改变由 ω_{CP1} 和 ω_{CP2} 确定的频率特性,使电路趋于不稳定。解决这一问题的方法是用一个电阻与 C_C 串联。下面来讨论这个串联电阻。

这个串联电阻在图 7.4(a)中表示为 MOS 管 M_2,在图 7.4(b)中表示为电阻 R_C。由于 M_2 被 V_B 偏置在三极管区,所以 R_C 不为零。但由于流过 M_2 的直流电流为零,M_2 实际上工作在原点附近,它的阻值已在前面 3.1.4 小节的例题中计算过。

如果对图 7.4(b)中包含 R_C 的电路求解,可以得到一个三次式的分母[Johns,p242],[Allen,p365]。其中,前两个极点频率与原先的两个极点频率 ω_{CP1} 和 ω_{CP2} 基本相同;第三个新极点则位于更高的频率区,对电路几乎没有影响。但零点的频率现在变为

$$\omega_Z = \frac{1}{C_C(1/g_m - R_C)} \qquad (7.26)$$

这使我们可以有几种不同的补偿选择。其中之一是取

$$R_C = 1/g_m \qquad (7.27)$$

这使 ω_Z 趋于无穷大,结果是完全消除了零点的影响。

另一种选择是使 $R_C > 1/g_m$,结果是把零点移到了左半 s 平面内。我们还可以使它与非主极点 ω_{CP2} 相互抵消。为此,只需令式(7.26)与式(7.24)相等

$$R_C = \frac{1}{g_m}\left(1 + \frac{C_1 + C_2}{C_C}\right) \qquad (7.28)$$

在式(7.28)演算中,假设 $C_C \gg C_1$ 或 $C_C \gg C_2$,并对式(7.26)取负号。这里的问题是,电容 C_2 的大小是无法事先知道的,它随负载而变,尤其是在没有输出级的电路中。此外,除上面对 C_C 用串联电阻的方法外,还可以有串联源极跟随器等补偿方法[Gray,p643]。

最后想说,在前面 3.6.1 小节的 MOS 管 Miller 效应中,我们把电容 C_{gd} 乘以低频增益后移到了输入回路,使输入回路与输出回路相互独立,方便了计算。本小节的 Miller 补偿有几乎相同的思路(但目的不同)。虽然二者都用了近似计算(几乎任何电路分析都要用近似计算),但在讨论稳定性时,我们需要精确一些的模型,这就是本小节的式(7.19)。

例题 7.2　现在对图 7.4(a)中未加 C_C 的放大器进行补偿,并对任意反馈系数(最大为 1)都是稳定的。图 7.4(b)中的电路(未加 C_C 时)有如下参数:$C_1 = 100\text{ pF}$,$C_2 = 1\text{ pF}$,$g_m = 63\text{ mA/V}$,极点 $f_{p1} = 0.1\text{ MHz}$ 是由输入回路引起的,极点 $f_{p2} = 1\text{ MHz}$ 是由输出回路引起的。使用两种补偿方法:(1)补偿电容接在 A 点与地之间;(2)补偿电容接在 A 点与 B 点之间。要求计算两种方法的补偿电容大小。

先用式(7.8)和式(7.9)分别算出图 7.4(b)中 R_1 和 R_2 的阻值

$$R_1 = \frac{1}{2\pi C_1 f_{p1}} = \frac{1}{6.28 \times 100 \times 10^{-12} \times 0.1 \times 10^6}\text{ k}\Omega = 15.9\text{ k}\Omega$$

$$R_2 = \frac{1}{2\pi C_2 f_{p2}} = \frac{1}{6.28 \times 1 \times 10^{-12} \times 1 \times 10^6}\text{ k}\Omega = 159\text{ k}\Omega$$

从图 7.4(b)算出开环放大器的低频电压增益

$$A_0 = \frac{g_m V_\pi R_2}{V_\pi} = g_m R_2 = 63 \times 10^{-3} \times 159 \times 10^3 = 10\ 017 \approx 80\ \text{dB}$$

现在可以利用算出的 80 dB 和已知的 f_{p1} 和 f_{p2} 画出未补偿放大器的开环电压增益幅值伯德图,如图 7.6 的实线所示。

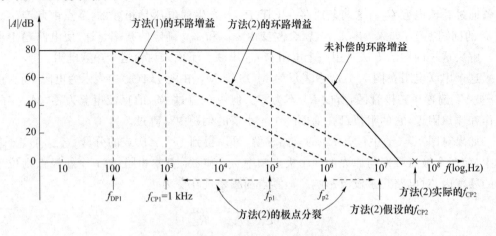

图 7.6　放大器开环电压增益的幅值伯德图

如果用方法(1),把补偿电容 C_{C1} 接在 A 点与地之间,第一个极点 f_{p1} 被移到 f_{DP1}

$$f_{DP1} = \frac{1}{2\pi(C_1 + C_{C1})R_1}$$

而第二个极点保持不变。如果取 β 为最大值 1,环路增益就等于放大器的开环增益。这样补偿之后,由于 f_{p1} 不复存在,环路增益仅取决于 A_0、f_{DP1} 和 f_{p2}。所以在确定 f_{DP1} 时,可以画一条经过点 0 dB 和 1 MHz、斜率为 -20 dB/十倍频的斜线。这条斜线与开环增益的 80 dB 水平线相交于 100 Hz 的频率点;这个 100 Hz 就是主极点频率 f_{DP1}。这条斜线的意思是:补偿后的开环增益从 $f_{DP1} = 100$ Hz 的频率点开始以 -20 dB/十倍频的斜率下降,当到达 f_{p2} 的 1 MHz 时,增益的幅值刚好下降到 0 dB。此时就有 45° 的相位裕度,电路比较稳定。而 C_{C1} 可根据上式计算为

$$C_1 + C_{C1} = \frac{1}{2\pi f_{DP1} R_1} = \frac{1}{2\pi \times 100 \times 15.9 \times 10^3}\ \mu\text{F} = 0.1\ \mu\text{F}$$

计算结果为 $C_{C1} \approx 0.1\ \mu\text{F}$,这是一个非常大的电容,很难做入集成电路。用方法(1)后,原先的极点 $f_{p1} = 0.1$ MHz 被左移后变成主极点 $f_{DP1} = 100$ Hz,原先的极点 $f_{p2} = 1$ MHz 保持不变,如图 7.6 所示。

如果用方法(2),把补偿电容 C_{C2} 接在增益级的输入与输出之间,原先的两个极点就会背向而行,分别移至式(7.23)和式(7.24)所确定的两个频率点。为了确定第一个极点移动到的位置,先要知道第二个极点移动到的频率点 f_{CP2}。考虑到 C_{C2} 与 C_2 的容量比较接近,我们假设 $C_{C2} = C_2$,再用式(7.24)算出

$$f_{CP2} \approx \frac{g_m}{2\pi(2C_1 + C_2)} = \frac{63 \times 10^{-3}}{6.28 \times (2 \times 100 + 1) \times 10^{-12}} = \frac{63 \times 10^9}{6.28 \times 201}\ \text{MHz} = 49.9\ \text{MHz}$$

为方便作图,我们选择 $f_{CP2} = 10$ MHz(比 49.9 MHz 小很多,是更严格的条件),然后画一条

穿越 10 MHz 和 0 dB、斜率等于－20 dB/十倍频的斜线,以此确定出 $f_{CP1}=1$ kHz。这个意思与上面的方法(1)相似,即补偿后的开环增益幅值从 $f_{CP1}=1$ kHz 的频率点开始以－20 dB/十倍频的斜率下降;当到达 f_{CP2} 的 10 MHz 时仍有 45°的相位裕度。再用式(7.23)计算 C_{C2}

$$C_{C2}=\frac{1}{2\pi f_{CP1}g_m R_1 R_2}=\frac{1}{6.28\times 10^3\times 63\times 10^{-3}\times 15.9\times 10^3\times 159\times 10^3}\text{ pF}=1\text{ pF}$$

这个 C_{C2} 确实要比方法(1)中的 $C_{C1}=0.1$ μF 小很多,而且与 C_2 的容量相近。用方法(2)得到的两个极点是 $f_{CP1}=1$ kHz(主极点)和 $f_{CP2}=49.9$ MHz,如图 7.6 所示。

归纳起来说,由于 Miller 效应的原因,方法(2)的补偿电容可以用得很小。再由于极点分裂的原因,方法(2)的低频主极点 f_{CP1} 要比方法(1)的 f_{DP1} 高出 10 倍。这样的好处是,提高了补偿后放大器的带宽;而方法(1)则无法提高主极点频率。此外,用方法(2)得到的第二极点的 49.9 MHz 频率又要比作图时使用的 10 MHz 高很多,所以实际的情况要比图中的更有利,即实际的相位裕度要大于 45°。◄

7.2 幅 值 补 偿

我们仍然用图 7.1(a)中的同相放大器电路,但负载电容 $C_L=0_{[Carter,p75]}$。环路增益 $A\beta$ 等于图中从运放的同相输入端到 X 点的总增益,并可根据式(7.5)写为

$$A\beta=\frac{R_1}{R_1+R_2}A_d(s) \tag{7.29}$$

式(7.29)中略去了输出电阻 r_o,因为 $r_o\ll(R_1+R_2)$ 以及 $C_L=0$。

现在令 $R_1=R_2$,使运放的反馈系数 $\beta=0.5$,而电路的低频闭环增益 $V_o/V_i\approx 2$。假设运放的低频开环增益为 100 dB;这就可以由式(7.29)算出低频下的环路增益为 $A_0\beta=94$ dB。我们仍然假设图 7.1(a)中的运放有两个频率为 ω_1 和 ω_2 的极点,所以环路增益 $A\beta$ 的幅值伯德图就像图 7.7(a)中实线的样子。环路增益在穿越 0 dB 时的相移大约为－160°,只有 20°的相位裕度,稳定性较差。

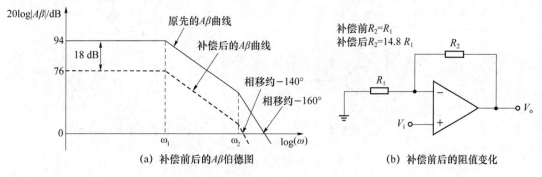

图 7.7 用幅值补偿提高电路稳定性

如果把图 7.7(a)中用实线表示的 $A\beta$ 伯德图向下平移一段距离,比如 18 dB,就得到用虚线表示的 $A\beta$ 伯德图。当这条虚线穿越 0 dB 时,它的相移从原先的－160°减小到了大约－140°,这就有 40°的相位裕度,电路变得比较稳定了。把 $A\beta$ 伯德图从实线位置下移到虚线

位置,这就叫**幅值补偿**。幅值补偿是通过降低环路增益在低频区的幅值实现的(图 6.16 有相似的情况)。

降低 $A\beta$ 的幅值,可以在式(7.29)中减小分子或加大分母,这等于减小 R_1 或增加 R_2(实际上是降低 β)。对于图 7.7(a)中的虚线,可以写出低频下的等式

$$20\log\left(\frac{10^5 R_1}{R_1+R_2}\right)=76 \text{ dB} \tag{7.30}$$

式(7.30)中的 10^5 为运放的低频差分增益 A_0,所以式(7.30)括号内的是低频下的环路增益。从式(7.30)解得

$$\frac{R_2}{R_1}=14.8 \tag{7.31}$$

式(7.31)表示,原先 R_2 与 R_1 的比值为 $1:1$,现在变成了 $14.8:1$。这使放大器的闭环增益从原先的 2 增加到了现在的 15.8。补偿前后的阻值示于图 7.7(b)中。

幅值补偿可以同时用于同相放大器和反相放大器。它是通过修改运放的外部电阻实现的,所以属于**外部补偿**。幅值补偿是一种既简单又安全的方法。如果运放可以工作在较高的闭环增益下,这种外部补偿方法是最佳选择。而这里还验证了我们经常提到的一个要点:$\beta=1$ 的环路是最不易稳定和最难补偿的。

7.3　超前补偿

超前补偿是指通过补偿使相位提前的方法[Carter, p76]。相位提前后,相位裕度就增加,系统的稳定性也就增加。超前补偿可以有几种方法,本节讨论用电容与反馈电阻并联的方法,所以也是一种外部补偿。从极点的位置看,这个电容使电路中的次主极点向高频区移动,拉开了与主极点的距离,以此增加相位裕度,改善稳定性。图 7.8(a)就表示这样一个超前补偿电路。这是一个反相放大器电路,C 为补偿电容。

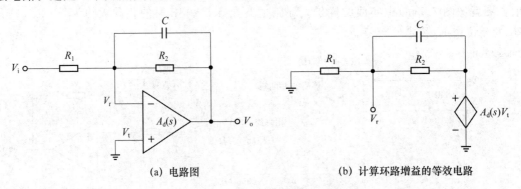

(a) 电路图　　　　　　　　(b) 计算环路增益的等效电路

图 7.8　反相放大器的超前补偿

在计算环路增益时,我们将反馈回路在运放反相输入端断开,而环路增益也是从同相输入端经过运放和反馈回路回到反相输入端的总增益。这就得到图 7.8(b)中的等效电路。图中,V_t 为加在同相输入端的试验电压(反相输入端需看作接地);V_r 为返回电压,并可计算为

$$V_r = A_d(s)V_t \frac{R_1}{R_1 + [R_2 \parallel 1/(sC)]} = A_d(s)V_t \frac{R_1}{R_1 + R_2} \frac{1 + sR_2C}{1 + sC(R_1 \parallel R_2)} \quad (7.32)$$

将 $A_d(s)$ 用运放的二阶模型代替后,得到环路增益

$$A\beta = \frac{V_r}{V_t} = \frac{R_1}{R_1 + R_2} \frac{A_{d0}}{(1 + s/\omega_1)(1 + s/\omega_2)} \frac{1 + sR_2C}{1 + s(R_1 \parallel R_2)C} \quad (7.33)$$

式(7.33)最右边的分式表示,补偿电容 C 对电路引入了一个极点 $-1/[(R_1 \parallel R_2)C]$ 和一个零点 $-1/(R_2C)$。由于 R_2 总是大于 $R_1 \parallel R_2$,所以零点频率 $1/(R_2C)$ 总是低于极点频率 $1/[(R_1 \parallel R_2)C]$。

当这个零点被恰当放置时,可以对 ω_2 极点起到抵消作用。图7.9中的实线表示原先的 $A\beta$ 频率曲线,虚线表示补偿后的 $A\beta$ 曲线。由于零点 $1/(R_2C)$ 被放置在 $\omega = \omega_2$,使 ω_2 极点被完全抵消,伯德图则继续以 -20 dB/十倍频的斜率下降。当频率到达极点频率 $1/[(R_1 \parallel R_2)C]$ 时,伯德图才变成 -40 dB/十倍频的斜率。这样补偿的结果是,推迟了伯德图穿越 0 dB 的频率值,因而减小了穿越 0 dB 水平线时的相位。在图7.9中,补偿后的 $A\beta$ 曲线穿越 0 dB 时的相位比较接近 $-135°$,而原先的实线 $A\beta$ 穿越 0 dB 时的相位可以在 $-160°$ 附近。所以,**超前补偿**是把频率较高的次主极点 ω_2 移向更高的频率区,以拉大与主极点 ω_1 的距离。当两个低频极点之间的距离拉大时,电路的相移变小,电路趋于更稳定。

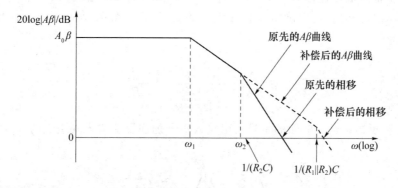

图 7.9　超前补偿电路的 $A\beta$ 幅值伯德图

7.4　同相与反相放大器的环路增益

在本章前面的讨论中都使用了同相放大器,因为输入信号可以直接加在同相输入端上;反相放大器做不到这一点。所以用同相放大器可以使分析简单。不过,两者的环路增益是相同的(这表示,用同相放大器得到的分析结果,同样适用于反相放大器)。本节来说明这一点。

从图4.6可以写出同相放大器的传递函数

$$\frac{V_o}{V_i} = \frac{A_d}{1 + \dfrac{A_d R_1}{R_1 + R_2}} \quad (7.34)$$

式中,A_d 为运放的差分电压增益,且不为无穷大。如果 $A_d \to \infty$,就得到理想情况下同相放大器的增益表达式 $A_{CL}(\infty) = 1 + R_2/R_1$,也见式(4.11)。

把式(7.34)与式(6.5)比较后,可以得到同相放大器的环路增益表达式

$$A\beta = \frac{A_d R_1}{R_1 + R_2} \qquad (7.35)$$

从式(7.34)还可以容易地看出:$A = A_d$ 和 $\beta = R_1/(R_1 + R_2)$。所以,同相放大器的 A、β 和环路增益 $A\beta$ 都是很容易识别的。

再根据图 4.3 写出反相放大器的传递函数

$$\frac{V_o}{V_i} = \frac{-\dfrac{A_d R_2}{R_1 + R_2}}{1 + \dfrac{A_d R_1}{R_1 + R_2}} \qquad (7.36)$$

式中,A_d 同样是运放的差分电压增益,且同样不为无穷大。如果 $A_d \to \infty$,就得到理想情况下反相放大器的增益表达式 $A_{CL}(\infty) = -R_2/R_1$,也见式(4.3)。

把式(7.36)与式(6.5)比较后,可以得到反相放大器的环路增益表达式

$$A\beta = \frac{A_d R_1}{R_1 + R_2} \qquad (7.37)$$

比较式(7.37)和式(7.35)可知,反相放大器和同相放大器确实有相同的环路增益,而且都等于从运放同相输入端经过运放和反馈网络回到反相输入端的总增益。

最后,从式(7.36)还可以确定反相放大器的 A 等于 $-A_d R_2/(R_1 + R_2)$,而反相放大器的 β 可计算为

$$\beta = \frac{A\beta}{A} = \frac{\dfrac{A_d R_1}{R_1 + R_2}}{-\dfrac{A_d R_2}{R_1 + R_2}} = -\frac{R_1}{R_2} \qquad (7.38)$$

开环增益 A 和反馈系数 β 前面的负号是由输入信号加在反相输入端引起的。

7.5　小　　结

本章介绍了几种常用的频率补偿方法。利用负载电容的主极点补偿是电路设计中经常用到的,因为这种补偿方法很容易实现。虽然负载电容有时会使运放变得不稳定,但适当大的负载电容总可以使电路变得稳定。另一种主极点补偿是 Miller 电容补偿。这种补偿方法由于只需很小的电容而经常被用作内部补偿。

幅值补偿是最简单的,它的做法是降低环路增益在低频区的幅值,使幅值曲线可以在较低的频率点穿越 0 dB 水平线,以减少相移。当低频区的环路增益降低时,电路的闭环增益被提高了。超前补偿是把一对低频极点中的频率较高者推向更高的频率区,使相位裕度增加,放大器趋于更稳定。然而,频率补偿的一个缺点是会损失放大器的带宽,但这些带宽中的大部分是闭环放大器所无法使用的,尤其是在做 $\beta = 1$ 的单位增益补偿时。本章给出的补偿技术可以应对大多数的稳定性问题。当遇到新的难题时,读者可以利用这里描述的方法,发明自己的补偿技术。

练 习 题

7.1 想用主极点补偿法对一个运放进行单位增益补偿(即补偿后的闭环增益等于 1)以获得 45°的相位裕度,要求计算主极点频率。运放的低频增益 $A_0 = 3\ 600$,且有三个极点: $-p_1/2\pi = 1\ \text{MHz}$、$-p_2/2\pi = 4\ \text{MHz}$ 和 $-p_3/2\pi = 40\ \text{MHz}$。

7.2 一个放大器有低频增益 5×10^3,它的传递函数有三个负实数极点,大小分别为 300 kHz、2 MHz 和 25 MHz。(a)如果对放大器进行单位增益补偿,且有 45°的相位裕度,要求计算主极点的大小(假设原先的极点在补偿后未发生改变)。接成反馈回路后的带宽是多少?(b)如果补偿后的反馈回路有 20 dB 的闭环增益和 45°的相位裕度,重做(a)中的计算。

7.3 一个运放有 108 dB 的低频电压增益,补偿前有三个负实数极点,大小分别为 30 kHz、500 kHz 和 10 MHz。电路用一个跨接在第二级的电容进行补偿,使原先的第二主极点由于极点分裂向高频区移动而可以忽略。假设第二级的小信号跨导为 6.39 mA/V,它的输入和输出到地之间的小信号电阻分别为 1.95 MΩ 和 86.3 kΩ。要求计算:(a)当接成增益等于 1 的反馈回路时,能达到 60°相位裕度的电容值;(b)这样补偿后的电路在开环增益等于 0 dB 时的频率值。假设位于 10 MHz 的极点未受补偿影响。

第8章 滤 波 器

本章介绍**有源滤波器**和**开关电容滤波器**。有源滤波器是指用运算放大器和电阻、电容等元件搭建的滤波电路。有源滤波器有两种分类法。一种是按滤波器的**频率特性**来分，可以分为低通、高通、带通和带阻滤波器。另一种是按**传递函数**来分，可以有巴特沃斯、切比雪夫、椭圆和贝塞尔等滤波器。开关电容滤波器的特点是用电容代替电阻，因而可以与集成电路做在一起。

本章先说明滤波器的性能指标和传递函数，然后说明低通、高通、带通和带阻有源滤波器的设计方法，最后简要说明开关电容滤波器的特性和设计方法。

8.1 滤波器的性能指标

滤波器的主要特性表现为对信号中各频率成分的选择性：使需要的频率成分通过，不需要的频率成分阻挡在外。**理想滤波器**的特点是，通带内是一条高度等于 1 的水平线，阻带内是一条高度等于零的水平线，从通带到阻带是直上直下的，没有过渡带。这样的理想滤波器也被称为**砖墙滤波器**，是无法实现的。实际滤波器的频率特性如图 8.1 所示。图中以低通滤波器为例；对于高通、带通和带阻滤波器，情况是相似的。

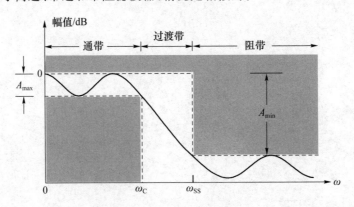

图 8.1　低通滤波器的指标

在图 8.1 中，实际滤波器在通带内的幅度是有波动的，我们要求波动范围不超过 A_{max}。A_{max} 一般在 0.1 dB 至 3 dB 的范围。对于阻带内的频率成分，实际滤波器无法把它们全部滤除，这在图中表示为 A_{min}。意思是，对阻带内的频率成分至少要衰减 A_{min}。A_{min} 一般在 -20 dB 至 -80 dB 的范围。

对于过渡带，实际滤波器必须有一个宽度。图 8.1 中的 $\omega_{ss} - \omega_c$ 就是过渡带的宽度，其

中 ω_C 为通带截止频率，ω_{ss} 为阻带起始频率。我们通常要求过渡带尽可能窄，并用比值 ω_{ss}/ω_C 来表示，比如 ω_{ss} 是 ω_C 的两倍或十倍等。

当滤波器的频率特性被确定后，就可以选择滤波器的传递函数和阶数。满足设计要求的滤波器的频率曲线应该全部位于图 8.1 中用虚线框出的区域内。

8.2 滤波器的传递函数

滤波器的**传递函数**用来确定滤波器的**频率特性**。本节讨论巴特沃斯和切比雪夫滤波器的传递函数，因为这两种滤波器是最常用的。椭圆滤波器有很窄的过渡带，贝塞尔滤波器有比较接近线性的相移，但二者一般很少使用。

8.2.1 巴特沃斯滤波器

巴特沃斯(低通)滤波器频率响应的幅值可表示为

$$|T(j\omega)| = \frac{1}{\sqrt{1 + (\omega/\omega_C)^{2N}}} \tag{8.1}$$

式中，ω_C 为滤波器的截止频率，N 为滤波器的阶数。当 $\omega = \omega_C$ 时，滤波器频率响应的幅值为

$$|T(j\omega_C)| = \frac{1}{\sqrt{2}} \approx 0.707 \tag{8.2}$$

用式(8.1)可以画出滤波器频率响应的幅值曲线，如图 8.2(a)所示。图中的曲线表示：巴特沃斯滤波器在通带内有最平坦的幅值响应(**最平坦**是指曲线在 $\omega=0$ 处的各阶导数都等于零)。在截止频率 ω_C 处，幅值下降到了低频时的 0.707，即 -3 dB。在过渡带和阻带内，幅值随频率的增加而下降并趋于零。过渡带和阻带内的渐近滚降率可以从式(8.1)算出

$$A_s(\omega) = 20\log\left[\frac{1}{\sqrt{1 + (\omega/\omega_C)^{2N}}}\right] = -10\log\left[1 + (\omega/\omega_C)^{2N}\right] \approx -20N\log(\omega/\omega_C) \text{ (dB)} \tag{8.3}$$

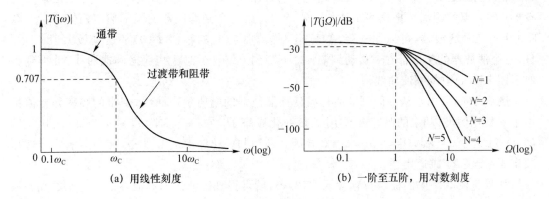

图 8.2 巴特沃斯滤波器的幅值曲线

式(8.3)表示，巴特沃斯滤波器在过渡带和阻带内的滚降率趋于 $-20N$ dB/十倍频。根据阻

带内最小衰减量 $A_{\min}$ 的要求,就可以用式(8.3)来确定巴特沃斯滤波器的阶数。实际上,当频率比截止频率大很多时,任何类型的滤波器都接近以式(8.3)给出的滚降率。所以,高频区的滚降率与传递函数无关,仅取决于滤波器的阶数。

与一般线性系统的传递函数一样,巴特沃斯滤波器的传递函数也可以表示为一个分式

$$T(s) = \frac{\omega_C^N}{(s - s_{p1})(s - s_{p2})\cdots(s - s_{pN})} \tag{8.4}$$

式中,s_{p1} 至 s_{pN} 为滤波器的 N 个极点,ω_C 仍是滤波器的截止频率。由于式(8.4)中的分子是常数,所以巴特沃斯滤波器没有零点;这叫**全极点滤波器**。模拟滤波器一般都采用全极点模型,因为全极点模型比较容易计算,而且极点比零点有更好的滤波效果。

图 8.3 表示 $N=2$、3 和 4 阶的巴特沃斯滤波器的极点位置。这些极点都是均匀地分布在半径等于 ω_C 的负半个圆周上。当 $N=2$ 时,滤波器的两个极点 s_{p1} 和 s_{p2} 是一对共轭复数 $s_{p1,2} = -\omega_C(0.707 \pm j0.707)$。当 $N=3$ 时,极点 s_{p1} 和 s_{p3} 是一对共轭复数 $s_{p1,3} = -\omega_C(0.5 \pm j0.866)$,$s_{p2} = -\omega_C$ 是实数。当 $N=4$ 时,极点 s_{p1} 和 s_{p4} 是一对共轭复数 $s_{p1,4} = -\omega_C(0.383 \pm j0.924)$,极点 s_{p2} 和 s_{p3} 是另一对共轭复数 $s_{p2,3} = -\omega_C(0.924 \pm j0.383)$。由此可以推算出,一阶巴特沃斯滤波器的极点位置应该在 $s_p = -\omega_C$。

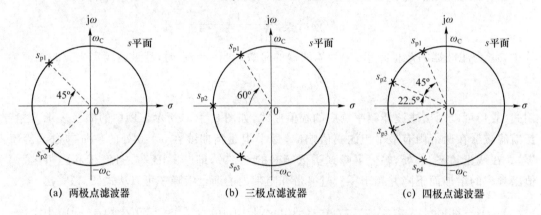

(a) 两极点滤波器　　　　　　(b) 三极点滤波器　　　　　　(c) 四极点滤波器

图 8.3　巴特沃斯滤波器的极点位置

我们可以让 s 从原点沿着虚轴(此时 $s = j\omega$)逐渐移动到 ∞,并在每个频率点上记录下从各极点到 s 点的距离。把这些距离代入式(8.4),就可得到滤波器的频率响应幅值。对于图 8.3 中的三个滤波器,可以用式(8.4)算出当 s 在原点时的幅值 $T(0)$ 都达到最大值 1。而且,三个滤波器的幅值都在 s 移动到 $j\omega_C$ 时下降到 0.707。把这些数据画成曲线,就得到类似于图 8.2(a)中的幅值曲线。

图 8.2(b)给出了从一阶到五阶巴特沃斯滤波器的幅值响应曲线,图中的频率和幅值都用了对数比例尺;其中的频率还使用了**归一化频率** Ω,它等于实际频率 ω 与 ω_C 之比。比如,$\Omega = 1$ 表示 $\omega = \omega_C$,$\Omega = 0$ 表示 $\omega = 0$ 等等。使用归一化频率的好处是,使频率响应与截止频率 ω_C 无关,变成通用型。

如果把图 8.3 中的极点位置代入式(8.4),就可得到巴特沃斯滤波器的传递函数和滤波系数。比如,图 8.3(a)中二阶滤波器的两个极点为 $s_{p1,2} = -\omega_C(0.707 \pm j0.707)$。把它们代入式(8.4)后(取归一化频率 $\omega_C = 1$),可得到分母 $s^2 + 1.414\,2s + 1$,其中的 1、1.414 2 和 1 就是巴特沃斯二阶滤波器的三个系数。用同样的方法可以算出其他各阶滤波器的系数。把这

些系数归纳成表格,就得到像表 8.1 那样的巴特沃斯滤波器系数表[Carter,p301]。表 8.1 给出了从一阶到五阶的巴特沃斯滤波器系数。

表 8.1　巴特沃斯滤波器系数

一阶滤波器	$1+s$
二阶滤波器	$1+1.414\ 2s+s^2$
三阶滤波器	$(1+s)(1+s+s^2)$
四阶滤波器	$(1+1.847\ 4s+s^2)(1+0.765\ 4s+s^2)$
五阶滤波器	$(1+s)(1+1.618\ 0s+s^2)(1+0.618\ 0s+s^2)$

8.2.2　切比雪夫滤波器

切比雪夫(低通)滤波器频率响应的幅值可写为

$$|T(\mathrm{j}\omega)| = \frac{1}{\sqrt{1+\varepsilon^2\cos^2[N\cos^{-1}(\omega/\omega_C)]}}, \quad \omega < \omega_C \tag{8.5}$$

和

$$|T(\mathrm{j}\omega)| = \frac{1}{\sqrt{1+\varepsilon^2\cosh^2[N\cosh^{-1}(\omega/\omega_C)]}}, \quad \omega \geqslant \omega_C \tag{8.6}$$

式(8.5)表示通带内的特性,式(8.6)表示过渡带和阻带内的特性(其中的 cosh 为双曲余弦函数),ω_C 为通带的截止频率,N 为滤波器的阶数,参数 ε 用来调节通带内的纹波大小。当 $\omega=\omega_C$ 时,滤波器频率响应的幅值为

$$|T(\mathrm{j}\omega_C)| = \frac{1}{\sqrt{1+\varepsilon^2}} \tag{8.7}$$

式中,当 $\varepsilon=1$ 时,幅值下降了 3 dB。这就是一般滤波器在截止频率点的衰减量。

把式(8.5)和式(8.6)合起来,就可画出滤波器频率响应的幅值曲线,如图 8.4 所示。切比雪夫滤波器的特点是,在通带内有等纹波的响应,在通带外呈单调下降并趋于零。奇数阶滤波器的 dc 幅值 $T(0)=1$,偶数阶滤波器的 $T(0)<1$,具体与 ε 有关。但无论是奇数阶还是偶数阶,通带内达到最大值和最小值的次数都等于滤波器的阶数 $N(\omega_C$ 处除外)。滤波器在阻带内的滚降率与前面巴特沃斯滤波器的式(8.3)相同,因为滚降率与传递函数无关,仅取决于滤波器的阶数 N。

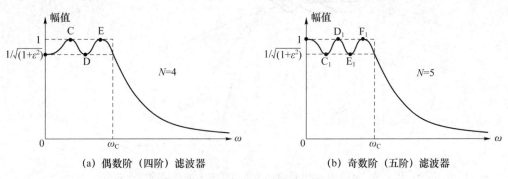

(a) 偶数阶(四阶)滤波器　　　　　　(b) 奇数阶(五阶)滤波器

图 8.4　切比雪夫滤波器的幅值曲线

切比雪夫滤波器的传递函数也可以表示为一个分式

$$T(s) = \frac{\omega_C^N}{\varepsilon 2^{N-1}(s - s_{p1})(s - s_{p2})\cdots(s - s_{pN})} \tag{8.8}$$

式中，s_{p1} 至 s_{pN} 为滤波器的 N 个极点。切比雪夫滤波器也是全极点滤波器。

与巴特沃斯滤波器不同的是，切比雪夫滤波器的极点是均匀地分布在左半 s 平面内的半个椭圆上，如图 8.5 所示。椭圆（用虚线表示）的长、短轴分别为 a 和 b，而 a 与 b 的比值确定了滤波器在通带内的纹波大小。b 越小，通带内的纹波越大，过渡带内的衰减量也越大。

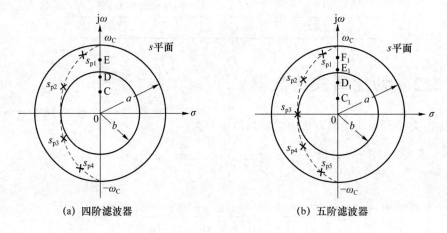

(a) 四阶滤波器　　　　　(b) 五阶滤波器

图 8.5　切比雪夫滤波器的极点位置

在图 8.5(a) 中，如果令 s 从原点沿着虚轴（此时 $s = j\omega$）移动到 ∞，并记录下从四个极点到 s 点的距离，把这些距离代入式(8.8)，就可画出像图 8.4(a) 那样的滤波器幅值响应曲线。在图 8.5(a) 中，当 s 位于原点和 D 点时，得到滤波器在通带内的最小值，其中的原点对应于 dc。当 s 移动到 C 点或 E 点时，得到滤波器在通带内的最大值。图 8.5(a) 中的点 C、D、E 分别对应于图 8.4(a) 中的点 C、D、E。图 8.5(b) 中五阶切比雪夫滤波器的情况是相似的；它的 C_1、D_1、E_1 和 F_1 四个点与图 8.4(b) 中的 C_1、D_1、E_1 和 F_1 相对应。

切比雪夫滤波器有 0.5 dB、1 dB、2 dB 和 3 dB 之分，这些分贝数表示滤波器在通带内的纹波大小，并取决于式(8.5)和式(8.6)中 ε 的取值。图 8.6 表示通带内 3 dB 纹波的一阶、三阶和五阶切比雪夫滤波器的幅值响应曲线。图中也使用了归一化频率 Ω。

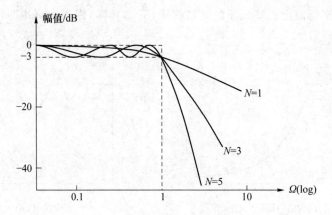

图 8.6　通带内 3 dB 纹波的 I 型切比雪夫滤波器的幅值响应

切比雪夫滤波器还有 I 型和 II 型之分,上面讲到的切比雪夫滤波器都是 I 型滤波器,即通带内是等纹波的,阻带内是单调下降的。 II 型切比雪夫滤波器的幅值响应刚好反过来,通带内是单调下降的,阻带内是等纹波的。用巴特沃斯滤波器相同的方法可以导出切比雪夫滤波器的系数表,如表 8.2 所示[Carter,p304]。表中给出了通带内纹波为 3 dB 的一阶至五阶 I 型切比雪夫滤波器的系数。

表 8.2 切比雪夫 I 型 3 dB 滤波器系数

一阶滤波器	$1+s$
二阶滤波器	$1+1.065\,0s+1.930\,5s^2$
三阶滤波器	$(1+3.349\,6s)(1+0.355\,9s+1.192\,3s^2)$
四阶滤波器	$(1+2.185\,3s+5.533\,9s^2)(1+0.196\,4s+1.200\,9s^2)$
五阶滤波器	$(1+5.633\,4s)(1+0.762\,0s+2.653\,0s^2)(1+0.117\,2s+1.068\,6s^2)$

8.3 关于滤波器系数表

滤波器系数表可以从任何一本比较详细讲述滤波器的书中找到[Carter,p299]。滤波器系数表中一般包含巴特沃斯、切比雪夫和贝塞尔低通滤波器从一阶到十阶的系数,这些系数都排列成一阶与二阶滤波级串联的形式,如表 8.1 和表 8.2 那样。这样的好处是便于使用,因为实际的高阶滤波器都是用一阶和二阶滤波级串联而成的。从滤波器系数表可以容易地写出滤波器的传递函数

$$T(s) = \frac{A_0}{\prod_i (1+a_i s+b_i s^2)} \tag{8.9}$$

式中,i 表示滤波级在滤波器中的序号,系数 a_i 和 b_i 是从滤波器系数表中查到的数据。当 $b_i=0$ 时,二次式变成一次式。奇数阶滤波器的传递函数中必有一个 $b_i=0$ 的一次式;而分母中所有一次和二次式的乘积便构成一个 N 次多项式,这个 N 就是滤波器的阶数。式(8.9)中的 A_0 为滤波器的低频增益,一般取 1。

滤波器通带内的纹波特性是由系数 a_i 和 b_i 确定的。我们把比值 $Q=\sqrt{b_i}/a_i$ 定义为二阶滤波器的极点品质。Q 值越高,频率响应曲线的峰值就越高,滤波器就越趋于不稳定。但是,当滤波器由几个二阶滤波级串联而成时,有峰值的频率曲线可以用来对没有峰值的频率曲线进行补偿,使总的频率响应达到最大平坦度。一阶滤波级的频率曲线是没有峰值的,因为它的 Q 值总是等于零。

本节的内容可归纳为:说明了巴特沃斯和切比雪夫滤波器的传递函数,以及极点位置与传递函数的关系。滤波器的性能主要表现为通带内纹波的大小和过渡带的宽度。我们总希望滤波器有最小的通带纹波和最窄的过渡带。巴特沃斯滤波器有最平坦的通带响应,切比雪夫滤波器有很窄的过渡带。

8.4 有源低通滤波器设计

从巴特沃斯的表 8.1 和切比雪夫的表 8.2 看,任何一个偶数阶的**低通滤波器**都可以表示为几个二阶滤波级的串联,其中的每个滤波级有传递函数

$$T_i(s) = \frac{A_0}{1 + a_i s + b_i s^2} \tag{8.10}$$

如果是奇数阶的滤波器,就会有一个一阶滤波级,并有传递函数

$$T_1(s) = \frac{A_0}{1 + a_1 s} \tag{8.11}$$

上面两式中的 1 和 i 表示滤波级在滤波器中的序号;A_0 通常等于 1,即滤波级工作在单位增益状态。下面先介绍一阶和二阶低通滤波器的设计,然后说明如何用一阶和二阶滤波级组成高阶低通滤波器。

8.4.1 一阶低通滤波器

图 8.7 表示同相和反相结构的一阶低通滤波器。从图 8.7 中可以算出两个电路的传递函数

$$T_{NIN}(s) = \left(1 + \frac{R_2}{R_1}\right) \frac{1}{1 + s\omega_C R_3 C} \tag{8.12}$$

$$T_{INV}(s) = -\frac{R_2}{R_1} \frac{1}{1 + s\omega_C R_2 C} \tag{8.13}$$

式(8.12)和式(8.13)中的 ω_C 为低通滤波器的截止频率,是滤波器设计时故意加入的。这是因为式(8.10)和式(8.11)中使用的是归一化频率,也就是以 1 为截止频率,所以要用 ω_C 对频率进行放大或缩小。从电路的角度看,ω_C 的作用是对 R_2 和 R_3 的阻值进行调节:较高的 ω_C 要求较小的阻值,较低的 ω_C 要求较大的阻值,以此获得想要的截止频率。

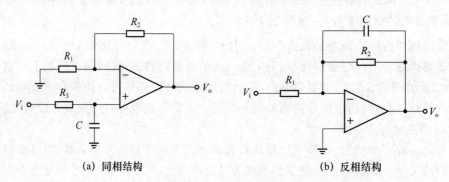

(a) 同相结构　　　　　　　　(b) 反相结构

图 8.7　一阶低通滤波器

比较式(8.12)和式(8.11),可以确定同相滤波器的电路元件与滤波器系数之间的关系

$$A_0 = 1 + \frac{R_2}{R_1}, \quad a_1 = \omega_C R_3 C \tag{8.14}$$

比较式(8.13)与式(8.11),可以确定反相滤波器的电路元件与滤波器系数之间的关系

$$A_0 = -\frac{R_2}{R_1}, \quad a_1 = \omega_C R_2 C \tag{8.15}$$

对电路进行计算时,先要指定截止频率 ω_C、直流增益 A_0 和电容 C,然后利用式(8.14)或式(8.15)计算电阻的阻值。式(8.14)和式(8.15)中的滤波器系数 a_1 可以从表 8.1 或表 8.2那样的滤波器系数表中找到。但所有类型一阶滤波器的系数 a_1 都等于1;而高阶滤波器中的系数 a_1 可以不等于1。

8.4.2　二阶低通滤波器

二阶低通滤波器可以有 Sallen-Key 和 MFB(多路反馈)两种电路结构[Carter,p267]。这里只介绍 Sallen-Key 的设计方法(这种结构的一个特点是极点的模和幅角可以分别调节),但两者的设计思路是一样的,即对电路的传递函数与系数表中的系数进行比较来确定电路参数。图 8.8(a)表示二阶低通滤波器的 Sallen-Key 电路形式,滤波器的 dc 增益可以通过电阻 R_3 和 R_4 来设定。图 8.8(b)中的二阶低通滤波器与图 8.8(a)中是一样的,唯一的不同点是图 8.8(b)中滤波器的 dc 增益等于 1。

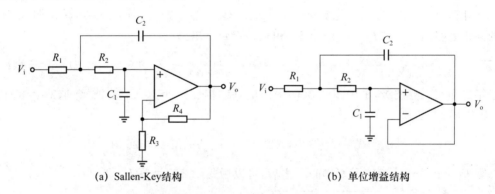

(a) Sallen-Key结构　　　　　　　　　(b) 单位增益结构

图 8.8　二阶低通滤波器

从图 8.8(a)中的电路结构可以导出它的传递函数

$$T(s) = \frac{A_0}{1 + s\omega_C \left[(R_1 + R_2)C_1 + (1-A_0)R_1 C_2 \right] + s^2 \omega_C^2 R_1 R_2 C_1 C_2} \tag{8.16}$$

在图 8.8(a)中取 $A_0 = 1$(即运放接成跟随器形式),就得到图 8.8(b)中的结构,而式(8.16)变为

$$T(s) = \frac{1}{1 + s\omega_C (R_1 + R_2)C_1 + s^2 \omega_C^2 R_1 R_2 C_1 C_2} \tag{8.17}$$

把式(8.16)与式(8.10)比较后,得到

$$A_0 = 1, \quad a_1 = \omega_C (R_1 + R_2)C_1, \quad b_1 = \omega_C^2 R_1 R_2 C_1 C_2 \tag{8.18}$$

在指定了 C_1 和 C_2 后,R_1 和 R_2 的阻值可计算为

$$R_{1,2} = \frac{a_1 \pm \sqrt{a_1^2 - 4b_1 C_1/C_2}}{2\omega_C C_1} \tag{8.19}$$

为使式(8.19)中的平方根为实数,必须有

$$C_2 \geqslant C_1 \frac{4b_1}{a_1^2} \tag{8.20}$$

式(8.18)至式(8.20)中的 a_1 和 b_1 为二阶滤波器的系数,可以从滤波器系数表中查得。用可变电阻代替图 8.8(a)中的固定电阻 R_4,可以得到增益可调的二阶低通滤波器。

8.4.3 高阶低通滤波器

我们可以用高阶滤波器来获得陡峭的过渡带特性。高阶滤波器通常用一阶和二阶滤波级串联而成,这些滤波级的频率响应的乘积就是高阶滤波器的频率响应。

在滤波器系数表中,高阶滤波器已经被分成一阶和二阶滤波级的串联。对于表中的系数,我们不需做任何修改就可拿来设计滤波器。下面的例题说明高阶低通滤波器的设计。

例题 8.1 要求设计一个单位增益的五阶巴特沃斯低通滤波器,它的截止频率 $f_C = 50$ kHz。

从表 8.1 中找出五阶巴特沃斯低通滤波器的系数。这个滤波器由三个滤波级组成,第一级是一阶滤波级,系数 $a_1 = 1$。第二级和第三级都是二阶滤波级,它们的系数分别为:$a_2 = 1.618\,0$、$b_2 = 1$ 和 $a_3 = 0.618\,0$、$b_3 = 1$。

在计算每一级的电阻时,先要指定电容值。对于第一级的一阶滤波级,采用图 8.7(a)中的同相电路结构。取 $C_1 = 1.2$ nF 后,用式(8.14)算出

$$R_1 = \frac{a_1}{\omega_C C_1} = \frac{1}{2\pi \times 50 \times 10^3 \times 1.2 \times 10^{-9}} \text{ k}\Omega = \frac{1}{2\pi \times 50 \times 1.2 \times 10^{-3}} \times 10^3 \text{ k}\Omega = 2.65 \text{ k}\Omega$$

对于第二和第三滤波级,采用图 8.8(b)中的电路结构。先计算第二滤波级,取 $C_1 = 820$ pF 后,用式(8.20)算出

$$C_2 \geqslant C_1 \frac{4b_2}{a_2^2} = 820 \times 10^{-12} \times \frac{4 \times 1}{1.618\,0^2} \text{ nF} = 1.25 \text{ nF}$$

取 $C_2 = 1.5$ nF。确定了 C_1 和 C_2 之后,可以用式(8.19)计算 R_1 和 R_2

$$R_1 = \frac{1.618 + \sqrt{1.618^2 - 4 \times 1 \times 820/1\,500}}{2 \times 2\pi \times 50 \times 10^3 \times 0.82 \times 10^{-9}} = \frac{1.618 + 0.656\,5}{0.515\,2} \times 10^3 \text{ k}\Omega = 4.41 \text{ k}\Omega$$

$$R_2 = \frac{1.618 - 0.656\,5}{0.515\,2} \times 10^3 \text{ k}\Omega = 1.87 \text{ k}\Omega$$

对于第三滤波级,取 $C_1 = 330$ pF,再用式(8.20)算出

$$C_2 \geqslant C_1 \frac{4b_3}{a_3^2} = 330 \times 10^{-12} \times \frac{4 \times 1}{0.618\,0^2} \text{ nF} = 3.46 \text{ nF}$$

取 $C_2 = 3.6$ nF。确定了 C_1 和 C_2 之后,再用式(8.19)计算第三级的 R_1 和 R_2

$$R_1 = \frac{0.618 + \sqrt{0.618^2 - 4 \times 1 \times 0.33/3.6}}{2 \times 2\pi \times 50 \times 10^3 \times 0.33 \times 10^{-9}} = \frac{0.618 + 0.123\,5}{0.207\,3} \times 10^3 \text{ k}\Omega = 3.58 \text{ k}\Omega$$

$$R_2 = \frac{0.618 - 0.123\,5}{0.207\,3} \times 10^3 \text{ k}\Omega = 2.39 \text{ k}\Omega$$

设计完成的五阶低通巴特沃斯滤波器如图 8.9 所示。

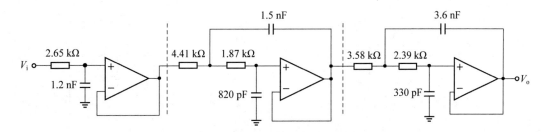

图 8.9　设计完成的五阶巴特沃斯低通滤波器

8.5　有源高通滤波器设计

在低通响应表达式(8.9)中,用 $1/s$ 代替 s 便得到高通滤波器的传递函数

$$T(s) = \frac{A_\infty}{\prod\limits_i \left(1 + \dfrac{a_i}{s} + \dfrac{b_i}{s^2}\right)} \tag{8.21}$$

式中,A_∞ 为通带增益,也就是高频区的增益。

从式(8.21)可以得到二阶高通滤波级的传递函数

$$T_i(s) = \frac{A_\infty}{1 + \dfrac{a_i}{s} + \dfrac{b_i}{s^2}} \tag{8.22}$$

如果高通滤波器是奇数阶的,就会有一个一阶滤波级,并有传递函数

$$T_1(s) = \frac{A_\infty}{1 + \dfrac{a_1}{s}} \tag{8.23}$$

而频率响应也从低通滤波器的频率响应变成了高通滤波器的频率响应,如图 8.10 所示。

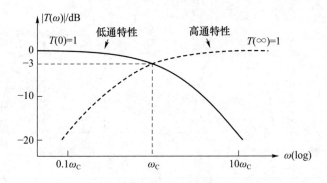

图 8.10　低通响应中用 $1/s$ 代替 s 后得到高通响应

对于电路结构,把低通滤波器中的电阻和电容交换位置,就得到高通滤波器的电路结构,如图 8.11 所示。

高阶高通滤波器也是由一阶和二阶高通滤波级串联而成。而且,高通滤波器的系数都是从低通滤波器的系数转换过来的,具体见式(8.21)至式(8.23)。

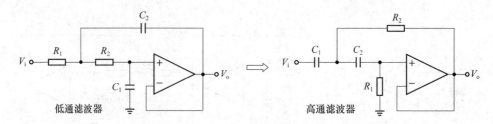

图 8.11　通过电阻与电容交换位置把低通结构变成高通结构

8.6　有源带通和带阻滤波器设计

与高通滤波器的设计一样,带通和带阻滤波器的传递函数也是从低通滤波器通过频率变换导出的。从低通向带通和带阻的变换式是

$$s \rightarrow \frac{s^2 + \omega_0^2}{s\omega_B}, \quad s \rightarrow \frac{s\omega_B}{s^2 + \omega_0^2} \tag{8.24}$$

前一个是带通滤波器的变换式,后一个是带阻滤波器的变换式。ω_0 是通带或阻带的中心频率,ω_B 是通带或阻带的宽度。

假设 $T(s)$ 是低通滤波器的传递函数,那么相应的带通和阻带滤波器的传递函数是

$$T_{BP}(s) = T\left(\frac{s^2 + \omega_0^2}{s\omega_B}\right), \quad T_{BS}(s) = T\left(\frac{s\omega_B}{s^2 + \omega_0^2}\right) \tag{8.25}$$

前一个是带通滤波器的传递函数,后一个是带阻滤波器的传递函数。从式(8.25)看,频率变换使带通和带阻滤波器的阶数变成低通滤波器的两倍。比如,从一阶低通滤波器变换成的带通滤波器是二阶,从二阶低通滤波器变换成的带阻滤波器是四阶。图 8.12 表示带通和带阻滤波器的频率特性与低通滤波器的对应关系,图中的 ω_{CL} 和 ω_{CH} 分别为带通和带阻滤波器的低端和高端截止频率,而且 $\omega_{CH} - \omega_{CL} = \omega_B$ 和 $\omega_{CH}\omega_{CL} = \omega_0^2$。关于高通、带通和带阻滤波器的设计过程,可参阅[Carter,p277]。

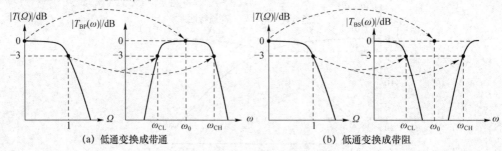

(a) 低通变换成带通　　　　　　　　　　　　(b) 低通变换成带阻

图 8.12　频率变换

8.7　开关电容滤波器

有源滤波器要求很大的电容和电阻以及精确的元件值,这些都难以用集成电路实现。

所以,有源滤波器通常是用分离元件搭建的。但利用开关电容技术可以用小电容实现大电阻,而集成电路技术又可保证电容之间的精确匹配。把开关电容技术与集成电路结合起来,就可完美实现开关电容滤波器。

8.7.1 基 本 原 理

开关电容技术的基本原理是:当电容的一端接地,另一端在两个电压之间来回切换时,就等于一个电阻。下面用图 8.13 来说明。图 8.13(a)是一个有源积分器,R 为输入电阻,C 为**反馈电容**,或称**积分电容**。在图 8.13(b)中,输入电阻 R 被一个一端接地的电容 C_1 和两个 MOS 开关 M_1 和 M_2 所代替。电容 C_1 叫**输入电容**,也叫**采样电容**。

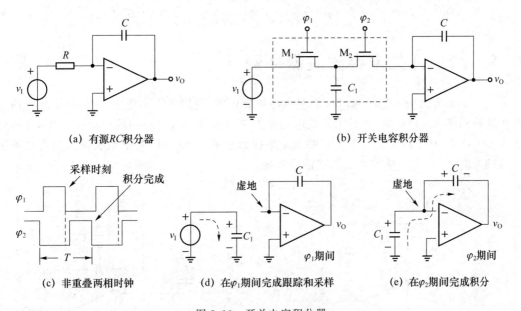

(a) 有源 RC 积分器   (b) 开关电容积分器

(c) 非重叠两相时钟   (d) 在 φ_1 期间完成跟踪和采样   (e) 在 φ_2 期间完成积分

图 8.13 开关电容积分器

图 8.13(b)中的两个 MOS 开关 M_1 和 M_2 由非重叠两相时钟 φ_1 和 φ_2 控制;图 8.13(c)表示非重叠两相时钟的波形。在图 8.13(d)的 φ_1 期间,M_1 接通,M_2 断开,电容 C_1 被充电至 v_I。充电的电荷量为

$$q = C_1 v_1 \tag{8.26}$$

由于在 φ_1 期间没有电流流过积分电容 C,使 C 上的电压保持不变,输出电压 v_O 也保持不变。在图 8.13(e)的 φ_2 期间,M_1 断开,M_2 接通,电容 C_1 与运放的虚地相连,使 C_1 上的电荷全部转移到 C 上。

从上面的描述看,在每个时钟周期 T 内,有电荷量 q 从输入信号通过虚地转移到积分电容 C 上。所以,从输入信号流向虚地的平均电流可计算为

$$i_{av} = \frac{C_1 v_1}{T} \tag{8.27}$$

这等于有一个电阻连接在输入端与虚地之间,这个电阻的阻值可计算为

$$R_{eq} = \frac{v_1}{i_{av}} = \frac{T}{C_1} \tag{8.28}$$

由此得到图 8.13(b)中电路的时间常数

$$\tau = R_{eq}C = \frac{C}{C_1}T \tag{8.29}$$

式(8.29)表示,滤波器的时间常数由时钟周期 T 和电容之比 C_2/C_1 确定,而比值 C_2/C_1 在集成电路工艺中是可以控制得很精确的。MOS 工艺中的电容相对误差可以精确到 0.1% 以内,这是开关电容电路的一大优点。而且从式(8.29)看,我们只需很低的时钟频率和不太大的电容比率就可得到很大的时间常数。

例题 8.2 用图 8.13(b)中由 M_1、M_2 和 C_1 组成的开关电容结构实现一个 $10\ M\Omega$ 的电阻,要求确定 C_1 的电容值和时钟频率 f_{CK}。

利用式(8.28)可以确定 C_1。假设 $f_{CK} = 20\ kHz$,C_1 就可计算为

$$C_1 = \frac{T}{R_{eq}} = \frac{1}{f_{CK}R_{eq}} = \frac{1}{(20 \times 10^3) \times (10 \times 10^6)}\ pF = 5\ pF \qquad \blacktriangleleft$$

8.7.2 开关电容滤波器举例

上面 8.4 节讨论了连续时域中的低通滤波器设计,我们先把那里图 8.7(b)中的电路重复在这里的图 8.14(a)中,然后用开关电容电路来代替图 8.14(a)中的电阻 R_1 和 R_2,得到图 8.14(b)中的电路。(开关电容电路属于**采样数据系统**,而采样数据系统是**离散时域系统**的两种类型之一,另一种类型是**数字信号系统**。)

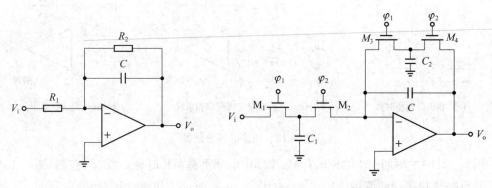

(a) 连续时域中的结构　　　　　(b) 用开关电容电路实现的结构

图 8.14　一阶低通滤波器

在图 8.14(a)中,利用虚地的概念,可以容易地写出电路的传递函数

$$T(s) = -\frac{R_2}{R_1}\frac{1}{1+sR_2C} \tag{8.30}$$

所以,图 8.14(a)中电路的截止频率为

$$f_C = \frac{1}{2\pi R_2 C} \tag{8.31}$$

如果要求 $f_C = 10\ kHz$ 和 $C = 10\ pF$,那么 $R_2 \approx 1.6\ M\Omega$;如果要求增益等于 -10,R_1 应该为 $160\ k\Omega$。

图 8.14(b)中的开关电容电路是与图 8.14(a)中的电路等价的,传递函数仍然是式(8.30)。根据式(8.28),可以算出与 C_2 对应的等值电阻 $R_{2eq} = T/C_2$ 以及与 C_1 对应的等

值电阻 $R_{1eq}=T/C_1$。把 T/C_2 和 T/C_1 分别代替式(8.30)中的 R_2 和 R_1,并用 $j\omega=j2\pi f$ 代替 s,便得到图 8.14(b)中电路的频率特性

$$T(j\omega)=-\frac{C_1}{C_2}\frac{1}{1+j2\pi f R_2 C} \tag{8.32}$$

从式(8.31)可得 $2\pi R_2 C=1/f_C$。代入式(8.32)后,得到

$$T(j\omega)=-\frac{C_1}{C_2}\frac{1}{1+j\dfrac{f}{f_C}} \tag{8.33}$$

从式(8.33)看,滤波器的通带增益 $A_0=-C_1/C_2$,正好等于两个电容之比。从式(8.28)和式(8.32)可解得

$$f_C=\frac{1}{2\pi T}\cdot\frac{C_2}{C} \tag{8.34}$$

式(8.34)表示,滤波器的截止频率也与两个电容之比成正比。

例题 8.3　要求设计图 8.14(b)中的电路,使低频增益等于 -1,截止频率等于 2 kHz。电路的时钟频率 $f_{CK}=20$ kHz。

从 $f_{CK}=20$ kHz 和式(8.34)可以有

$$\frac{C_2}{C}=\frac{2\pi f_C}{f_{CK}}=\frac{2\pi\times2\times10^3}{20\times10^3}=0.628$$

根据低频增益等于 -1 可知 $C_1=C_2$。所以,如果取 $C_1=10$ pF,就有 $C_2=10$ pF 和 $C=15.9$ pF。◀

8.7.3　实际的开关电容电路

图 8.13(b)中的开关电容电路有两个缺点:(1)只能完成反相积分器的功能,无法完成同相积分器的功能;(2)无法消除开关 MOS 管沟道电荷注入效应的影响(所谓**沟道电荷注入效应**是指 MOS 管关断时沟道内的电荷会部分地移动到输入电容或采样电容上,由此产生误差)。图 8.15 中的两个电路可以解决这些问题。

电路的工作原理如下:在图 8.15(a)中,输入信号 v_1 在 φ_1 期间对电容 C_1 充电,然后在 φ_2 期间把电容 C_1 上的电荷转移并叠加到 C 上,以此完成积分操作。由于图 8.15(a)中的电荷转移方向是与图 8.13(e)中的相反(假设 $v_1>0$),所以是同相积分器。在图 8.15(b)中,同样在 φ_1 期间对电容 C_1 充电,在 φ_2 期间把电容 C_1 上的电荷转移并叠加到 C 上,但电荷转移的方向与图 8.15(a)中的相反,所以是反相积分器。

图 8.15 中两个开关电容积分器的特点是,消除了开关 MOS 管**沟道电荷注入效应**的影响[Johns,p311]。在图 8.15(a)中,我们微调了四个 MOS 开关断开时的先后顺序。这里的要点是:使沟道电荷注入效应不随输入电压而变。当 φ_1 从高变低时,使 M_4 先断开,稍后再断开 M_1,其时序如图 8.15(a)左边所示。当 M_4 断开时,由于它的源极和漏极都是接地的,所以由它产生的沟道电荷注入效应与输入电压无关,因而不会产生非线性,最多产生一个失调电压(失调电压可以用自调零电路消除,这是开关电容电路的一大优点)。当稍后 M_1 断开时,由于 M_2、M_3 和 M_4 都处于断开状态,M_1 的沟道电荷只能流向输入电压,不会影响输出电压。在 φ_2 阶段,C_1 上的电荷转移到 C 上。由于转移结束时 M_2 和 M_3 上的电压都非常接近零,所以电荷注入效应也与输入电压无关,也不会产生非线性。

对于图 8.15(b)中的反相积分器,情况完全一样。我们只需在 φ_1 结束时先关断 M_4,稍后关断 M_1,如图 8.15(b)左边的时序所示,就可使沟道电荷注入效应与输入电压无关。但在图 8.13(b)中,当 φ_1 的下降边切断 M_1 时,M_1 的栅源电压随输入电压而变,使沟道电荷随输入电压而变,也使沟道电荷注入效应随输入电压而变,使输出电压产生非线性。

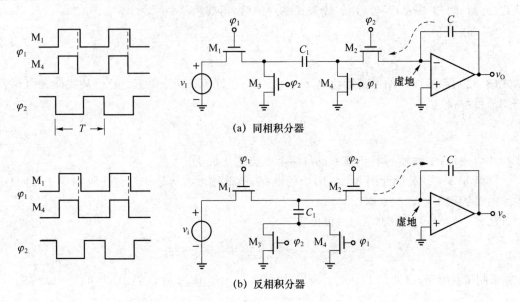

(a) 同相积分器

(b) 反相积分器

图 8.15 消除了沟道电荷注入效应的开关电容积分器

8.7.4 非重叠两相时钟发生电路

图 8.16 表示一种产生**非重叠两相时钟**的方法。图中的反相器 U_1 以及或非门 U_2 和 U_3 的时延都很小,可以略去。两个延迟线都是用偶数个反相器串联而成,为电路提供必需的时间延迟。图中右边给出了电路中各节点之间的时序关系。

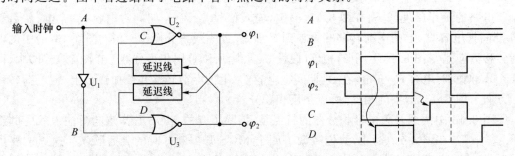

图 8.16 非重叠两相时钟的一种电路实现与波形图

8.8 开关电容电路

开关电容电路包括开关电容积分器和开关电容放大器两种电路。我们在上面讨论的都是开关电容积分器。两者的结构完全一样。不同之处是：开关电容放大器是用来对采样数据信号进行放大的，所以在每个时钟周期开始时，先要把反馈电容清零；而开关电容积分器是不需清零的。本节以开关电容放大器为例，讨论两者在精度和速度方面的共有特性。

8.8.1　开关电容放大器

图 8.17(a) 是一个典型的开关电容放大器。电容 C_1 为输入电容，C 为反馈电容，φ_1 和 φ_2 为非重叠两相时钟，并假设 MOS 开关都是理想的。图 8.17(a) 中 M_3 和 M_4 被用来在每个时钟周期开始时使电容 C 放电至零，这是开关电容放大器所要求的。

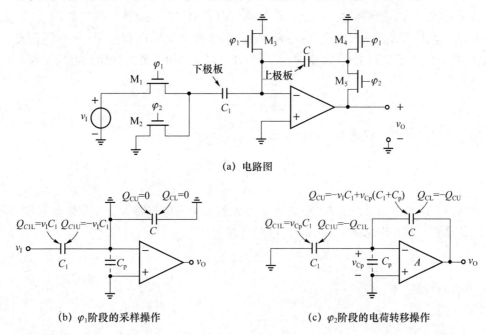

(a)　电路图

(b) φ_1 阶段的采样操作　　　　　(c) φ_2 阶段的电荷转移操作

图 8.17　开关电容放大器

在 φ_1 阶段，电容 C_1 通过 M_1 和 M_3 充电至输入电压 v_1，C 通过 M_3 和 M_4 放电至零。在 φ_2 阶段，电容 C_1 上的电荷通过运放虚地转移到 C 上。如果运放也是理想的，就可得到放大器的增益表达式

$$\frac{v_O}{v_1} = \frac{C_1}{C} \tag{8.35}$$

8.8.2　放大器的精度[Gray, p407]

图 8.17(a) 中的开关电容电路得到广泛使用的原因是，它的增益不太受各种分布电容的影响。这些分布电容包括所有 MOS 管的源、漏极与基片之间的分布电容，以及 C_1 和 C 下极板产生的分布电容(上极板感受的噪声较小，所以通常与放大器的输入端相连)。而另一方面，放大器输入端上的分布电容(包括 C_1 和 C 上极板产生的分布电容)确实会影响电路的精度，但影响的程度与放大器的增益成反比，所以非常有限。下面来说明这一点。

图 8.17(b)和(c)中的 C_p 表示从运放输入端到所有固定电位或地之间的总分布电容，并假设运放除开环增益等于 A 之外，其他参数都是理想的；同时还略去了所有无关的分布电容。

图 8.17(b)表示电路在 φ_1 阶段的情况。电容 C_1 被充电至输入电压 v_I，所以它的下极板携带电荷 $Q_{C1L}=v_I C_1$，上极板携带电荷 $Q_{C1U}=-v_I C_1$；电容 C 两个极板上的电荷都被放电至零，C_p 上的电压也为零。到了 φ_2 阶段，变成图 8.17(c)中的情况。现在由于运放虚地的原因，电容 C_1 的电压几乎为零，因而无法保持 $v_I C_1$ 的电荷量。结果是，C_1 上极板上的电荷只能移动到 C 的上极板上，而 C_1 下极板上的电荷则通过地进入运放，再从运放的输出端移动到 C 的下极板上（任何电容的上、下极板上的电荷一定等量且极性相反）。但由于运放的增益 A 不是无穷大，使运放输入端上存在很小的电压 $v_{Cp}=-v_O/A$。结果是，电容 C_1 上仍保持少量的电荷 $C_1 v_{Cp}=-C_1 v_O/A$；电容 C_p 上也保持少量的电荷 $C_p v_{Cp}=-C_p v_O/A$。由此，电容 C 上就少了这两份电荷，变成 $v_I C_1-(C_1+C_p)v_O/A$。此时的输出电压变为

$$v_O=\frac{v_I C_1-(C_1+C_p)\dfrac{v_O}{A}}{C}-v_{Cp}=\frac{v_I C_1-(C_1+C_p)\dfrac{v_O}{A}}{C}-\frac{v_O}{A} \tag{8.36}$$

由式(8.36)解得开关电容放大器的电压增益

$$\frac{v_O}{v_I}=\frac{C_1}{C}\frac{1}{1+\dfrac{1}{A}\dfrac{C_1+C+C_p}{C}} \tag{8.37}$$

导出式(8.37)的条件是：除运放的增益 A 不为无穷大和运放的输入端存在分布电容 C_p 外，电路的其他参数都是理想的。式(8.37)可改写为

$$\frac{v_O}{v_I}=\frac{C_1}{C}(1-\varepsilon) \tag{8.38}$$

而增益的相对误差项

$$\varepsilon=\frac{1}{1+A\dfrac{C}{C_1+C+C_p}} \tag{8.39}$$

式(8.39)中，令 $A\to\infty$，就有 $\varepsilon\to0$，并得到式(8.35)。从上面两式看，电路的增益误差仅与运放输入端上的分布电容 C_p 有关，而分布电容 C_p 的误差效应还要除以运放的开环增益 A。所以，开关电容放大器的增益不太受分布电容的影响。〔注：在图 8.17(b)中，运放输入端上的总电荷量为 $-v_I C_1$，图 8.17(c)中运放输入端上的总电荷量仍是 $-v_I C_1$。这就是**电荷守恒原理**。〕

8.8.3　放大器的速度

放大器的速度表现为可以达到的最小时钟周期。φ_2 阶段的长度应使放大器的输出进入终值两侧的误差带内（即放大器的输出稳定时间）。这个时间与 MOS 开关的电阻、电路中的电容和运放的特性有关，通常是用 SPICE 仿真确定的。φ_1 阶段有相似的情况，即前级输出电压通过其输出阻抗向 C_1 充电，所以 φ_1 的长度也需保证 C_1 上的电压进入终值的误差带内。

8.8.4　开关电容电路小结

开关电容电路的优点是,除运放输入端上的分布电容外,其他所有节点上的分布电容都不会影响电路的精度。因为这些分布电容都有一端与固定电位或地相连,它们的电荷量只是作周期性的变化。但它们的充放电过程可以影响电路的最高工作频率。对于运放输入端上的分布电容,虽然会产生增益误差,但这个误差还要除以运放的开环增益,所以是非常小的。总起来说,开关电容电路对于分布电容是不敏感的。开关电容电路的另一个优点是,可以容易地消除由运放产生的失调电压,以及由开关 MOS 管产生的沟道电荷注入效应。此外,开关电容电路通常会做成全差分的结构(见后面第 13 章),以提高电路的线性度。

8.9　小　　结

本章首先讨论了有源滤波器的性能指标和传递函数,然后讨论了有源滤波器中最常用的巴特沃斯和切比雪夫滤波器。巴特沃斯滤波器有最平坦的通带特性,切比雪夫滤波器有很窄的过渡带;而所有滤波器阻带内的滚降率都取决于滤波器的阶数。滤波器系数表中只给出各阶滤波器的频率归一化的低通滤波器系数,其他的高通、带通和带阻滤波器的系数都是通过频率变换导出的。

设计滤波器包括四个步骤:(1)从设计要求确定滤波器的类型和阶数;(2)从滤波器系数表中找出滤波器的系数;(3)选择滤波器的电路形式,并导出其传递函数;(4)把传递函数与滤波系数对照起来,以确定电路中电阻和电容的数值,以此完成滤波器设计。

开关电容滤波器的基本原理是用电容代替电阻,因而非常适合集成电路制造技术。开关电容电路可以设计成不受 MOS 管沟道电荷注入效应和分布电容的影响,还可以容易地消除放大器的失调电压。开关电容电路一般适合于做中等速度的滤波器,比如音频滤波器。

练　习　题

8.1　一个五阶巴特沃斯低通滤波器的低频增益等于 A_0 和截止频率等于 ω_C。要求确定:(a)滤波器的传递函数;(b)所有的极点位置。

8.2　在图 8.8(b)中,运放无穷大的放大倍数使它两个输入端的电压总是相等;这就可以把电路简化成图 P8.2 中的样子。为简化计算,使用 $R_1 = R_2 = R$ 和 $C_1 = C_2 = C$。要求:(a)计算图 P8.2 中电路的传递函数 $V_o(s)/V_i(s)$;(b)这样算出的传递函数是否有错(可与式(8.17)比较);如有错,说明原因。

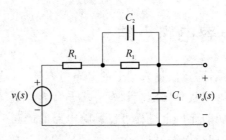

图 P8.2

8.3 在图 P8.3 的开关电容积分器电路中,假设 $v_S = -1\,\text{V}$ 和时钟频率等于 $1\,\text{MHz}$,开始时输出电压为零。要求计算并画出从 $t=0$ 到 $t=8\,\mu\text{s}$ 期间的输出电压波形。假设运放是理想的,即增益为无穷大和输出上升时间为零;所有 MOS 开关也都是理想的,即接通电阻为零和切断电阻为无穷大。

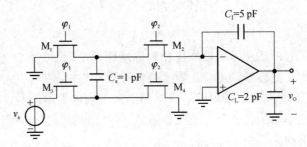

图 P8.3

第9章 振 荡 器

运算放大器必须接成负反馈才能正确工作,而振荡器是以正反馈方式工作的。本章首先讨论振荡器的基本原理,包括振荡的条件和振荡频率的稳定性;然后讨论两个常用的低频振荡器,即桥式振荡器和相移振荡器;最后讨论两个高频振荡器,即考毕兹振荡器和晶体振荡器。

9.1 基 本 原 理

振荡器通常由放大器和选频网络组成,二者接成正反馈的形式。从反馈的角度看,振荡器也可以用图9.1中的反馈系统框图来表示。但与一般的负反馈电路相比,振荡器有两点不同。首先,振荡器不需要输入信号,所以图9.1中的 V_i 应该等于零。其次,一般的反馈网络都由电阻组成,所以反馈系数 β 与频率无关。振荡器的反馈网络都会包含电容或电感,所以 β 随频率而变。

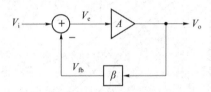

图 9.1 反馈电路的基本结构

图 9.1 中反馈结构的闭环传递函数可根据式(6.5)写为

$$A_{CL}(s) = \frac{A(s)}{1 + A(s)\beta(s)} \tag{9.1}$$

式中, $A(s)$ 为放大器的开环增益, β 为反馈系数。

电路的环路增益为

$$T(s) = A(s)\beta(s) \tag{9.2}$$

9.1.1 振荡的条件

从图9.1看,一般负反馈电路的环路增益 $A(s)\beta(s)$ 是正值,所以反馈信号 V_{fb} 是与输入信号 V_i 相减的。如果环路增益 $T(s)$ 是负值,反馈信号 V_{fb} 就与输入信号 V_i 相加,这就构成正反馈。尤其是当 $A(s)\beta(s) = -1$ 时,从式(9.1)看,电路的闭环增益 $A_{CL}(s)$ 趋于无穷大。此时,电路中存在的噪声就会在正反馈的作用下,变成很大的信号。由此,可以得到在 ω_0 频

率点产生和维持振荡的条件

$$T(j\omega_0) = A(j\omega_0)\beta(j\omega_0) = -1 \qquad (9.3)$$

式(9.3)中的条件被称为巴克豪森准则。它的意思是,要维持振荡,必须满足两个条件:(1)环路增益 $A(j\omega_0)\beta(j\omega_0)$ 经过加法器反相后的总相移必须为 $360°$;(2)环路增益的幅值必须等于 1。这两个条件可以简单地称为**相位平衡**和**幅值平衡**[Carter, p238]。

9.1.2 相移与频率稳定性

振荡器需要 $360°$ 的相移,其中的 $180°$ 由反相放大器产生,剩下的 $180°$ 由反馈网络产生。从反馈网络看,由 RC 或 RL 组成的单极点网络只能产生最大 $90°$ 的相移。由于需要 $180°$ 的相移,我们至少要用两极点的反馈网络。虽然 LC 网络可以有两个极点,但由于重量、体积和成本等方面的考虑,我们无法把电感用于中、低频振荡器中。电感的另一个缺点是,在性能上与理想电感相差很大。所以在中低频振荡器中,我们一般用 RC 网络来产生相移。

当振荡器的频率发生稍许偏离时,沿着振荡回路的总相移也会发生稍许偏离。由于振荡总是发生在相移等于 $180°$ 的频率上,所以振荡频率会趋于回到原先的频率上。由此可见,频率的稳定性是与相移随频率的变化率 $d\theta/d\omega$ 成正比的;或者说,相移随频率的变化率越大,频率就越稳定。图 9.2 中的 4 条 RC 网络相移曲线说明了这一点,其中 $\omega_0 = 1/RC$。我们假设 RC 网络的每一级都是用放大器隔离的,所以相移是与级数成正比的。

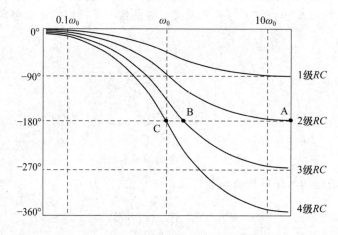

图 9.2　RC 网络串联的相位曲线

虽然两级 RC 串联可以产生 $180°$ 的相移,但它的相移对于频率的变化率 $d\theta/d\omega$ 几乎为零(图中 A 点),当频率发生偏移时相位几乎不变。这等于说,在 A 点附近任何频率点上的相移都等于 $180°$,频率稳定性一定很差。当用三级 RC 串联时,相移 $180°$ 的频率点从 A 点移到了 B 点,现在的 $d\theta/d\omega$(即曲线在 B 点切线的斜率,指绝对值)很大,频率稳定性也会很好。加上第 4 级 RC 网络后,相移 $180°$ 的频率点移到了 C 点,$d\theta/d\omega$ 进一步增加,振荡器就会有更好的频率稳定性。

9.1.3　振荡器的增益

振荡器在振荡频率点的增益必须等于 1。如果增益小于 1,电路会停振。如果增益大于 1,电路中的放大器会因为信号太大而产生非线性,并通过非线性使增益下降到 1,但电路仍工作在非线性状态。这对于设计者是一个两难选择:为了使电路可靠振荡,需把最坏情况下的增益设计成略大于 1;但在其他情况下,过量的增益会使输出的正弦波有太大的失真。

失真的直接原因是放大器受到过分的激励;因此在低失真振荡器中,增益必须严格控制。通常的做法是增加一个用于调节增益的辅助电路。这样的辅助电路有多种形式,包括对环路进行自动增益控制、使用电阻或二极管进行限幅、使用非线性元件等。此外,我们还需考虑由温度的变化和元件的容差所引起的增益改变。一般来说,增益越稳定,输出的正弦波就越纯净,电路也就越复杂。

9.1.4　运放对振荡器的影响

到现在为止,我们还没有考虑运放的带宽对振荡器的影响。我们只是说,反相放大器只应产生 $180°$ 的相移。如果反相放大器工作在中高频区,除产生 $180°$ 的反相输出外,还会因自身的频率响应产生额外的相移。这个额外的相移会受到电路偏置和温度等因素的影响,使振荡频率不稳定。这就是说,为了保证振荡频率的稳定,运放只能用在很低的频率区内[Carter,p241]。

图 9.3 表示运放的增益与频率之间的关系曲线。闭环系统的带宽通常等于闭环低频增益 A_{CL0} 与运放开环增益幅值 $|A_{OL}|$ 滚降线的交点频率,这就是图中的 f_c。在这一频率点上,闭环增益 A_{CL} 实际上已经下降了 3 dB,而且开始以 -20 dB/十倍频的斜率下降。而更重要的是,此时的电路已经有了 $-45°$ 的相移。无论闭环低频增益 A_{CL0} 与运放的开环增益幅值 $|A_{OL}|$ 在何处相交,相移都是 $-45°$。我们必须避免电路工作在这一区域。

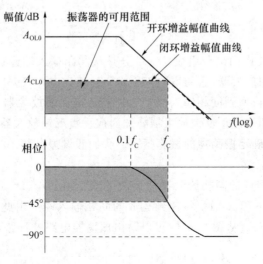

图 9.3　运放的开环和闭环增益曲线

在选择运放带宽时,我们通常要求运放组成闭环后的带宽至少等于振荡频率的十倍,这就是图 9.3 中的阴影区。此时运放对闭环系统的相移只有极小的贡献。运放的另一个需要考虑的因素是摆速 SR。运放的摆速必须大于信号过零点时的变化率,即 $SR > 2\pi A_m f_0$,其中 A_m 为振荡信号的振幅,f_0 为振荡频率(也见例题 5.3)。下面介绍两种常用的低频振荡器:**桥式振荡器**和**相移振荡器**。

9.2 桥式振荡器

桥式振荡器是最常见和最基本的低频振荡器。图 9.4(a)是文氏桥式振荡器的电路结构。这个电路只有很少几个元件,但有很好的频率稳定性。它的主要缺点是,输出幅度达到了电源电压,所以有很大的失真。解决这个问题并不容易,本节的后面将给出一种方法。下面先分析这个电路。

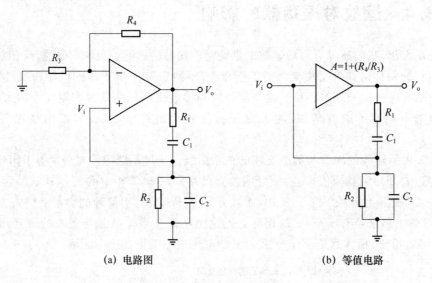

(a) 电路图 (b) 等值电路

图 9.4 文氏桥式振荡器

图 9.4(a)中的电路由两部分组成。一部分是从同相输入端经过运放到电阻 R_4 和 R_3。这是一个负反馈的同相放大器,它的增益等于 $1 + R_4/R_3$。另一部分是从同相输入端经过运放到 R_1、C_1 和 R_2、C_2,再回到同相输入端。这是一个正反馈放大器。而振荡器可以看成是由一个负反馈放大器和一个正反馈放大器叠加而成。负反馈放大器为振荡器提供必需的增益;正反馈放大器用来确定振荡器的振荡频率。我们假设振荡频率很低,所以运放不产生额外的相移。

由运放和 R_4、R_3 组成的同相放大器使运放的输出电压 $V_o = (1 + R_4/R_3)V_i$,这个电压又通过分压网络 R_1、C_1 和 R_2、C_2 传递到运放的同相输入端。由此,可以从图 9.4(a)画出图 9.4(b)中的等效电路。从图 9.4(b)可以写出振荡器电路的环路增益

$$T(s) = \left(1 + \frac{R_4}{R_3}\right)\frac{Z_2}{Z_1 + Z_2} \tag{9.4}$$

式中,Z_1 为 R_1 和 C_1 的串联阻抗,Z_2 为 R_2 和 C_2 的并联阻抗,并有表达式

$$Z_1 = \frac{1 + sR_1C_1}{sC_1} \tag{9.5}$$

$$Z_2 = \frac{R_2}{1 + sR_2C_2} \tag{9.6}$$

通常，我们选择 $R_1 = R_2 = R$ 和 $C_1 = C_2 = C$；再把式(9.5)和式(9.6)代入式(9.4)，得到

$$T(s) = \left(1 + \frac{R_4}{R_3}\right) \frac{1}{3 + sRC + 1/sRC} \tag{9.7}$$

电路的振荡条件为

$$T(\mathrm{j}\omega_0) = \left(1 + \frac{R_4}{R_3}\right) \frac{1}{3 + \mathrm{j}\omega_0 RC + 1/(\mathrm{j}\omega_0 RC)} = 1 \tag{9.8}$$

式中，ω_0 为振荡频率。式(9.8)右边取 1，是因为反馈信号加在同相输入端。

根据式(9.3)，式(9.8)后一个分母中两个虚数之和必须等于零

$$\mathrm{j}\omega_0 RC + \frac{1}{\mathrm{j}\omega_0 RC} = 0 \tag{9.9}$$

由式(9.9)解出振荡频率

$$\omega_0 = \frac{1}{RC} \tag{9.10}$$

将式(9.10)代回式(9.8)，得到幅值平衡条件

$$\left(1 + \frac{R_4}{R_3}\right) \cdot \frac{1}{3} = 1 \tag{9.11}$$

并算出

$$R_4 = 2R_3 \tag{9.12}$$

如果图 9.4(a)中的运放是单电源的，那么为了得到正确的静态输出电压，应该把 R_2 和 C_2 的接地端改接到恰当的正电位上。比如，运放用 $+5$ V 单电源供电，这个恰当的正电位应该在 0.83 V 左右。这样，反相输入端和同相输入端都是 0.83 V 左右，输出端在 2.5 V 左右。

桥式振荡器的缺点是失真比较大。我们可以用一个非线性元件代替 R_3，比如白炽灯。启动时，白炽灯是凉的，电阻比较小，使电路的增益大于 3。启动后有电流流过白炽灯，它的电阻就增加，使增益下降，失真也随之下降。

例题 9.1　要求设计图 9.4(a)中的桥式振荡器，使振荡频率 $f_0 = 20$ kHz。

利用式(9.10)算出

$$RC = \frac{1}{\omega_0} = \frac{1}{2\pi \times 20 \times 10^3}(\mathrm{rad/s})^{-1} = 7.96 \times 10^{-6}(\mathrm{rad/s})^{-1}$$

用 $R = 10$ kΩ 和 $C = 796$ pF 就可满足要求，即 $R_1 = R_2 = 10$ kΩ 和 $C_1 = C_2 = 796$ pF。由于必须有 $R_4/R_3 = 2$，可以选 $R_4 = 20$ kΩ 和 $R_3 = 10$ kΩ。在电路设计中，需要确定的电阻值或电容值一般不是唯一的，我们应该选择比较合理的元件值。◀

9.3　相移振荡器

在图 9.4(a)的桥式振荡器中，由 R_1、C_1 和 R_2、C_2 组成的正反馈网络是不产生任何相移的。而本节介绍的相移振荡器是依靠反馈网络的相移工作的。这种振荡器的优点是失真比

较小,而且频率稳定性也比较好。相移振荡器可以做成单级放大器的,也可以做成多级放大器的。

9.3.1　单级相移振荡器

图 9.5 是单级放大器的相移振荡器电路。振荡器使用三级 RC 网络的串联,以达到很大的 $d\theta/d\omega$ 斜率,因而有很稳定的振荡频率。我们假设三个 RC 网络是互不影响的,所以有

$$A\beta = A \cdot \left(\frac{1}{1+sRC}\right)^3 \tag{9.13}$$

式中,A 是由运放和 R_2、R_1 组成的反相放大器的增益,可以看作实数。

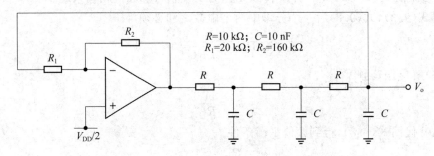

图 9.5　单级相移振荡器

当每个 RC 网络有 $60°$ 相移时,总的 RC 网络就有 $180°$ 的相移。从式(9.13)看,每个 RC 网络的相移可写为

$$\theta = -\tan^{-1}\omega RC \tag{9.14}$$

根据 $\theta = 60°$,可以从上式算出相应的振荡频率 ω_0

$$\omega_0 = \frac{\tan 60°}{RC} \approx \frac{1.732}{RC} \tag{9.15}$$

从式(9.13)还可以确定这个频率点上的反馈系数

$$\beta_0 = \frac{1}{|1+j\omega_0 RC|^3} = \frac{1}{|1+j\tan 60°|^3} = \frac{1}{8} \tag{9.16}$$

为了使振荡电路的增益等于 1,式(9.13)中的增益 A 应该等于 -8,即 $A = -R_2/R_1 = -8$。

图 9.5 中给出了用振荡频率等于 2.76 kHz 算出的一组元件值。如果用这些元件值搭建图 9.5 中的振荡器,实测的振荡频率在 3.7 kHz 左右,而不是想要的 2.76 kHz。振荡器所需的增益是 27,也不是想要的 8。这些差别的原因是,我们假设三个 RC 网络之间是互不影响的。这个假设显然是非常近似的,因为第二级和第三级 RC 网络都是前级的负载。这个振荡器的优点是,输出失真非常低,可以低到 0.5%,远小于未加增益控制的桥式振荡器。

9.3.2　多级相移振荡器

在图 9.5 中的每个 RC 网络后面都加接一个缓冲器,就构成**多级相移振荡器**,如图 9.6所示。显然,多级相移振荡器在性能上要比无缓冲的单级振荡器有很大的改进。由于缓冲器隔离了三个 RC 网络之间的相互影响,多级相移振荡器在频率和增益指标上都非常接近

上面单级振荡器的计算值。在图 9.6 中,用来确定增益的电阻 R_1 仍然是第三级 RC 网络的负载。如果用第四个运放对第三级 RC 网络的输出进行缓冲,可以得到更理想的特性。

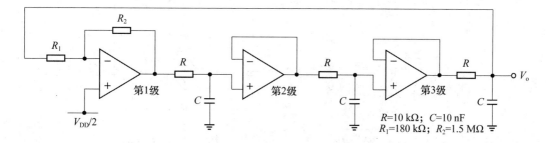

R=10 kΩ; C=10 nF
R_1=180 kΩ; R_2=1.5 MΩ

图 9.6 带缓冲的三级相移振荡器

多级相移振荡器的一个优点是可以获得低失真的正弦波,从最后一级 RC 网络的输出端可以得到最纯的正弦波。由于这一节点的阻抗比较高,所以在取出振荡波形时,需用一个高输入阻抗的电路,以避免负载对振荡器的影响。这同时又避免了因负载变化引起的频率偏移。如果把第一级的增益平均地分配到其他两级,可以得到更优性能。此外,除三级相移振荡器外,还可以有四级相移振荡器。四级相移振荡器除了有更高的频率稳定性外,还可以提供四个相互有 45°相移的正弦信号。

9.4 高频振荡器

有源 LC 振荡器,比如下面要介绍的考毕兹振荡器,可以工作在很高的频率区。这些振荡器,由于运放达不到那样高的频率,只能用分离晶体管做放大器。本节简要介绍两种**高频振荡器**:考毕兹振荡器和晶体振荡器。晶体振荡器的工作原理来自考毕兹振荡器[Neamen,p945]。

9.4.1 考毕兹振荡器

考毕兹振荡器也叫**电容三点式振荡器**。图 9.7(a)表示使用 MOS 管的考毕兹振荡器电路,用 BJT 也可以组成考毕兹振荡器。图中由 L、C_1 和 C_2 组成的并联谐振网络确定了电路的振荡频率。电路依靠了电容 C_1 和 C_2 对电感上的电压进行分压,并把分压所得的反馈电压加到 MOS 管的栅极而工作的。电阻 R 和 MOS 管为电路提供必需的增益,电阻 R_{G1} 和 R_{G2} 为 MOS 管提供栅极偏压。我们假设晶体管有很高的工作频率,所以振荡频率仅取决于外部的 LC 元件。

图 9.7(b)是图 9.7(a)中电路的小信号等效电路,MOS 管的输出电阻 r_o 已被并入电阻 R。先对输出端使用 KCL

$$\frac{V_o}{1/sC_1} + \frac{V_o}{R} + g_m V_{gs} + \frac{V_o}{sL + 1/sC_2} = 0 \qquad (9.17)$$

栅源电压可计算为

$$V_{gs} = \frac{1/sC_2}{sL + 1/sC_2} V_o \qquad (9.18)$$

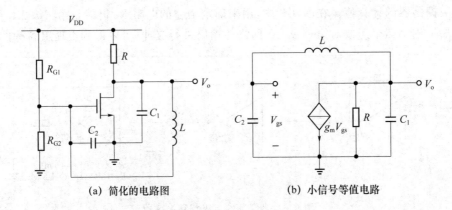

(a) 简化的电路图　　　　　　(b) 小信号等值电路

图 9.7　MOS 管考毕兹振荡器

把式(9.18)代入式(9.17),得到

$$s^3 C_1 C_2 L + s^2 \frac{C_2 L}{R} + s(C_1 + C_2) + \left(\frac{1}{R} + g_m\right) = 0 \tag{9.19}$$

用 $j\omega$ 代替 s,得到

$$j\omega(C_1 + C_2 - \omega^2 C_1 C_2 L) + \left(g_m + \frac{1}{R} - \frac{\omega^2 C_2 L}{R}\right) = 0 \tag{9.20}$$

振荡的条件是式(9.20)左边的实部和虚部都等于零。从虚部等于零,解得振荡频率

$$\omega_0 = \sqrt{\frac{C_1 + C_2}{C_1 C_2 L}} = \frac{1}{\sqrt{L\left(\frac{C_1 C_2}{C_1 + C_2}\right)}} \tag{9.21}$$

从实部等于零,得到

$$\frac{\omega_0^2 C_2 L}{R} = g_m + \frac{1}{R} \tag{9.22}$$

将式(9.21)代入式(9.22),得到

$$\frac{C_2}{C_1} = g_m R \tag{9.23}$$

式(9.23)表示,为了维持振荡,必须有 $g_m R > C_2/C_1$,其中 g_m 为 MOS 管的跨导,$g_m R$ 就是电路在中低频区的电压增益。这就是说,振荡频率应该在 MOS 管的中低频区内。

9.4.2　晶体振荡器

　　压电晶体(比如石英)加上电压后,会呈现机电谐振特性。这种振荡是极其稳定的,不随时间和温度而变,其温度系数在 1 ppm/C° 左右。而晶体的振荡频率是由晶体的尺寸决定的,所以每个晶体的振荡频率是固定不变的。

　　压电晶体的电路符号如图 9.8(a)所示,图 9.8(b)是它的等效电路。其中的电感 L 可以有很大的变化范围,串联电容 C_1 一般在 0.001 pF 的量级,并联电容 C_2 在几个 pF 的量级。晶体的 Q 值非常高,一般在 10^4 的量级(Q 值是指谐振时容抗或感抗与电阻 r 之比)。这表示串联电阻 r 非常小,通常可以略去。

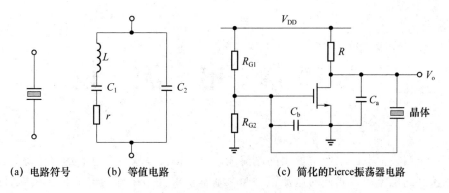

(a) 电路符号   (b) 等值电路   (c) 简化的Pierce振荡器电路

图 9.8 压电晶体与 Pierce 振荡器

略去 r 后,图 9.8(b)中的等效电路的阻抗可计算为

$$Z(s) = \frac{1}{sC_2} \frac{s^2 + 1/(C_1 L)}{s^2 + (C_1 + C_2)/(C_1 C_2 L)} \tag{9.24}$$

式(9.24)表示,压电晶体有两个谐振频率。一个是由分子中的 L 和 C_1 组成的串联谐振频率 f_1。当信号频率等于串联谐振频率时,图 9.8(b)左边串联支路的阻抗趋于零。另一个是由分母中的 L 和 C_1、C_2 组成的并联谐振频率 f_2,其中 C_1 和 C_2 为串联关系,串联电容为 $C_1 C_2/(C_1 + C_2)$。当并联谐振时,晶体的阻抗趋于无穷大。通常情况下,$C_1 \ll C_2$,所以 f_1 和 f_2 非常接近。

当频率在 f_1 和 f_2 之间时,晶体表现为感性,此时的晶体可以用作图 9.7(a)考毕兹振荡器中的电感 L。图 9.8(c)表示用晶体代替图 9.7(a)中电感 L 后的振荡电路,这个振荡电路被称为 **Pierce 振荡器**。我们一般使用的晶体振荡器就是这种结构。由于晶体只在非常窄的频率区内呈现电感特性,所以振荡器的频率也就被固定在这个窄带内,不受偏压和温度变化的影响。晶体振荡器的频率一般在数十千赫至数十兆赫的范围。

练 习 题

9.1 在图 9.5 的单级相移振荡器中,假设 $R = 2 \text{ k}\Omega$、$C = 20 \text{ nF}$ 和 $R_1 = 2 \text{ k}\Omega$。要求确定:(a)振荡频率;(b)使电路维持振荡所需的 R_2 最小阻值。假设三个 RC 网络互不影响。

第10章 电 流 镜

本章介绍模拟电路中经常使用的**电流镜**。电流镜就是从一个已有的电流源导出另一个电流成比例的电流源。我们对电流镜有两个基本要求：(1)精确的电流传递关系，即输出电流 I_O 需精确地跟随输入电流 I_{IN}；(2)极高的输出电阻，使输出电流 I_O 不随输出电压 v_O 而变(输出电压 v_O 是由外电路决定的)。电流镜一般有两个用途：(1)用来对晶体管进行偏置；(2)取代放大器中的负载电阻，组成有源负载放大器。

本章的讨论从最简单的两管电流镜开始，然后讨论改进型的电流镜，以及 cascode 电流镜和 Wilson 电流镜；最后讨论把电流镜用作放大器的有源负载。本章也仅讨论 MOS 管的电流镜，而讨论中使用的方法和概念同样适用于 BJT 电流镜。

10.1 MOS 两管电流镜

本节导出 MOS 两管电流镜的输入电流与输出电流之间的关系，并计算 MOS 电流镜的输出电阻，最后说明如何用第三个 MOS 管来设定电流镜的输入电流。

电流传递关系：图 10.1(a)表示基本的 MOS 两管电流镜，图中使用了两个 NMOS 管。M_1 的栅极与漏极是短接的，所以 M_1 总是工作在有源区。假设 $\lambda=0$($\lambda=1/V_A$，用来表示 Early 效应；但在 dc 分析中一般可以略去)，输入电流就可表示为

$$I_{IN}=K_{n1}(V_{GS}-V_{tn})^2 \tag{10.1}$$

式中，V_{tn} 为 NMOS 管的阈值电压，K_{n1} 为 M_1 的**器件导电因子**，并有表达式〔见式(3.11)〕

$$K_{n1}=\frac{1}{2}k_n'\left(\frac{W}{L}\right)_1 \tag{10.2}$$

式中，$k_n'=\mu_n C_{ox}$ 为 NMOS 管的**跨导因子**〔见式(3.8)〕，$(W/L)_1$ 为 M_1 的宽长比。

由式(10.1)得到

$$V_{GS}-V_{tn}=\sqrt{\frac{I_{IN}}{K_{n1}}} \tag{10.3}$$

假设 M_2 也在有源区。从 M_1 和 M_2 有相同的栅源电压，可以写出电流镜的输出电流表达式

$$I_O=K_{n2}(V_{GS}-V_{tn})^2=K_{n2}\cdot\frac{I_{IN}}{K_{n1}} \tag{10.4}$$

式中，K_{n2} 为 M_2 的器件导电因子，并有表达式

$$K_{n2}=\frac{1}{2}k_n'\left(\frac{W}{L}\right)_2 \tag{10.5}$$

如果 M_1 和 M_2 完全一样，就有 $K_{n1}=K_{n2}$。式(10.4)变为

$$I_O=I_{IN} \tag{10.6}$$

式(10.6)之所以成立,除 M_1 和 M_2 完全一样外,还因为略去了 Early 效应。如果两个 MOS 管的宽长比发生改变,I_O 与 I_{IN} 之间的比例也会改变。这可以写为

$$I_O = \frac{(W/L)_2}{(W/L)_1} I_{IN} \tag{10.7}$$

利用式(10.7),可以容易地设计出具有任何比率的 MOS 电流镜。(图 10.1 中 M_1 的栅极与漏极是短接的,这使 M_1 总是工作在有源区。我们把 MOS 管栅极与漏极短接或 BJT 基极与集电极短接的方法,称为**二极管接法**,因为从外观和性能上都与二极管相似。)

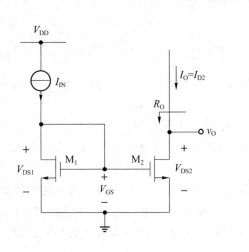
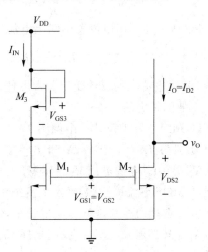

(a) 基本的MOS两管电流镜   (b) 用第三个MOS管设定电流镜的输入电流

图 10.1 基本的 MOS 管电流镜

输出电阻:从图 10.1(a)看,输出 MOS 管 M_2 是共源接法,而且栅极电位恒定不变,所以电流镜的输出电阻 R_O 就是 M_2 的交流输出电阻

$$R_O = r_O \tag{10.8}$$

用 MOS 管设定输入电流:双极电流镜中的输入电流 I_{IN} 一般是用电源电压和电阻串联产生的,而 MOS 管本身就是一个电阻,所以 MOS 电流镜的输入电流可以通过增加第三个 MOS 管来设定,如图 10.1(b)所示。

由于 MOS 管 M_1 和 M_3 是串联的,所以流过两个 MOS 管的电流一定相等。假设 $\lambda = 0$,就有

$$K_{n1}(V_{GS1} - V_{tn1})^2 = K_{n3}(V_{GS3} - V_{tn3})^2 \tag{10.9}$$

我们仍然假设所有 MOS 管的 V_{tn} 和 k_n' 都相同,再把式(10.9)中的 K_{n1} 和 K_{n3} 代换成 k_n' 和 W/L,像式(10.2)那样。整理后,得到

$$V_{GS1} = \sqrt{\frac{(W/L)_3}{(W/L)_1}} V_{GS3} + \left[1 - \sqrt{\frac{(W/L)_3}{(W/L)_1}}\right] V_{tn} \tag{10.10}$$

从图 10.1(b)可知

$$V_{GS1} + V_{GS3} = V_{DD} \tag{10.11}$$

再从式(10.10)找出 V_{GS3} 的表达式,代入式(10.11)。整理后,得到 V_{GS1} 和 V_{GS2} 的表达式

$$V_{GS1} = V_{GS2} = \frac{\sqrt{\frac{(W/L)_3}{(W/L)_1}}}{1 + \sqrt{\frac{(W/L)_3}{(W/L)_1}}} V_{DD} + \frac{1 - \sqrt{\frac{(W/L)_3}{(W/L)_1}}}{1 + \sqrt{\frac{(W/L)_3}{(W/L)_1}}} V_{tn} \qquad (10.12)$$

式(10.12)表示,可以用 M_1 和 M_3 的宽长比来调节 V_{GS1} 和 V_{GS2}。如果 M_1 和 M_3 的宽长比相同,就有

$$V_{GS1} = V_{GS2} = V_{GS3} = \frac{V_{DD}}{2} \qquad (10.13)$$

最后,可以从 V_{GS2} 算出电流镜的输出电流

$$I_O = \frac{1}{2}(\mu_n C_{ox})\left(\frac{W}{L}\right)_2 (V_{GS2} - V_{tn})^2 \qquad (10.14)$$

这使 MOS 管电流镜的设计变得非常方便,因为在 MOS 电路设计中,每个 MOS 管的宽长比都是可以随意指定的。

例题 10.1 要求设计一个像图 10.1(b)中的 MOS 电流镜,使电流镜的输入电流和输出电流分别为 $I_{IN} = 0.25$ mA 和 $I_O = 0.10$ mA。MOS 管参数为:$\mu_n C_{ox}/2 = 20 \mu A/V^2$,$V_{tn} = 1$ V,$\lambda = 0$。电源电压 $V_{DD} = 5$ V。

设计 MOS 电流镜,就是确定电流镜中所有 MOS 管的宽长比。首先选择输出管的栅源电压 V_{GS2}。选择的原则是 V_{GS2} 应尽量小,使 M_2 的漏源电压 V_{DS2} 有尽量大的有源区工作范围。但 V_{GS2} 又必须大于 V_{tn}。我们选择 $V_{GS2} = 1.8$ V,即 $V_{ov2} = 0.8$ V。用式(10.14)算出 M_2 的宽长比

$$\left(\frac{W}{L}\right)_2 = \frac{I_O}{\left(\frac{1}{2}\mu_n C_{ox}\right)(V_{GS2} - V_{tn})^2} = \frac{0.10}{(0.02)(1.8-1)^2} = 7.81$$

利用 $V_{GS1} = V_{GS2}$ 和 I_{IN} 并参照式(10.14),算出 M_1 的宽长比

$$\left(\frac{W}{L}\right)_1 = \frac{I_{IN}}{\left(\frac{1}{2}\mu_n C_{ox}\right)(V_{GS2} - V_{tn})^2} = \frac{0.25}{(0.02)(1.8-1)^2} = 19.5$$

再算出 V_{GS3}

$$V_{GS3} = V_{DD} - V_{GS1} = 5\,V - 1.8\,V = 3.2\,V$$

利用 V_{GS3} 和 I_{IN} 并参照式(10.14),算出 M_3 的宽长比

$$\left(\frac{W}{L}\right)_3 = \frac{I_{IN}}{\left(\frac{1}{2}\mu_n C_{ox}\right)(V_{GS3} - V_{tn})^2} = \frac{0.25}{(0.02)(3.2-1)^2} = 2.58$$

这个电流镜的 3 个 MOS 管的宽长比都已确定,而 M_2 有源区范围的低端是 0.8 V,这个低端电压就是 M_2 的过驱电压 V_{ov2}。只要 $V_{DS2} \geqslant V_{ov2} = 0.8$ V,就可保证 M_2 工作在有源区。

10.2 局部反馈电流镜

所谓**局部反馈**是指在 BJT 的发射极回路或 MOS 管的源极回路串联一个电阻,依靠电

流负反馈来提高输出电阻；这也就提高了输出电流的稳定性。图 10.2 表示对图 10.1(a)中的电流镜增加局部反馈后的电路。图中的串联电阻 R_S 被称为**退化电阻**，意思是**使晶体管的特性变弱，从平方率趋于线性**。这种局部反馈的方法对 BJT 电流镜很有效，但对于 MOS 电流镜很少使用。这是因为 MOS 管本身就是一个**受控电阻**，而且 MOS 管的跨导比较小，使局部负反馈的效果不明显。对于 MOS 电流镜，我们通常用 cascode 结构来提高输出电阻。10.3 节将讨论这一内容，而且还将顺便计算图 10.2 中电流镜的输出电阻。（图 10.2 中的电路被称为**Widlar 电流源**，将在后面 11.1 节讨论。）

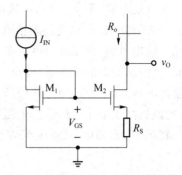

图 10.2　带有局部反馈的 MOS 管电流镜，R_S 为退化电阻

10.3　cascode 电流镜

我们可以有多种方法来提高电流镜的输出电阻，其中之一就是 cascode 电流镜。（cascode 一词源自 20 世纪初的真空管电路，用来表示**阴地栅地电路**。这个词被一直沿用至今，用来表示 BJT 放大器中的**共基共射电路**和 MOS 放大器中的**共栅共源电路**。）本节也仅分析 MOS cascode 电流镜。

图 10.3(a)是一个 MOS cascode 电流镜，其中 M$_2$ 是共源接法，M$_4$ 是共栅接法(V_{G4} 不变，而 V_{S4} 随 v_O 而变)，所以 M$_2$ 和 M$_4$ 组成一个 cascode 电路。如果图 10.3(a)中的四个 MOS 管完全一样，就有 $I_O = I_{IN}$。下面来确定这个 MOS 电流镜的输出电阻。

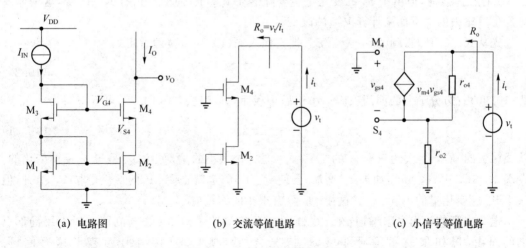

(a) 电路图　　　　　　　　(b) 交流等值电路　　　　　　　(c) 小信号等值电路

图 10.3　MOS cascode 电流镜

图 10.3(a)中 MOS 电流镜的输出电阻就是从 M$_4$ 的漏极向下看到的交流电阻，我们用小信号等效电路来计算。由于 I_{IN} 是恒定不变的，所以四个 MOS 管的栅极电位也都是恒定不变的，都可以看成交流地。因此，输出电阻仅与电路右边的 M$_2$ 和 M$_4$ 有关。这就得到图 10.3(b)和(c)中的交流和小信号等效电路，其中的 v_t 是外加的试验电压。

从直观上看,图 10.3(a)中输出电压 v_O 的改变量是在 M_2 和 M_4 之间分配的,而分压的多少与 M_2 和 M_4 所呈现的阻值有关。考虑到 M_2 是共源接法,M_4 是共栅接法,二者有几乎相同的输出电阻,所以输出电压的变化量将在 M_2 与 M_4 之间平分(如果 M_2 与 M_4 的尺寸相同)。但从反馈的角度看,输出电压 v_O 的升高会通过分压使 M_2 的漏极电位升高,使 M_4 的栅源电压减小,使输出电流回落。结果是电流镜的输出电流 I_O 几乎不随输出电压 v_O 而变;这就提高了电流镜的输出电阻。下面来具体计算。

在图 10.3(c)中,试验电流 i_t 由 $g_{m4}v_{be4}$ 和流过 r_{o4} 的电流组成

$$i_t = g_{m4}r_{o4} + \frac{v_t - (-v_{gs4})}{r_{o4}} \tag{10.15}$$

试验电压等于电阻 r_{o2} 和 r_{o4} 上的压降之和

$$v_t = (i_t - g_{m4}v_{gs4})r_{o4} + i_t r_{o2} \tag{10.16}$$

由于

$$v_{gs4} = -i_t r_{o2} \tag{10.17}$$

式(10.16)可改写为

$$v_t = i_t [r_{o4} + r_{o2}(1 + g_{m4}r_{o4})] \tag{10.18}$$

由式(10.18)得到电流镜的输出电阻

$$R_o \equiv \frac{v_t}{i_t} = r_{o4} + r_{o2}(1 + g_{m4}r_{o4}) \tag{10.19}$$

所以,MOS cascode 电流镜的输出电阻 R_o 要比两管 MOS 电流镜的输出电阻 r_o 高出约 $g_{m4}r_{o4}$ 倍;而 $g_{m4}r_{o4}$ 约等于一级 MOS 放大器的电压增益,是一个很大的数。不过,实际电路中一般达不到式(10.19)这么高的倍数(由于电流泄漏的原因[Neamen,p605])。这种电流镜的缺点是,由于输出回路由 M_2 和 M_4 串联而成,使最低输出电压被抬高了。这个电路的另一个问题是 M_4 存在体效应,但由于 v_O 的变化量主要降落在 V_{DS4} 上,使 V_{GS4} 只有少许改变,这个体效应是可以略去的。下面来计算 V_{GS4} 的改变量 v_{gs4}。

先从式(10.17)得到 $i_t = -v_{gs4}/r_{o2}$,把它代入式(10.18),整理后得到

$$-\frac{v_t}{v_{gs4}} = \frac{r_{o4} + r_{o2} + g_{m4}r_{o4}r_{o2}}{r_{o2}} \tag{10.20}$$

式(10.20)右边分子上的前两项因远小于后一项而可以略去,式(10.20)可近似写为

$$\frac{v_t}{v_{gs4}} \approx -g_{m4}r_{o4} \tag{10.21}$$

从式(10.21)看,v_{gs4} 大约只有 v_t 的 $1/g_{m4}r_{o4}$,是一个很小的量,而且 v_{gs4} 是与 v_t 反向变化的。在图 10.3(a)中,这表示:如果 v_O 增加,会使 v_{gs4} 下降,也就是使 M_4 的源极电位 V_{S4} 上升,但只上升 v_O 变化量的 $1/g_{m4}r_{o4}$。这使 M_4 只有很小的体效应。

退化电阻使输出电阻增加:在 10.2 节中,我们说明了对 MOS 电流镜一般不用局部反馈的理由,但如果使用了局部反馈,情况会如何呢? 式(10.19)回答了这个问题。图 10.3(a)中的 M_4 相当于图 10.2 中的 M_2,而图 10.3(a)中的 M_2 相当于图 10.2 中的退化电阻 R_S。所以,图 10.2 中的输出电阻 R_o 可仿照式(10.19)写为

$$R_o = r_{o2} + R_S(1 + g_{m2}r_{o2}) \tag{10.22}$$

式中,r_{o2} 为图 10.2 未接 R_S 时的输出电阻。所以,图 10.2 中采用局部反馈后的输出电阻 R_o 比原先的输出电阻 r_{o2} 增加了大约 $g_{m2}R_S$ 倍。其中,g_{m2} 为 M_2 的跨导,一般比较小(大约只有

BJT 的 $1/10$);而 R_s 因为难以制做以及会抬高最低输出电压而无法做得很大。所以,这种局部反馈结构只能用在小电流的电路中,如 Widlar 电流源(在 11.1 节讨论)。

例题 10.2 要求比较图 10.1(a)中基本两管 MOS 电流镜与图 10.3(a)中 MOS cascode电流镜的输出电阻。假设两个电路中的 $I_{IN}=I_O=100\mu A$,所有 MOS 管都有相同的参数:$\lambda=0.01/V$,$g_m=0.5\ mA/V$。

用式(10.8)计算两管 MOS 电流镜的输出电阻 $R_o=r_o=1/(\lambda I_{IN})=1/(0.01\times100\times10^{-6})\ M\Omega=1\ M\Omega$。

用式(10.19)计算 MOS cascode 电流镜的输出电阻 $R_o=(1\times10^6)+(1\times10^6)\times(1+0.5\times10^{-3}\times1\times10^6)\ M\Omega=502\ M\Omega$。这个 $502\ M\Omega$ 的输出电阻只是理想值,实际 MOS 管中存在的很小的泄漏电流将会降低晶体管的交流输出电阻。◀

10.4 Wilson 电流镜

Wilson 电流镜是一种三管电流镜。从结构上看,要比 cascode 电流镜简单些,但同样可以提供很高的输出电阻。本节也仅分析 MOS Wilson 电流镜。

图 10.4(a)是基本的三管 MOS Wilson 电流镜。由于 MOS 管 M_1 和 M_2 的 V_{DS} 不同(V_{DS1} 总比 V_{DS2} 高一个 V_{GS3}),使两个 MOS 管的漏极电流不等。这个问题可以通过增加 MOS 管 M_4 来解决,这就是图 10.4(b)中的电路。如果假设 $I_O=I_{IN}$,以及四个 MOS 管的尺寸都相同,由于流过四个 MOS 管的电流都相等(假设 M_3 的漏极与栅极等电位),这些 MOS 管的栅源电压和漏源电压也都是相等的。

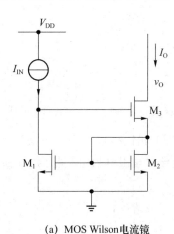

(a) MOS Wilson电流镜   (b) 改进后的四管MOS Wilson电流镜

图 10.4

但输出电压 v_O 是变化的,因为它是由外电路决定的。在图 10.4(b)中,当输出电压 v_O 变高使 I_O 增加时,M_2 的漏极电位也变高,使 M_1 的漏极电位下降(M_1 可以看成是以恒流源为负载的反相放大器);这使 M_3 和 M_4 的栅极电位下降。这也就是说,输出电压 v_O 变高会使 M_3 的栅源电压变小,使 I_O 几乎回落到原先的电流值。所以,这个电流镜的输出电流会非常稳定,也就是,有非常大的输出电阻。下面来计算这个输出电阻。

从图 10.4(a)可以画出图 10.5 中的小信号等效电路。图中，v_t 是外加的试验电压，我们需要算出 i_t 以确定输出电阻 R_o。

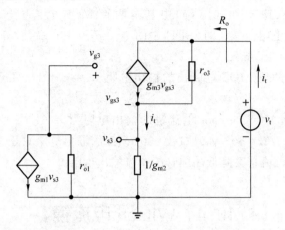

图 10.5　图 10.4(a)中 Wilson 电流镜的小信号等效电路

先找出 v_{gs3}。图 10.5 中的 v_{s3} 和 v_{g3} 可分别计算为

$$v_{s3} = \frac{i_t}{g_{m2}} \tag{10.23}$$

$$v_{g3} = -g_{m1} v_{s3} r_{o1} = -\left(\frac{i_t}{g_{m2}}\right) g_{m1} r_{o1} \tag{10.24}$$

从上面两式算出 v_{gs3}

$$v_{gs3} = -\left(\frac{i_t}{g_{m2}}\right) g_{m1} r_{o1} - \frac{i_t}{g_{m2}} = -\frac{i_t}{g_{m2}}(g_{m1} r_{o1} + 1) \tag{10.25}$$

试验电流 i_t 由 $g_{m3} v_{gs3}$ 和流过 r_{o3} 的电流组成

$$i_t = g_{m3} v_{gs3} + \frac{v_t - v_{s3}}{r_{o3}} \tag{10.26}$$

把式(10.23)和式(10.25)代入式(10.26)，得到

$$\frac{v_t}{r_{o3}} = i_t \left[1 + \frac{1}{g_{m2} r_{o3}} + \frac{g_{m3}}{g_{m2}}(g_{m1} r_{o1} + 1)\right] \tag{10.27}$$

式(10.27)中，通常有 $g_{m2} r_{o3} \gg 1$，所以 $1/(g_{m2} r_{o3})$ 与 1 相比可以略去。再假设 M_1 和 M_2 的尺寸完全一样。从流过的电流相同，可知它们的跨导和输出电阻也都相同。由此，电流镜的输出电阻可表示为

$$R_o \equiv \frac{v_t}{i_t} \approx r_{o3} \left(1 + g_{m3} r_{o1} + \frac{g_{m3}}{g_{m2}}\right) \tag{10.28}$$

一般来说，g_{m2} 和 g_{m3} 非常接近，所以式(10.28)右边的 1 和 g_{m3}/g_{m2} 都可略去。输出电阻可近似写为

$$R_o \approx g_{m3} r_{o1} r_{o3} \tag{10.29}$$

式(10.29)表示，MOS Wilson 电流镜的输出电阻要比图 10.1(a)中的两管 MOS 电流镜高出大约 $g_{m3} r_{o3}$ 倍，而 $g_{m3} r_{o3}$ 近似等于一个 MOS 放大级的电压增益，是一个很大的数。

最后，图 10.4 中的 M_3 也存在体效应，因为 M_3 的源极不是交流地，是传递信号的。但由于源极电位 v_{s3} 的变化很小，所以 M_3 的体效应也很小。此外，图 10.4(b)中四管 MOS

Wilson 电流镜的输出电阻仍然是式(10.29)所表示的,因为增加 M_4 只是在电流源 I_{IN} 和 M_1 漏极之间串联一个固定电压,也就是对 M_3 的栅极串联一个固定电压,所以不会影响电路的输出电阻。

例题 10.3 对于图 10.4(b)中的四管 MOS Wilson 电流镜,假设所有 MOS 管的尺寸都相同,并有参数:$V_{tn}=1$ V,$K_n=0.5$ mA/V^2,$\lambda=0$。如果 $I_{IN}=I_O=200$ μA,要求确定四个 MOS 管的 V_{GS} 和 V_{DS}。

用式(10.3)计算 M_1 和 M_2 的栅源电压

$$V_{GS}=V_{tn}+\sqrt{\frac{I_{IN}}{K_n}}=1 \text{ V}+\sqrt{\frac{200\times10^{-6}}{0.5\times10^{-3}}} \text{ V}=1.63 \text{ V}$$

由此,M_3 和 M_4 的栅源电压也都等于 1.63 V。四个 MOS 管的 V_{DS} 也都等于 1.63 V。◀

10.5　有源负载放大器

前面提到的许多放大器都以电阻为负载,这些放大器的电压增益与负载电阻的阻值成正比。想提高放大器的增益,就需要用很大的负载电阻,这就意味着高电压和大功率,是不可取的。解决这一问题的关键是摆脱电阻的束缚,这就是引入**有源负载**的原因。而**有源负载**就是用 BJT 或 MOS 管的小信号输出电阻来代替负载电阻。这些小信号输出电阻的阻值都很大,一般在数十至数百千欧的范围。

有源负载中最常用的是**互补有源负载**。这是指放大器的放大管与负载管是互补的。比如,放大管用 NPN 管或 NMOS 管,负载管就用 PNP 管或 PMOS 管。下面分别用图解法和解析法来分析互补有源负载的 BJT 和 MOS 放大器的大信号特性。

10.5.1　双极有源负载放大器

图 10.6 是双极互补有源负载共射放大器,其中放大管 Q_1 是 NPN 管,负载管 Q_2 是互补的 PNP 管。Q_3 也是 PNP 管,它与 Q_2 构成电流镜。Q_3 的作用是为 Q_2 的基极提供恒定的电位。

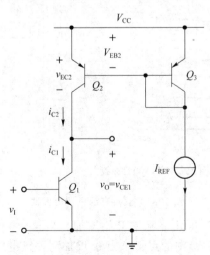

图 10.6　用 PNP 管做有源负载的双极互补共射放大器

分析放大器有两种方法:一种是大信号分析,也称 dc 分析;另一种是小信号分析,也称 ac 分析。二者各有所长。大信号分析采用晶体管的 *I-V* 曲线或方程来分析放大器的工作状态,确定放大器的线性工作区和非线性失真;缺点是分析起来比较麻烦。小信号分析只是围绕晶体管特性曲线上的某一点进行,分析起来比较容易;缺点是对放大器究竟工作在什么状态、有多少非线性失真一无所知。下面先做 dc 分析,以对放大器的工作状态有一个全面的了解。然后用 ac 分析,计算放大器的 A_v 和 R_o。

1. 大信号分析

在大信号分析时,我们使用图 10.7 中的曲线。图 10.7(a)是大家熟悉的 NPN 管的输出特性曲线。当输入电压 v_1 变化时,Q_1 会来回地工作在这些曲线之间,并由负载确定在这些曲线上的工作点。把这些工作点连起来就得到所谓的**负载线**。如果放大器是电阻负载,负载线是一条直线。如果放大器是有源负载,负载线就是图 10.7(b)中的这条 *I-V* 曲线。由于负载管的基射极电压 V_{EB2} 是固定的(如图 10.6 所示),所以 Q_2 只工作在图 10.7(b)中的这条曲线上。

在图 10.7(c)中,我们把图 10.7(b)中负载管的 *I-V* 曲线叠加到图 10.7(a)中放大管的 *I-V* 曲线上。叠加时,先把图 10.7(b)中的曲线绕垂直轴倒转过来,再把倒转后的曲线右移,使它的原点与 V_{CC} 重合。这就得到图 10.7(c)中的样子。我们的目的是,利用图 10.7(c)找出有源负载放大器的传递曲线。

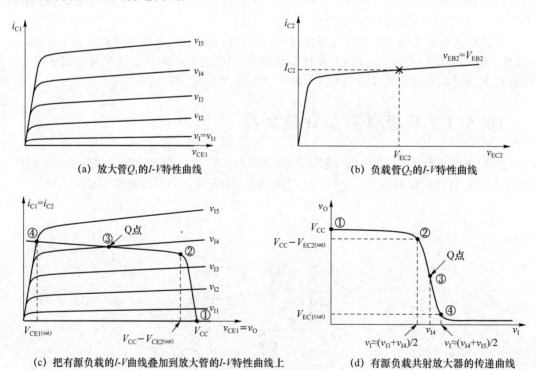

(a) 放大管Q_1的*I-V*特性曲线

(b) 负载管Q_2的*I-V*特性曲线

(c) 把有源负载的*I-V*曲线叠加到放大管的*I-V*特性曲线上

(d) 有源负载共射放大器的传递曲线

图 10.7　双极有源负载放大器

现在让图 10.6 中的输入电压 v_1 从零开始增加。当 $v_1 = 0$ 时,放大管 Q_1 截止,负载管 Q_2 处于饱和区,这是图 10.7(c)中的点①。当 v_1 增加到一定电压时,放大管 Q_1 开始通导并进入有源区,而负载管仍处于饱和区;这是图中从①到②的区间。继续增加 v_1,会使工作点到达点②。此时,负载管因流入较大的电流而离开饱和区、进入有源区。再增加 v_1,工作点会很快经过点③,到达点④。由于在②到④的区间内 Q_1 和 Q_2 都处于有源区,都有很平坦的曲线,所以很小的 v_1 变化就可以把工作点从②移到④。图 10.7 中的 Q 点称为放大器的**静态工作点**。静态工作点一般设在②与④之间的中点③。

从点④开始,放大管进入饱和区,而负载管仍处于有源区(因为 V_{EC2} 很大),放大器的输出几乎不随 v_1 而变,总是等于放大管的饱和电压 $V_{CE1(sat)}$,在 0.6 V 左右。

把上面得到的 v_1 与 v_0 的数据画成曲线,就得到图 10.7(d)中的放大器传递曲线。放大器的工作范围被限制在②和④之间的线性部分,此时的放大管和负载管都在有源区。离开这个区间,放大器的增益会迅速下降,同时伴有很大的非线性失真。

放大器的电压增益也可以从图 10.7(d)算出,这就是图中②与④之间连线的斜率。但实际计算时,由于特性曲线或 I-V 方程的非线性(指 BJT 的指数率和 MOS 管的平方率),会使计算比较复杂(下面的 MOS 放大器分析中,会看到这一点)。对此,我们一般求助于小信号分析法。

2. 小信号分析

图 10.8 画出了图 10.6 中有源负载放大器的小信号等效电路。由于图 10.6 中的电流源 I_{REF} 是恒定的,负载管的基极就可以看作信号地;这使图 10.8 中的电流源 $g_{m2}v_{be2}=0$。在计算放大器的输出电阻时,需要使 $v_1=0$,因而 $v_{be1}=0$ 和 $g_{m1}v_{be1}=0$。这样,输出电阻可容易地写为

$$R_o = r_{o1} \| r_{o2} \tag{10.30}$$

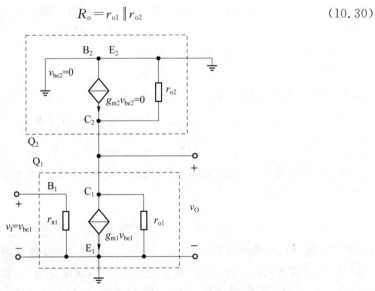

图 10.8　有源负载共射放大器的小信号等效电路

从式(10.30)可知,由于 r_{o1} 和 r_{o2} 与流过晶体管的电流大小成反比,所以有源负载放大器的小信号输出电阻 R_o 也与流过晶体管的电流大小成反比(MOS 管也是如此);电流越小,R_o 越大。

在计算放大器的电压增益时,由于 $v_{be2}=0$,所以仅剩下电流源 $g_{m1}v_{be1}$ 流过 r_{o1} 和 r_{o2} 的并联电路。由此,放大器的电压增益可写为

$$A_v = -g_{m1}(r_{o1} \| r_{o2}) \tag{10.31}$$

从式(10.31)看,由于跨导 g_m 与流过器件的电流成正比,而小信号输出电阻 r_{o1} 和 r_{o2} 与流过器件的电流成反比,所以有源负载放大器的电压增益与流过器件的电流大小无关,只与器件的尺寸和制造工艺有关。双极有源负载放大器的电压增益一般在 100 至 1 000 的范围,是非常高的。

10.5.2 MOS 有源负载放大器

10.5.1 节用图解法找出了 BJT 放大器的传递曲线。本小节用解析法导出有源负载 CMOS 放大器的传递特性。图 10.9(a)表示一个基本的 CMOS 有源负载放大器。图中的放大管 M_1 是 NMOS 管,负载管 M_2 是互补的 PMOS 管,M_3 也是 PMOS 管。M_3 与 M_2 组成电流镜,为 M_2 的栅极提供恒定的偏压。

1. 大信号分析

首先假设图 10.9(a)中的 MOS 管 M_1 和 M_2 都在有源区。根据 $i_{D1} = i_{D2}$,可以写出

$$K_n (v_I - V_{tn})^2 (1 + \lambda_n v_O) = K_p (V_{SG} - |V_{tp}|)^2 [1 + \lambda_p (V_{DD} - v_O)] \tag{10.32}$$

式中,K_n 和 K_p 分别为 n 沟和 p 沟 MOS 管的**器件导电因子**〔见式(3.11)〕。在图 10.9(a)中,V_{SG}、v_{SD2} 和 V_{SD3} 都是正值,V_{tp} 是负值。

基准电流源 I_{REF} 可通过 M_3 计算为

$$I_{REF} = K_p (V_{SG} - |V_{tp}|)^2 (1 + \lambda_p V_{SD3}) \tag{10.33}$$

式中,由于 V_{SD3} 很小和 $\lambda_p \ll 1$,右边最后一项 $\lambda_p V_{SD3}$ 可以略去。式(10.33)变为

$$I_{REF} \approx K_p (V_{SG} - |V_{tp}|)^2 \tag{10.34}$$

把式(10.34)代入式(10.32)的右边,得到

$$K_n (v_I - V_{tn})^2 (1 + \lambda_n v_O) = I_{REF} [1 + \lambda_p (V_{DD} - v_O)] \tag{10.35}$$

现在假设 $\lambda_n = \lambda_p = \lambda (\lambda = 1/V_A, V_A$ 为 Early 电压),式(10.35)可演算为

$$K_n (v_I - V_{tn})^2 = I_{REF} \frac{1 + \lambda V_{DD} - \lambda v_O}{1 + \lambda v_O} = I_{REF} \left(\frac{\lambda V_{DD}}{1 + \lambda v_O} + \frac{1 - \lambda v_O}{1 + \lambda v_O} \right)$$

$$\approx I_{REF} [\lambda V_{DD} + (1 - 2\lambda v_O)] \tag{10.36}$$

式(10.36)中的近似等号是因为使用了 $\lambda v_O \ll 1$ 和二项式的近似计算式[见式(5.33)]。

由式(10.36)得到

$$v_O = \frac{1}{2\lambda} \left[1 + \lambda V_{DD} - \frac{K_n}{I_{REF}} (v_I - V_{tn})^2 \right] \tag{10.37}$$

由于假设 M_1 和 M_2 都处于饱和区,式(10.37)只适用于传递曲线的线性区。

所以,在使用式(10.37)之前,还需确定线性区,这就是图 10.9(b)中位于 A 点和 B 点之间的区域〔图 10.9(b)的曲线与图 10.7(c)中的相似〕。A 点表示放大管 M_1 已经充分导电,可以从 M_2 拉出足够的电流,使 M_2 离开三极管区、进入饱和区。与 A 点对应的输出电压为 $v_O = V_{DD} - |V_{ov2}|$,此时的输入电压 $v_I = v_{I4}$。〔$|V_{ov2}| = V_{SG2} - |V_{tp}|$,为 M_2 的**过驱电压**,也见式(3.14)。〕B 点表示:当增加输入电压 v_I 使输出电压下降到等于放大管的过驱电压 V_{ov1} 时,放大管开始进入三极管区,而负载管仍在有源区。下面的例题 10.4 将计算 A 点和 B 点的电压值。

现在就可以从式(10.37)算出 CMOS 有源负载共源放大器在线性区内的电压增益

$$A_v \equiv \frac{dv_O}{dv_I} = -\frac{K_n}{\lambda I_{REF}} (v_I - V_{tn}) \tag{10.38}$$

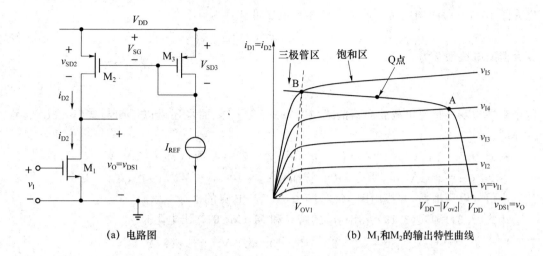

(a) 电路图 (b) M_1和M_2的输出特性曲线

图 10.9 使用互补有源负载的 CMOS 共源放大器

式(10.38)表示,放大器的电压增益与 v_1 成正比,这是由于 MOS 器件 I-V 平方率的原因。但在实际的放大器中,v_1 被限制在很窄的线性区内,由此引起的非线性是很小的。

2. 小信号分析

我们也可以用小信号等效电路来计算电压增益和输出电阻。对于图 10.9(a)中的 CMOS 有源负载放大器,可以画出图 10.10 中的两个小信号等效电路。

图 10.10(a)用于计算输出电阻,v_t 是外加的试验电压,i_t 是在 v_t 驱动下产生的试验电流(v_1 需置零)。由于 M_1 和 M_2 的栅极都是 ac 地,所以电流源 $g_{m1}v_{sg1}$ 和 $g_{m2}v_{sg2}$ 都等于零。而有源负载放大器的输出电阻可以简单地表示为

$$R_o \equiv \frac{v_t}{i_t} = r_{o1} \parallel r_{o2} \tag{10.39}$$

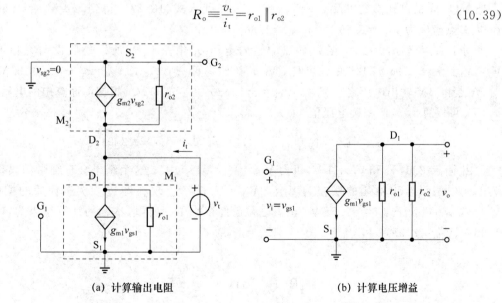

(a) 计算输出电阻 (b) 计算电压增益

图 10.10 MOS 有源负载放大器的小信号等效电路

在计算电压增益时,由于 M_2 的栅极电位是恒定的,所以 $g_{m2}v_{sg2}=0$。图 10.10(a)即简

化为图 10.10(b)中的电路。放大器的输出电压可计算为

$$v_{\text{o}} = -g_{\text{m1}} v_{\text{i}} (r_{\text{o1}} \| r_{\text{o2}}) \tag{10.40}$$

放大器的电压增益为

$$A_{\text{v}} \equiv \frac{v_{\text{o}}}{v_{\text{i}}} = -g_{\text{m1}} (r_{\text{o1}} \| r_{\text{o2}}) \tag{10.41}$$

这个结果与双极有源负载放大器的式(10.31)完全一样,而且还可以证明与式(10.38)也是一样的。

例题 10.4 图 10.9(a)中的 CMOS 共源放大器有参数:$V_{\text{DD}} = 10 \text{ V}$,$V_{\text{tn}} = |V_{\text{tp}}| = 1 \text{ V}$,$\mu_{\text{n}} C_{\text{ox}} \approx 2\mu_{\text{p}} C_{\text{ox}} = 20 \text{ } \mu\text{A/V}^2$,所有 MOS 管都有 $V_A = 100 \text{ V}$ 和 $W/L = 10$,$I_{\text{REF}} = 100 \text{ } \mu\text{A}$。要求计算小信号电压增益,并找出图 10.9(b)中 A 点和 B 点的坐标[Neamen]。

用式(3.31)和式(3.19)算出 M_1 的跨导和 M_1、M_2 的输出电阻

$$g_{\text{m1}} = \sqrt{2 \times 20 \times 10 \times 100} \text{ mA/V} = 0.2 \text{ mA/V}$$

$$r_{\text{o1}} = r_{\text{o2}} = \frac{100}{100} \text{ M}\Omega = 1 \text{ M}\Omega$$

放大器的电压增益可用式(10.41)算出

$$A_{\text{v}} = -0.2 \times (1\,000/2) = -100$$

计算 A 点与 B 点坐标时,先要确定图 10.9(a)中 M_2 的 V_{SG}。这可以用式(3.24)来计算

$$I_{\text{D}} = \frac{1}{2} k_{\text{p}}' \left(\frac{W}{L}\right)_2 (v_{\text{SG}} - |V_{\text{tp}}|)^2 (1 + \lambda v_{\text{SD2}})$$

式中,由于 λv_{SD2} 远小于 1 而可以略去。再代入已知数据后,解得 $V_{\text{SG}} \approx 2.41 \text{ V}$。在图 10.9(b)中,A 点的电压等于 V_{DD} 减去 M_2 的过驱电压

$$V_{\text{OA}} = V_{\text{DD}} - |V_{\text{ov2}}| = V_{\text{DD}} - (V_{\text{SG}} - |V_{\text{tp}}|) = 10 - (2.41 - 1) = 8.59 \text{ V}$$

再把 MOS 管的已知参数以及 $v_{\text{O}} = V_{\text{OA}} = 8.59 \text{ V}$ 代入式(10.37),得到 $v_{\text{I}} = V_{\text{IA}} = 1.96 \text{ V}$。所以 A 点坐标为 $V_{\text{OA}} = 8.59 \text{ V}$ 和 $V_{\text{IA}} = 1.96 \text{ V}$。

对于 B 点坐标,由于 A 点和 B 点的输入电压 v_{I} 相差不大,所以先假设两者相等,即 $V_{\text{IB}} = V_{\text{IA}} = v_{\text{I5}} = 1.96 \text{ V}$。B 点的输出电压 V_{OB} 应该比 v_{I5} 低一个 V_{tn},即 $V_{\text{OB}} = v_{\text{I5}} - V_{\text{tn}} = 0.96 \text{ V}$。此时,A 点和 B 点输出电压之差 $V_{\text{OA}} - V_{\text{OB}} = 8.59 - 0.96 = 7.63 \text{ V}$。根据前面算出的电压增益 -100,可以算出 v_{I5} 的精确电压值

$$v_{\text{I5}} = V_{\text{IB}} = V_{\text{IA}} + \frac{7.63}{100} = 1.96 \text{ V} + 0.076\,3 \text{ V} = 2.04 \text{ V}$$

由 $V_{\text{IB}} = 2.04 \text{ V}$ 和 $V_{\text{tn}} = 1 \text{ V}$,可得 $V_{\text{OB}} = V_{\text{ov1}} = 1.04 \text{ V}$。这个结果会有细微的误差,因为上面先假设输出电压的摆幅为 $V_{\text{OA}} - V_{\text{OB}} = 7.63 \text{ V}$。现在经过一次迭代后的摆幅为 $V_{\text{OA}} - V_{\text{OB}} = 8.59 - 1.04 = 7.55 \text{ V}$,两者之差已经很小了。所以,本题的计算结果为:$V_{\text{IA}} = 1.96 \text{ V}$,$V_{\text{OA}} = 8.59 \text{ V}$ 和 $V_{\text{IB}} = 2.04 \text{ V}$,$V_{\text{OB}} = 1.04 \text{ V}$。 ◀

10.6　小　　结

本章首先介绍了几种常用的电流镜电路,从最简单的两管电流镜到比较复杂的 cascode 和 Wilson 电流镜。电流镜的主要指标是电流传递增益和输出电阻。最简单的两管电流镜

在这两方面也许都达不到许多应用的要求。cascode 和 Wilson 电流镜可以极大提高电流镜的输出电阻,但输出摆幅有所减小。下面的 12.5 节将介绍扩展输出摆幅的方法。

有源负载的平坦的输出特性可以用来提高放大器的增益。在讨论有源负载时,我们对 BJT 和 MOS 管的单级放大器进行了大信号和小信号分析,从中体会到两种分析方法的优缺点:大信号分析覆盖了放大器的整个工作范围,但比较烦琐,分析结果也不易理解;小信号分析简单明了,缺点是只知道放大器在 Q 点附近的特性。把两者结合起来,就可以了解放大器的完整特性。

练 习 题

10.1　设计一个像图 10.1(a)中的简单 MOS 电流镜,要求:(a)输出电流等于 50 μA; (b)MOS 管 M_2 在 V_o 最低到 0.2 V 时仍工作在有源区;(c)计算当输出电压改变 1 V 时的输出电流变化量;(d)如果要求输出电压改变 1 V 时的输出电流变化 1%,如何修改设计。设计时使 M_1 和 M_2 完全相同;设计的目标是在满足给定条件下使总的器件面积达到最小。MOS 管参数为:$L = 1\ \mu m$、$k' = 200\ \mu A/V^2$、$\lambda = 0.02/V$ 和 $V_t = 0.6$ V。

10.2　在图 10.3(a)的电路中,假设 $I_{IN} = 100\ \mu A$,MOS 管尺寸全为 $100\ \mu m/1\ \mu m$。要求计算电路的输出电阻 R_o。计算中略去体效应,MOS 管参数为:$k' = 50\ \mu A/V^2$,$V_t = 0.6$ V,$\lambda = 0.02/V$。

10.3　在图 P10.3 的双 cascode 电流镜中,假设所有的 MOS 管都工作在有源区,且都有参数:$I_D = 10\ \mu A$、$V_A = 50$ V 和 $g_m r_o = 50$;略去体效应。要求找出电路的输出电阻。

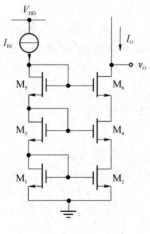

图 P10.3

10.4　在图 10.4(a)的 MOS Wilson 电流镜中,所有 MOS 管有相同的参数:$V_{tn} = 1$ V、$\lambda = 0$ 和 $K_{n1} = 2K_{n2} = K_{n3} = 0.15\ mA/V^2$。如果 $I_{IN} = 200\ \mu A$,要求确定每个 MOS 管的 I_D 和 V_{GS}。

第11章 基 准 源

本章介绍的电流和电压基准源也是模拟电路中经常使用的。电流和电压基准源可以用电源和电阻产生,也可以依靠 MOS 管之间的分压产生,本书前面也曾提到过用齐纳二极管和运放搭建电压基准源。这些基准源是比较容易实现的。本章要讨论的是另外一些基准源,包括小电流的电流基准源和高稳定度的带隙电压基准源。本章还将讨论基准源的电源敏感度和相对温度系数。

11.1 MOS Widlar 小电流基准源

便携式电子产品要求很低的功耗,因而要求很小的基准电流源。本节讨论的 **Widlar 电流源**就是这样的一种小电流基准源。本节也仅分析 MOS Widlar 电流源,如图 11.1(a)所示。作为比较,我们把前面图 10.1(a)中的简单两管 MOS 电流镜重复在图 11.1(b)中。与图 11.1(b)相比,图 11.1(a)中 Widlar 电流源的源极回路多了一个电阻 R_2。

在图 11.1(a)中,M_1 因二极管接法而工作在有源区。假设 M_2 也工作在有源区。对 M_1、M_2 的栅源回路使用 KVL

$$V_{GS1} - V_{GS2} = I_O R_2 \tag{11.1}$$

如果略去体效应的影响(M_2 的源极不接地,但源极电位很低且相对固定),两个栅源电压中的阈值电压可以相互抵消而仅剩下过驱电压,式(11.1)变为

$$V_{ov1} - V_{ov2} = I_O R_2 \tag{11.2}$$

V_{ov1} 和 V_{ov2} 分别为 M_1 和 M_2 的过驱电压,且 $V_{ov1} > V_{ov2}$。

对于 M_2,如果 Early 电压 V_A 趋于无穷大,可根据式(3.11)写出

$$I_O = K_{n2} (V_{ov2})^2 \tag{11.3}$$

式中,

$$K_{n2} = \frac{1}{2} k'_n \left(\frac{W}{L} \right)_2 \tag{11.4}$$

从式(11.3)得到

$$V_{ov2} = \sqrt{\frac{I_O}{K_{n2}}} \tag{11.5}$$

把式(11.5)代入式(11.2)得到

$$V_{ov1} - \sqrt{\frac{I_O}{K_{n2}}} = I_O R_2 \tag{11.6}$$

由于 V_{ov1} 和 K_{n2} 都是常数,式(11.6)就是一个关于 $\sqrt{I_O}$ 的二次方程,并可解得

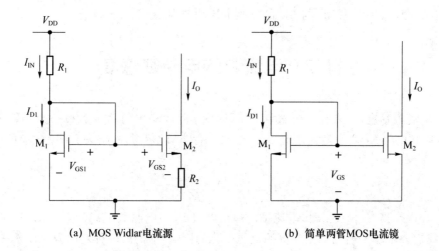

(a) MOS Widlar电流源   (b) 简单两管MOS电流镜

图 11.1　MOS 电流源与电流镜

$$\sqrt{I_O} = \frac{-\sqrt{\dfrac{1}{K_{n2}}} \pm \sqrt{\dfrac{1}{K_{n2}} + 4R_2 V_{ov1}}}{2R_2} \tag{11.7}$$

式中，M_1 的过驱电压 V_{ov1} 可计算为

$$V_{ov1} = \sqrt{\frac{I_{IN}}{K_{n1}}} \tag{11.8}$$

在式(11.7)中，由于 I_O 总是大于零，所以右边分子上的加减号只能取加号，因而有

$$\sqrt{I_O} = \frac{-\sqrt{\dfrac{1}{K_{n2}}} + \sqrt{\dfrac{1}{K_{n2}} + 4R_2 V_{ov1}}}{2R_2} \tag{11.9}$$

式(11.9)给出了 MOS Widlar 电流源的输出电流表达式；而电流源的输出电阻可以用式(10.22)计算。图 11.1(a)中的 R_2 起到了电流负反馈的作用，使输出电流趋于稳定。

例题 11.1　要求确定图 11.1(a)中的输出电流 I_O。电路参数为 $I_{IN} = 100\ \mu A$，$R_2 = 4\ k\Omega$，$k_n' = 200\ \mu A/V^2$，$(W/L)_1 = (W/L)_2 = 20$。

先用式(11.4)计算 K_{n1} 和 K_{n2}

$$K_{n1} = K_{n2} = \frac{1}{2} k_n' \left(\frac{W}{L}\right) = \frac{1}{2} \times 200 \times 20\ \mu A/V^2 = 2\ 000\ \mu A/V^2$$

用式(11.8)算出过驱电压 V_{ov1}

$$V_{ov1} = \sqrt{100/2\ 000}\ V = 0.224\ V$$

用式(11.9)计算输出电流的平方根

$$\sqrt{I_O} = \frac{-\sqrt{\dfrac{1}{2\ 000}} + \sqrt{\dfrac{1}{2\ 000} + (4 \times 0.004 \times 0.224)}}{2 \times 0.004} \sqrt{\mu A}$$

$$= \frac{-0.022\ 4 + 0.063\ 9}{0.008} \sqrt{\mu A} = 5.19\ \sqrt{\mu A}$$

所以，输出电流 $I_O = 26.9\ \mu A$。M_2 的过驱电压为

$$V_{ov2} = V_{ov1} - I_O R_2 = 0.224 - (26.9 \times 0.004)\ V = 0.116\ V$$

输出电流 I_O 很小,是因为 M_1 与 M_2 的过驱电压相差很小。

11.2　电流源的电源敏感度

对于**电源敏感度**,先来看一个简单电路,即图 11.1(b)中的简单 MOS 电流镜。电路中用电源 V_{DD} 和电阻 R_1 产生输入电流 I_{IN}。如果 M_1 与 M_2 相同,并略去 Early 效应的影响,输出电流可写为

$$I_O \approx I_{IN} = \frac{V_{DD} - V_{GS}}{R_1} \tag{11.10}$$

从式(11.10)看,当 $V_{DD} \gg V_{GS}$ 时,电流镜的输出电流 I_O 与电源电压 V_{DD} 成正比。这是我们不希望的,我们要求输出电流不太受电源电压变化的影响,即需要一种对电源电压不敏感的电流基准源。

这里需要一个专门的参数来描述电流源受电源电压变化的影响程度,这个参数叫**电源电压敏感度**,用 $S(I_O, V_P)$ 表示,其中 I_O 为电流源的输出电流,V_P 为电源电压。参数 $S(I_O, V_P)$ 表示的是相对变化率,也就是,输出电流的相对变化量与电源电压的相对变化量之比,并可写为

$$S(I_O, V_P) = \frac{\partial I_O / I_O}{\partial V_P / V_P} = \frac{V_P}{I_O} \frac{\partial I_O}{\partial V_P} \tag{11.11}$$

式中,$\partial I_O / I_O$ 表示输出电流的相对变化量,$\partial V_P / V_P$ 表示电源电压的相对变化量;$\partial I_O / \partial V_P$ 为 I_O 对于 V_P 的偏导数,即 V_P 很小的变化量能引起多大的 I_O 变化量。

电源电压 V_P 在双极电路中是 V_{CC},在 MOS 电路中是 V_{DD}。在图 11.1(b)中,式(11.11)变为

$$S(I_O, V_{DD}) = \frac{V_{DD}}{I_O} \frac{\partial I_O}{\partial V_{DD}} \tag{11.12}$$

将式(11.10)两边对 V_{DD} 求导(假设 $V_{GS} \ll V_{DD}$ 而被略去),然后把导数值 $1/R_1$ 代入式(11.12)

$$S(I_O, V_{DD}) \approx 1 \tag{11.13}$$

式(11.13)表示,在简单的电流镜中,输出电流的相对变化量几乎等于电源电压的相对变化量。所以,这种电流源不能用于对电源敏感度有要求的电路中。

如果对前面讨论的 MOS Widlar 电流源计算电源敏感度,结果为 $S(I_O, V_{DD}) = 0.5$。这表示 MOS Widlar 电流源也有很大的电源电压敏感度。

我们可以利用电源电压以外的其他基准电压源,以得到低得多的电源敏感度。其中最常用的基准电压源有:基射电压、阈值电压和热电压等。但这些基准电压源都有自己的一些问题。比如,它们受温度的影响都很大。基射电压和阈值电压大约有 $1 \sim 2$ mV/℃ 的负温度系数,而热电压有 86 μV/℃ 的正温度系数。然而,我们所能利用的也就是这些基准源。下面讨论利用基射电压和阈值电压的电源低敏感基准电流源。

11.2.1　利用基射压降的基准电流源

图 11.2(a)是利用基射压降的简单双极电流源电路。为了使输入电流 I_{IN} 流过 Q_1,必须

向 R_2 提供足够的电流。Q_1 的基射电压可写为〔见式(2.4)〕

$$V_{BE1} = V_T \ln \frac{I_{IN}}{I_{S1}} \tag{11.14}$$

如果略去基极电流(图中的两个基极电流是相互抵消的),I_0 就等于流过 R_2 的电流。由于 R_2 上的压降为 V_{BE1},所以输出电流就与基射电压 V_{BE1} 成正比

$$I_O = \frac{V_{BE1}}{R_2} = \frac{V_T}{R_2} \ln \frac{I_{IN}}{I_{S1}} \tag{11.15}$$

将式(11.15)两边分别对 V_{CC} 求偏导数,并注意到 I_S 与 V_{CC} 无关

$$\frac{\partial I_O}{\partial V_{CC}} = \frac{V_T}{R_2} \frac{\partial}{\partial V_{CC}} \left(\ln \frac{I_{IN}}{I_{S1}} \right) = \frac{V_T}{R_2} \frac{I_{S1}}{I_{IN}} \frac{\partial}{\partial V_{CC}} \left(\frac{I_{IN}}{I_{S1}} \right) = \frac{V_T}{I_{IN}R_2} \frac{\partial I_{IN}}{\partial V_{CC}} \tag{11.16}$$

把式(11.11)中的 V_P 变成 V_{CC},再把式(11.16)代入式(11.11),得到

$$S(I_O, V_{CC}) = \frac{V_{CC}}{I_O} \frac{V_T}{I_{IN}R_2} \frac{\partial I_{IN}}{\partial V_{CC}} = \frac{V_T}{I_O R_2} \left(\frac{V_{CC}}{I_{IN}} \frac{\partial I_{IN}}{\partial V_{CC}} \right) = \frac{V_T}{V_{BE1}} S(I_{IN}, V_{CC}) \tag{11.17}$$

在图 11.2(a)中,如果 $V_{CC} \gg 2V_{BE}$,就有 $I_{IN} \approx V_{CC}/R_1$,这使 I_{IN} 对于 V_{CC} 的敏感度近似为 1〔用式(11.12)计算 $S(I_{IN}, V_{CC})$ 而得〕。再假设 $V_{BE} = 0.7$ V,由式(11.17)得到

$$S(I_O, V_{CC}) = \frac{0.026}{0.7} \times 1 \approx 0.037 \tag{11.18}$$

式(11.18)表示,电源电压 10% 的变化量只引起输出电流 0.37% 的变化量。这个结果要比一般的双极 Widlar 电流源 1.6% 的敏感度有了很大的改善[Sedra]。

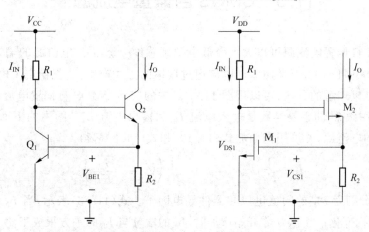

(a) 以基射电压为基准的双极电流源　　(b) 以阈值电压为基准的MOS电流源

图 11.2　以基射电压和阈值电压为基准的电流源

11.2.2　利用阈值电压的基准电流源

对于图 11.2(b)中的 MOS 电流源,输出电流可写为

$$I_O = \frac{V_{GS1}}{R_2} = \frac{V_t + V_{ov1}}{R_2} \tag{11.19}$$

式中,当 M_1 的过驱电压 V_{ov1} 相对于阈值电压 V_t 很小时(很小的 V_{ov1} 可以用很小的 I_D 和很大的 W/L 来实现),输出电流主要由阈值电压和 R_2 来确定。这个电路就被称为**以阈值电**

压为基准的电流源。

将式(11.19)两边分别对 V_{DD} 求偏导,并使用式(11.8),得到

$$\frac{\partial I_O}{\partial V_{DD}} = \frac{1}{R_2}\frac{\partial V_{ov1}}{\partial V_{DD}} = \frac{1}{R_2}\frac{\partial}{\partial V_{DD}}\sqrt{\frac{I_{IN}}{K_{n1}}} = \frac{V_{ov1}}{2I_{IN}R_2}\frac{\partial I_{IN}}{\partial V_{DD}} \tag{11.20}$$

将式(11.20)代入式(11.12),便得到 MOS 电流源的电源敏感度

$$S(I_O,V_{DD}) = \frac{V_{DD}}{I_O}\frac{V_{ov1}}{2I_{IN}R_2}\frac{\partial I_{IN}}{\partial V_{DD}} = \frac{V_{ov1}}{2I_OR_2}\left(\frac{V_{DD}}{I_{IN}}\frac{\partial I_{IN}}{\partial V_{DD}}\right) = \frac{V_{ov1}}{2V_{GS1}}S(I_{IN},V_{DD}) \tag{11.21}$$

在图 11.2(b)中,如果 $V_t = 1\,V$ 和 $V_{ov1} = V_{ov2} = 0.1\,V$,就有 $V_{DS1} = 2.2\,V$。如果 V_{DD} 比 V_{DS1} 的 2.2 V 大很多,就使 $S(I_{IN},V_{DD})$ 比较接近 1,由此

$$S(I_O,V_{DD}) \approx \frac{0.1}{2\times(1.0+0.1)}\times 1 \approx 0.045 \tag{11.22}$$

这个结果也要比一般 MOS Widlar 电流源 0.5 的电源电压敏感度有了很大的改善。

总起来说,图 11.2 中以基射电压和阈值电压为基准的电流源,确实在电源敏感度方面有了很大改进,但还是受到电源电压变化的影响。原因是,Q_1 的集电极电流和 M_1 的漏极电流都大致与电源电压成正比。下面的自偏置电流源不再使用电源电压和电阻的方法,因而消除了电源电压变化的影响。

11.3　CMOS 自偏置电流源

本节介绍的**自偏置电流源**可以大大降低电源敏感度[Gray,p307]。电流源的输入电流 I_{IN} 不再靠电源电压和电阻产生,而是用输出电流通过反馈的方式产生,这就稳定了电路的输出电流。这个有些难以理解的方法,可以用图 11.3(a)中的实际 CMOS 自偏置电流源来说明。

图 11.3(a)中电路的主要参数是输入电流 I_{IN} 和输出电流 I_O。图中的下面是一个以阈值电压为基准的电流源,并可用前面的式(11.19)和式(11.8)解得

$$I_O = \frac{1}{R_2}(V_{tn} + V_{ov1}) = \frac{1}{R_2}\left(V_{tn} + \sqrt{\frac{I_{IN}}{K_{n1}}}\right) \tag{11.23}$$

式中,V_{tn} 和 K_{n1} 分别为 M_1 的阈值电压和器件导电因子。式(11.23)表示:当 $I_{IN} = 0$ 时,I_O 在 $[0, V_{tn}/R_2]$ 区间内变化;当 I_{IN} 从零开始增加时,I_O 的增量与 I_{IN} 的平方根成正比。图 11.3(b)中的抛物线就描述了这一关系。

但从图 11.3(a)上面的电流镜来看,I_{IN} 必须与 I_O 相等(假设 M_4 与 M_5 完全相同),如图 11.3(b)中的斜线所示。所以,自偏置电流源一定工作在抛物线与斜线的交点上,即图 11.3(b)中的 A 点与 B 点。其中的 A 点是我们想要的工作点,B 点是我们不想要的,因为 B 点的 I_{IN} 和 I_O 都等于零。下面先分析电流源处于 A 点时的情况。

当自偏置电流源工作在 A 点时,如果某种原因使电流镜的输入电流 I_O 增加,电流镜的输出电流 I_{IN} 会有同等大小的增加,使 V_{GS1} 稍有抬高。此时,图 11.3(b)中的电流源曲线会略微上移,到达虚线的位置;而自偏置电流源的工作点会从 A 点移到 A_1 点。这个工作点的移动过程是一个正反馈过程,因为 I_{IN} 的增加会通过下面的电流源引起 I_O 少量的增加,而 I_O 的增加会通过上面的电流镜引起 I_{IN} 同等大小的增加。但由于反馈回路的增益小于 1〔因为

电流镜的增益等于 1；而从图 11.3(b) 中看，I_{IN} 越大，抛物线的斜率越小，电流源的增益也越小，这使反馈回路的增益小于 1，电路会最后停留在另一个偏离不太大的稳定工作点上，即图中的 A_1 点。

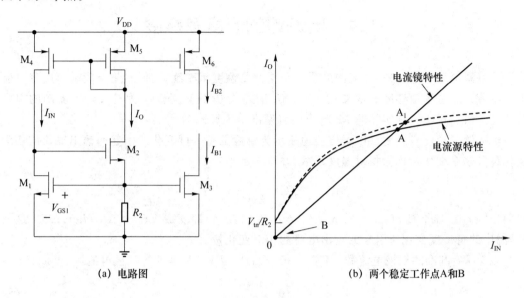

(a) 电路图　　　　　　　　　　　　　　(b) 两个稳定工作点A和B

图 11.3　实际的 CMOS 自偏置电流源

图 11.3(b) 中的 B 点，由于 I_{IN} 和 I_O 都等于零，不是我们想要的。为了使自偏置电流源离开 B 点到达 A 点，我们需要一个启动电路。对图 11.3(a) 中的 MOS 电路增加一个启动电路，就变成图 11.4 中的电路。下面来说明这个启动电路。

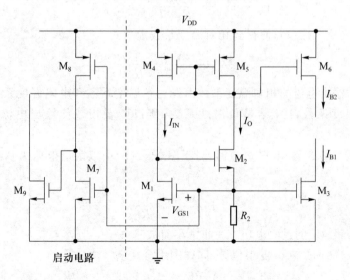

图 11.4　带有启动电路的 MOS 自偏置电流源

在图 11.4 的启动电路中，M_7 和 M_8 组成一个被 V_{GS1} 驱动的反相器，而它的输出又去驱动由 M_9 和 M_5 组成的反相器。如果电路处于不希望的零电流状态 B 点，M_1 的栅源电压 V_{GS1} 就一定小于阈值电压。这使 M_7 截止，M_9 通导，使 M_4 和 M_5 的栅极电位下降，M_4 和 M_5 就会通导，整个电流源就会离开零电流状态的 B 点，到达想要的 A 点。当到达 A 点后，

M_7 的栅极会上升到 $I_0 R_2$ 的电位。这使 M_7 通导，M_9 截止（为确保 M_9 截止，需把 M_8 的宽长比做成比 M_7 小很多），以此切断与自偏置电流源的联系。

11.4　电流源的温度敏感度

除电源电压敏感度外，电流源的另一个指标是**温度敏感度**，我们希望温度敏感度尽可能小。本节介绍温度敏感度的定义和计算方法，然后分析以 V_{BE} 和 V_t 为基准的电流源的温度敏感度。最后说明一种实际的 MOS 自偏置基准电流源。

电流源的温度敏感度可以最方便地表示为**温度的每一度变化所引起的输出电流的相对变化量**。这个变化量称为**相对温度系数**，并可表示为

$$TC = \frac{1}{I_0} \frac{\partial I_0}{\partial T} \tag{11.24}$$

式(11.24)中，如果把 $\partial I_0 / \partial T$ 写成 $\Delta I_0 / \Delta T$，式(11.24)即变成 $TC = (\Delta I_0 / I_0) / \Delta T$。这就是：温度的每一度变化所引起的输出电流的相对变化量。

以 V_{BE} 为基准的双极电流源：对于图 11.2(a)中以 V_{BE} 为基准的双极电流源，可以有

$$I_0 = \frac{V_{BE1}}{R_2} \tag{11.25}$$

将式(11.25)两边对温度求偏导（利用分式求导法），得到

$$\frac{\partial I_0}{\partial T} = \frac{1}{R_2^2}\left(R_2 \frac{\partial V_{BE1}}{\partial T} - V_{BE1} \frac{\partial R_2}{\partial T}\right) = \frac{1}{R_2} \frac{\partial V_{BE1}}{\partial T} - \frac{V_{BE1}}{R_2^2} \frac{\partial R_2}{\partial T}$$

$$= I_0\left(\frac{1}{V_{BE1}} \frac{\partial V_{BE1}}{\partial T} - \frac{1}{R_2} \frac{\partial R_2}{\partial T}\right) \tag{11.26}$$

把式(11.26)代入式(11.24)，便得到相对温度系数表达式

$$TC = \frac{1}{V_{BE1}} \frac{\partial V_{BE1}}{\partial T} - \frac{1}{R_2} \frac{\partial R_2}{\partial T} \tag{11.27}$$

从式(11.27)看，输出电流的相对温度系数由发射结温度系数和电阻温度系数两部分组成。由于电阻是正温度系数，PN 结是负温度系数，所以两者相减使输出电流有更大的温度系数。

以阈值电压为基准的 MOS 电流源：对于图 11.2(b)中以阈值电压为基准的 MOS 电流源，可以有

$$I_0 = \frac{V_{GS1}}{R_2} \approx \frac{V_t}{R_2} \tag{11.28}$$

式(11.28)中，假设 M_1 的过驱电压 V_{ov1} 非常小而被略去。

将式(11.28)的两边对温度求偏导（同样利用分式求导法）

$$\frac{\partial I_0}{\partial T} = \frac{1}{R_2} \frac{\partial V_t}{\partial T} - \frac{V_t}{R_2^2} \frac{\partial R_2}{\partial T} = I_0\left(\frac{1}{V_t} \frac{\partial V_t}{\partial T} - \frac{1}{R_2} \frac{\partial R_2}{\partial T}\right) \tag{11.29}$$

将式(11.29)代入式(11.24)，得到

$$TC = \frac{1}{V_t} \frac{\partial V_t}{\partial T} - \frac{1}{R_2} \frac{\partial R_2}{\partial T} \tag{11.30}$$

由于 MOS 管的 V_t 与 BJT 的 V_{BE} 有大约相同的 -2 mV/℃ 的温度系数，所以从式(11.30)

看,图 11.2(b)中以 V_t 为基准的 MOS 电流源与图 11.2(a)中以 V_{BE} 为基准的 BJT 电流源有大致相同的温度系数。

以 V_{BE} 为基准的 CMOS 自偏置电流源:以 V_{BE} 为基准的 CMOS 自偏置电流源如图 11.5 所示。图中的 PNP 管 Q_1 是 CMOS 工艺中固有的分布晶体管。我们假设 M_2、M_3 和 M_4、M_5 都是相互匹配的,所以由这些器件组成的反馈电路使晶体管 Q_1 的电流和电压与电阻 R 的电流和电压相等。由此,输出电流可写为

$$I_O = \frac{V_{EB1}}{R} \qquad (11.31)$$

式(11.31)表示,电流 I_O 与 V_{EB1} 成正比,这是我们想要的。它的温度系数已表示在式(11.27)中。

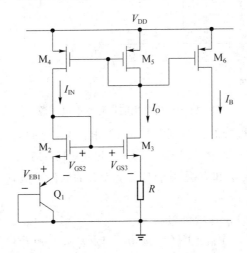

图 11.5　以 V_{BE} 为基准的 CMOS 自偏置电流源

11.5　带隙基准电压源

上面讲到的电源低敏感电流源都有比较大的温度系数。本节要介绍的两种基准电压源有很低的温度系数,这就是双极和 MOS **带隙基准电压源**。(**电流源和电压源**是可以互相转换的。)

11.5.1　基本原理[Gray,p315]

由于 V_{BE} 与 V_T 有相反的温度系数,我们可以使基准电压源的输出电压等于 V_{BE} 与 V_T 之间的某个线性组合。只要恰当选择组合系数,就可以实现输出电压的**零温度系数**。

图 11.6 是一个概念化的带隙基准电压源。电路的输出电压 V_O 等于 V_{BE} 与 m 倍 V_T 之和。我们可以通过 V_{BE} 和 V_T 的温度系数来确定 m,以得到零温度系数的输出电压。下面先分析输出电压的组成。

图 11.6 中的输出电压为

$$V_O = V_{BE} + mV_T \qquad (11.32)$$

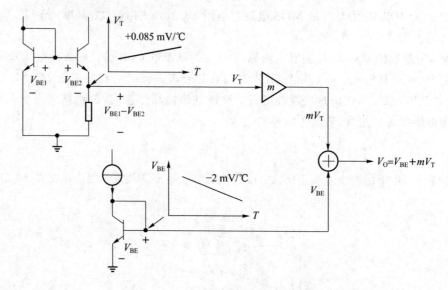

图 11.6　概念化的带隙基准电压源

根据半导体理论，二极管的正向压降 V_{BE} 与热电压 V_T 之间有关系式

$$V_{BE} = V_{G0} - V_T [(\gamma - \alpha) \ln T - \ln(EG)] \tag{11.33}$$

式中，V_{G0} 是硅的带隙电压；γ 和 E 是两个与温度无关的器件参数，α 和 G 是两个与温度无关的电路参数。

把式(11.33)代入式(11.32)，得到

$$V_O = V_{G0} - V_T(\gamma - \alpha) \ln T + V_T [m + \ln(EG)] \tag{11.34}$$

式(11.34)中，由于 V_T 随温度 T 而变，所以输出电压 V_O 也随温度而变。但我们可以找到某个温度值，使输出电压不随温度而变。为此，我们把式(11.34)对温度 T 求导

$$\frac{dV_O}{dT} = -\frac{V_T}{T}(\gamma - \alpha) \ln T - \frac{V_T}{T}(\gamma - \alpha) + [m + \ln(EG)] \frac{V_T}{T} \tag{11.35}$$

式(11.35)的求导过程中利用了热电压对温度的导数。这个导数为

$$\frac{dV_T}{dT} = \frac{d}{dT}\left(\frac{kT}{q}\right) = \frac{k}{q} = \left(\frac{kT}{q}\right)\frac{1}{T} = \frac{V_T}{T} \tag{11.36}$$

在零温度系数时，式(11.35)等于零，因此有

$$m + \ln(EG) = (\gamma - \alpha) \ln T_0 + (\gamma - \alpha) \tag{11.37}$$

式(11.37)中的 T_0 为零温度系数时的温度值。系数 γ、α、E 和 G 都是常数，这使 m 与 T_0 之间存在一一对应的关系。或者说，我们可以通过调节 m 来改变 T_0。实际的调节是通过改变电路中的电阻实现的。这在稍后说明。

现在把式(11.37)代回到式(11.34)中，得到我们想要的输出电压表达式

$$V_O = V_{G0} + V_T(\gamma - \alpha)\left(1 + \ln \frac{T_0}{T}\right) \tag{11.38}$$

式(11.38)中的 T_0 包含了参数 m，见式(11.37)。

在式(11.38)中，令 $T = T_0$，便得到零温度系数时的输出电压

$$V_O|_{T=T_0} = V_{G0} + V_{T0}(\gamma - \alpha) \tag{11.39}$$

式(11.39)中，V_{T0} 为 $T = T_0$ 时的热电压。假设电路设计成在 27 ℃下有零温度系数，再假设

$\gamma=3.2$ 和 $\alpha=1$,即可从式(11.39)算出零温度系数时的输出电压

$$V_{\mathrm{O}}\big|_{T=T_0=27\,℃}=V_{\mathrm{G0}}+2.2V_{\mathrm{T0}} \tag{11.40}$$

将硅的带隙电压 $V_{\mathrm{G0}}=1.205\text{ V}$ 代入式(11.40),便得到 $T=T_0=27\,℃$ 时的输出电压

$$V_{\mathrm{O}}\big|_{T=T_0=27\,℃}=1.205+2.2\times0.026=1.262\text{ V} \tag{11.41}$$

式(11.41)表示,带隙基准电压源在零温度系数时的输出电压很接近硅的带隙电压,这就是**带隙基准源**名称的由来。热电压 V_{T} 取 26 mV,是因为温度为 27 ℃,也见式(2.2)。

将式(11.38)对温度 T 求导,得到

$$\frac{\mathrm{d}V_{\mathrm{O}}}{\mathrm{d}T}=\frac{V_{\mathrm{T}}}{T}(\gamma-\alpha)\left(1+\ln\frac{T_0}{T}\right)-(\gamma-\alpha)\frac{V_{\mathrm{T}}}{T}=(\gamma-\alpha)\frac{V_{\mathrm{T}}}{T}\ln\frac{T_0}{T} \tag{11.42}$$

式(11.42)给出了输出电压随温度而变的斜率。图 11.7 是利用式(11.38)画出的三条在不同 T_0(对应不同的 m)下输出电压随温度的变化曲线。三条曲线在 $T=T_0$ 处(不同的 T_0)的斜率都等于零。在 $T<T_0$ 的区域内,式(11.42)中的对数值大于零,斜率就大于零,所以 V_{O} 随 T 的增加而增加。在 $T>T_0$ 的区域内,式(11.42)中的对数值小于零,斜率就小于零,V_{O} 随 T 的增加而下降。所以,在 $T=T_0$ 时 V_{O} 达到最大值。由于此时的斜率等于零,所以少量的温度变化所引起的 V_{O} 的偏离量微乎其微,这就是零温度系数的意思。

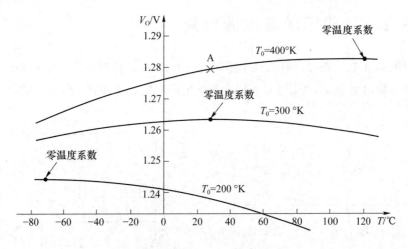

图 11.7 带隙基准源的输出电压随温度的变化曲线[Allen,p574]

最后把本小节的内容归纳如下:式(11.33)说明每个 V_{BE} 中都包含一个带隙电压 V_{G0} 和一个 V_{T} 项。如果把两个不同的 V_{BE} 相减,其中的 V_{G0} 相互抵消,只剩下 V_{T} 项。如果再与第三个 V_{BE} 进行线性相加,只要系数选得恰当,它们的 V_{T} 项也会相互抵消(在想要的温度 T_0 下),而只剩下带隙电压 V_{G0}。虽然式(11.38)的右边还包含了一个 V_{T} 项,使 V_{O} 不完全等于 V_{G0},但这个 V_{T} 项在温度 T_0 下对 T 的导数等于零,使 T_0 温度下的输出电压不随温度而变〔见式(11.39)〕,这是我们想要的。此时的温度 T_0 与 m 是一一对应的;或者说,改变 m(通过改变电路中的电阻值)可以得到不同的 T_0。这就是带隙电压源的基本原理。知道了基本原理,就可以找到合适的电路结构,设计出想要的带隙电压源。这是下面要讨论的。

例题 11.2 一个带隙基准电压源被设计成具有 1.262 V 的标称输出电压,标称的零温度系数出现在 27 ℃。由于元件参数的偏差,室温下的实际输出电压为 1.280 V。要求确定

电路在实际零温度系数时的温度值,写出 V_O 关于温度的表达式,并计算室温下的 TC。假设 $\gamma=3.2$ 和 $\alpha=1_{[Gray,p318]}$。

把已知数据代入式(11.38),得到

$$1.280=1.205+0.026\times(3.2-1)\left(1+\ln\frac{T_0}{300}\right)$$

由上式算出 $T_0=409°\mathrm{K}=138\ ℃$,即零温度系数出现在 $138\ ℃$ 的时候。用式(11.38)算出输出电压关于温度的表达式

$$V_O=1.205+0.057\ 2[1+\ln(409/T)](\mathrm{V})$$

把 $T=300°\mathrm{K}$ 和 $T_0=409°\mathrm{K}$ 代入式(11.42),得到

$$\frac{dV_O}{dT}=(3.2-1)\times\frac{0.026}{300}\ln\frac{409}{300}\ \mu\mathrm{V}/℃=59.1\ \mu\mathrm{V}/℃$$

所以,室温下输出电压的相对温度系数 TC 为

$$\mathrm{TC}=\frac{1}{V_O}\frac{dV_O}{dT}=\frac{59.1\times10^{-6}}{1.280}\ \mathrm{ppm}/℃=46.2\ \mathrm{ppm}/℃$$

这个工作点位于图 11.7 的 A 点附近,是一个正温度系数。

11.5.2 双极带隙基准源电路

双极带隙基准电压源可以有几种电路结构,图 11.8(a)是其中之一的 **Widlar 带隙电压源**。电压源的输出电压 V_O 等于 V_{BE} 与两个基射电压之差的线性和,下面来说明这一点。

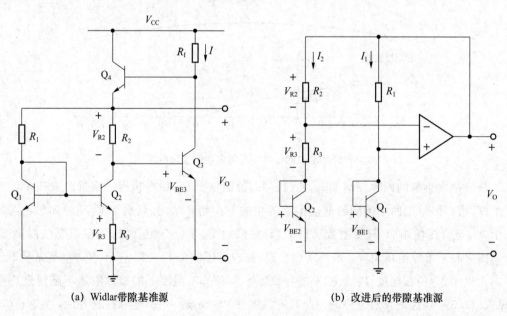

(a) Widlar带隙基准源　　　　　　　(b) 改进后的带隙基准源

图 11.8　双极带隙基准源

在图 11.8(a)中,输出电压 V_O 等于 V_{BE3} 与 R_2 上的压降之和。由于 Q_2 的集电极电流与发射极电流近似相等,所以 R_2 上的压降等于 R_3 上的压降乘以 R_2/R_3。而 R_3 上的压降又等于 Q_1 与 Q_2 基射压降之差。这使输出电压 V_O 等于 Q_3 的基射电压和 Q_1 与 Q_2 基射电压之

差的线性和。具体说，R_3 上的电压 V_{R3} 等于 Q_1 与 Q_2 基射电压之差 ΔV_{BE}；而 R_2 上的电压 $V_{R2}=\Delta V_{BE}(R_2/R_3)$，最后与 V_{BE3} 相加得到 $V_O=\Delta V_{BE}(R_2/R_3)+V_{BE3}$，其中的 R_2/R_3 起到 m 的作用。所以，图 11.8(a)中的电路确实是一个带隙基准电压源。由于 Q_1、Q_2 和 R_3 组成一个 Widlar 电流源〔与图 11.1(a)中的 MOS Widlar 电流源结构相似〕，所以被称为 **Widlar 带隙电压源**。但这个电路有一个缺点：电流 I 随电源电压而变。图 11.8(b)中的电路避免了这个问题。

图 11.8(b)是采用自偏置方法的带隙基准源电路。由于运放两个输入端上的电位相等，使电阻 R_1 和 R_2 上的电压也相等，所以 R_1 与 R_2 之比决定了 I_1 与 I_2 之比。略去很小的基极电流后，可以认为 I_1 和 I_2 分别是 Q_1 与 Q_2 的集电极电流。这样，R_3 上的电压可根据式(2.4)写为

$$V_{R3}=V_{BE1}-V_{BE2}=V_T\ln\frac{I_1}{I_{S1}}-V_T\ln\frac{I_2}{I_{S2}}=V_T\ln\left(\frac{I_1}{I_2}\frac{I_{S2}}{I_{S1}}\right)$$

$$=V_T\ln\left(\frac{R_2}{R_1}\frac{I_{S2}}{I_{S1}}\right) \tag{11.43}$$

由于流过 R_3 的电流一定全部流过 R_2，所以 R_2 上的压降为

$$V_{R2}=\frac{R_2}{R_3}V_{R3}=\frac{R_2}{R_3}\Delta V_{BE}=\frac{R_2}{R_3}V_T\ln\left(\frac{R_2}{R_1}\frac{I_{S2}}{I_{S1}}\right) \tag{11.44}$$

上面两式表示，R_2 和 R_3 上的电压都是与绝对温度成正比的，因为 V_T 是与绝对温度成正比的。

电路的输出电压等于 Q_2、R_3 和 R_2 三者的压降之和

$$V_O=V_{BE2}+V_{R3}+V_{R2}=V_{BE2}+\left(1+\frac{R_2}{R_3}\right)\Delta V_{BE}=V_{BE2}+\left(1+\frac{R_2}{R_3}\right)V_T\ln\left(\frac{R_2}{R_1}\frac{I_{S2}}{I_{S1}}\right)$$

$$=V_{BE}+mV_T \tag{11.45}$$

所以，图(b)中的电路也是一个带隙基准源，其中的 m 由比值 R_2/R_3、R_2/R_1 和 I_{S2}/I_{S1} 确定，而 I_{S2}/I_{S1} 等于两个 BJT 的发射极面积之比。

11.5.3 CMOS 带隙基准源电路

用 CMOS 技术也可以实现带隙基准电压源，比如图 11.9 中的电路。图 11.8(b)双极带隙基准源中的两个 NPN 晶体管，现在被 CMOS 工艺中的两个分布 PNP 管所代替[nicollini]。

CMOS 技术的一个缺点是放大器的输入失调电压 V_{OS} 要比双极运放大许多，这使输出电压有较大的偏离（这在稍后说明）。考虑到输入失调之后，R_3 上的电压可以仿照双极基准源的式(11.43)写为

$$V_{R3}=(V_{EB1}-V_{EB2})+V_{OS}=\Delta V_{EB}+V_{OS} \tag{11.46}$$

利用式(11.46)，电阻 R_2 上的电压可表示为

$$V_{R2}=R_2\frac{V_{R3}}{R_3}=\frac{R_2}{R_3}(\Delta V_{EB}+V_{OS}) \tag{11.47}$$

根据图 11.9 写出

$$V_O=V_{EB2}+V_{R3}+V_{R2} \tag{11.48}$$

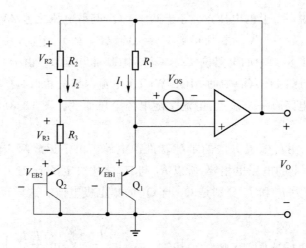

图 11.9　CMOS 带隙基准电压源

最后,把式(11.46)和式(11.47)代入式(11.48),并参照式(11.43),得到想要的输出电压表达式

$$V_O = V_{EB2} + \left(1 + \frac{R_2}{R_3}\right)(\Delta V_{EB} + V_{OS}) = V_{EB2} + \left(1 + \frac{R_2}{R_3}\right)\Delta V_{EB} + \left(1 + \frac{R_2}{R_3}\right)V_{OS}$$

$$= V_{EB2} + \left(1 + \frac{R_2}{R_3}\right)V_T \ln\left(\frac{R_2}{R_1}\frac{I_{S2}}{I_{S1}}\right) + \left(1 + \frac{R_2}{R_3}\right)V_{OS}$$

$$= V_{EB} + mV_T + V_{OS(out)} \tag{11.49}$$

式(11.49)表示,图 11.9 中的电路确实是一个 CMOS 带隙基准源,其中 $V_{OS(out)}$ 为折合到输出端的失调电压。从式(11.49)还可以看出,运放的失调电压 V_{OS} 和 ΔV_{EB} 都被放大了 R_2/R_3 倍;而 $1 + R_2/R_3$ 为运放的闭环增益(R_2 和 R_3 组成反馈网络)。下面对失调电压 V_{OS} 作一说明。

先假设 V_{OS} 不随温度而变,那么输出 V_O 等于无失调时的目标输出电压加上输出失调电压 $V_{OS(out)}$。这使输出电压偏离了设计目标。从式(11.49)看,我们可以通过降低运放的闭环增益 $A_{CL} = 1 + R_2/R_3$,使 V_O 回到目标电压值。但降低 A_{CL} 后,式(11.49)中的 mV_T 项会变小〔m 与 $(1 + R_2/R_3)$ 成正比〕。所以,在降低闭环增益 A_{CL} 的同时,还需增加 ΔV_{EB}。

增加 ΔV_{EB} 的方法,通常是使大电流流入小 BJT,并使小电流流入大 BJT,如图 11.10(a)所示(图 11.10(a)应看作是图 11.9 中的一部分)。图中,略去基极电流后,可以有

$$\Delta V_{EB} = V_{EB1} - V_{EB2} = V_T \ln\left(\frac{R_2}{R_1}\frac{I_{S2}}{I_{S1}}\right) = V_T \ln\left(\frac{I_1}{I_2}\frac{I_{S2}}{I_{S1}}\right) \tag{11.50}$$

式(11.50)表示,增加乘积 $(I_1/I_2)(I_{S2}/I_{S1})$ 可以增加 ΔV_{EB}。而增加 I_{S2}/I_{S1} 就是增加 Q_2 的发射极面积和减少 Q_1 的发射极面积,以增加 I_{S2} 和降低 I_{S1}。在实际电路中,两个比值 (I_1/I_2) 和 (I_{S2}/I_{S1}) 都设计成大约等于 10,以使室温下的 $\Delta V_{EB} \approx 120$ mV。但由于对数的压缩特性,式(11.50)的收效会快速下降。比如,如果想把 ΔV_{EB} 增加一倍变成 240 mV,乘积 $(I_1/I_2)(I_{S2}/I_{S1})$ 必须从 100 增加到 10 000;而此时的芯片面积则增加了 100 倍。

为此,我们可以用多级的方法产生 ΔV_{EB},如图 11.10(b)所示。对图中的结构,可以有

$$\Delta V_{EB} = (V_{EB1} + V_{EB3}) - (V_{EB2} + V_{EB4}) \tag{11.51}$$

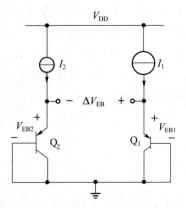
(a) 通过增加I_1/I_2和I_{S2}/I_{S1}来增加ΔV_{EB}

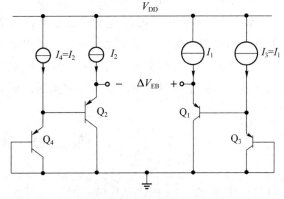
(b) 用两级射极跟随器串联产生两倍的ΔV_{EB}

图 11.10 通过改变器件大小来增加 ΔV_{BE}

假设图中新增加的器件与原先的器件完全相同,就有 $I_3 = I_1$、$I_4 = I_2$ 和 $I_{S3} = I_{S1}$、$I_{S4} = I_{S2}$。略去基极电流后,式(11.51)变为

$$\Delta V_{EB} = 2(V_{EB1} - V_{EB2}) = 2V_T \ln\left(\frac{I_1}{I_2}\frac{I_{S2}}{I_{S1}}\right) \tag{11.52}$$

这表示,增加一级串联的射极跟随器,可以得到两倍的 ΔV_{EB},而芯片面积只增加一倍。

例题 11.3 想设计一个图 11.9 中结构的 CMOS 带隙基准电压源。假设 $I_{S2} = 10I_{S1}$、$V_{EB2} = 0.7\ \text{V}$、$R_1 = R_2$ 以及室温下的 $V_T = 26\ \text{mV}$,还假设输出电压 V_O 在室温下达到零温度系数,并等于 1.262 V。要求确定电阻之比 R_2/R_3,假设失调电压 $V_{OS} = 0$。如果 $V_{OS} = 10\ \text{mV}$,要求计算 V_O 的变化量[Allen,p576]。

用式(11.49)算出 m

$$m = \frac{V_O - V_{EB2}}{V_T} = \frac{1.262 - 0.7}{0.026} = 21.62$$

再从式(11.49)算出 R_2/R_3

$$m = \left(1 + \frac{R_2}{R_3}\right)\ln\left(\frac{R_2}{R_1}\frac{I_{S2}}{I_{S1}}\right)$$

代入 $R_1 = R_2$、$I_{S2} = 10I_{S1}$ 和 $m = 21.62$ 后,算得 $R_2/R_3 = 8.39$。

最后用式(11.49)算出由 $V_{OS} = 10\ \text{mV}$ 产生的输出变化量

$$\Delta V_O = V_{OS(out)} = \left(1 + \frac{R_2}{R_3}\right)V_{OS} = (1 + 8.39) \times 10 = 93.9\ \text{mV} \qquad ◀$$

11.6 小 结

由于一般的电流源是用电源和电阻产生的,所以会受到电源电压变化的影响。对此,本章介绍了**电源电压敏感度**参数 $S(I_O, V_P)$,并用它计算了几个常用的电源低敏感电流源。由于自偏置电流源所用的电压源是靠自己的输出电流产生的,所以几乎不受电源电压变化的影响。另一个影响电流和电压源的因素是温度的变化。对此,我们说明了**相对温度系数**参数 TC。本章的最后讨论了可以达到零温度系数的**带隙基准源**,这是模拟电路设计中用得最多的电压基准源。在导出了带隙基准源的输出电压表达式之后,还分别讨论了用 BJT 和 CMOS 技术组成的两种带隙基准源,并说明了对 MOS 带隙基准源中的失调电压进行补偿的方法。实际带隙基准源的零温度系数都是通过调节电阻值设定的。

练 习 题

11.1 在图 P11.1 的电路中,$(W/L)_1 < (W/L)_2$。要求:(a)计算以 R、$\mu_n C_{ox}$、$(W/L)_1$ 和 $(W/L)_2$ 表示的偏置电流 I_{BIAS};(b)解释 I_{BIAS} 的温度特性。为简单起见,假设 M_4 与 M_3 完全相同,并略去 Early 效应和体效应。(提示:M_4 与 M_3 组成电流镜,并有相同的电流。)

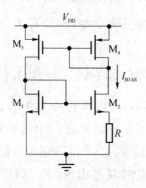

图 P11.1

11.2 在图 11.9 的带隙基准源中,如果运放是理想的,它的差分输入电压和电流都为零,失调电压 V_{OS} 也为零,因此有 $V_O = V_{EB1} + I_1 R_1 = V_{EB1} + I_2 R_2$ 和 $V_O = V_{EB1} + R_2 [(V_{EB1} - V_{EB2})/R_3]$。现在假设使 $I_1 = 200\ \mu A$ 和 $V_{EB1} - V_{EB2} = 100\ mV$。要求确定 R_1、R_2 和 R_3 的值,使 V_O 在 25 ℃ 下达到零温度系数。计算中略去基极电流。

11.3 图 11.9 中的带隙基准源被设计成在 25 ℃ 下有零温度系数。由于工艺过程的变化,BJT 的饱和电流 I_S 实际上变成了两倍的设计值。假设 $V_{OS} = 0$。要求确定 25 ℃ 下的 dV_O/dT。计算中略去基极电流。

第 12 章   CMOS 集成运算放大器

集成电路中使用的运算放大器都是针对某个具体应用专门设计的,所以是一种专用放大器。CMOS 集成运放的另一个特点是,总以电容为负载(即不需要驱动电阻负载)。所以 CMOS 集成运放的功能只是对负载电容进行充放电。

本章先讨论一般的单边输出 CMOS 集成运放,计算其主要参数,然后说明 cascode 结构的小信号参数和宽摆幅结构,并介绍两种实际的望远镜式和折叠式 cascode 结构放大器。本章最后对这几种放大器的频率特性作一比较说明。

12.1   MOS 差分级

本节讨论两个内容:(1)电阻负载差分级的大信号特性;(2)电流镜负载差分级的小信号特性。

12.1.1   电阻负载 MOS 差分级

电阻负载 MOS 差分级电路如图 12.1(a)所示。图中,M_1 和 M_2 是两个完全一样的 NMOS 放大管,它们的源极接在一起,再与电流源 I 相连。R_{D1} 和 R_{D2} 为 M_1 和 M_2 的两个负载电阻,且 $R_{D1} = R_{D2}$。我们假设 R_{D1} 和 R_{D2} 都很小,所以 M_1 和 M_2 总是工作在有源区。在略去 Early 效应后,M_1 和 M_2 的漏极电流可分别写为

$$i_{D1} = K_n (v_{GS1} - V_{tn})^2 \tag{12.1}$$

$$i_{D2} = K_n (v_{GS2} - V_{tn})^2 \tag{12.2}$$

式中,K_n 为 NMOS 管的器件导电因子,并有表达式〔也见式(3.11)〕

$$K_n = \frac{1}{2} k'_n \frac{W}{L} \tag{12.3}$$

对式(12.1)和式(12.2)两边取平方根后相减,并用等式 $i_{D1} + i_{D2} = I$ 消去 i_{D2},再取平方,经整理后,得到

$$i_{D1}^2 - I i_{D1} + \frac{1}{4} (I - K_n v_d^2)^2 = 0 \tag{12.4}$$

式中,$v_d = v_{GS1} - v_{GS2}$,是加在 M_1 和 M_2 栅极之间的差分输入电压。

式(12.4)是关于 i_{D1} 的一元二次方程,可以解得 M_1 的电流表达式

$$i_{D1} = \frac{I}{2} + \sqrt{\frac{K_n I}{2}} \cdot v_d \cdot \sqrt{1 - \frac{K_n}{2I} v_d^2} \tag{12.5}$$

在式(12.5)中,利用 $i_{D1} + i_{D2} = I$,可以算得 M_2 的电流表达式

$$i_{D2} = \frac{I}{2} - \sqrt{\frac{K_n I}{2} \cdot v_d \cdot \sqrt{1 - \frac{K_n}{2I}v_d^2}} \tag{12.6}$$

式(12.5)和式(12.6)中的四个平方根可以用 $v_d = 0$ 时 M_1 和 M_2 的过驱电压 V_{ov0} 来简化。从 $v_d = 0$ 可知 $i_{D1} = i_{D2} = I/2$,再根据式(3.14)和式(12.3)算得过驱电压

$$V_{ov0} = \sqrt{\frac{I}{2K_n}} \tag{12.7}$$

把式(12.7)分别代入式(12.5)和式(12.6)后,得到

$$i_{D1} = \frac{I}{2} + \frac{I}{2} \cdot \frac{v_d}{V_{ov0}} \cdot \sqrt{1 - \left(\frac{v_d}{2V_{ov0}}\right)^2} \tag{12.8}$$

和

$$i_{D2} = \frac{I}{2} - \frac{I}{2} \cdot \frac{v_d}{V_{ov0}} \cdot \sqrt{1 - \left(\frac{v_d}{2V_{ov0}}\right)^2} \tag{12.9}$$

式(12.5)、式(12.6)和式(12.8)、式(12.9)都表示图 12.1(a)中差分级的大信号特性。用式(12.8)和式(12.9)画出的传递曲线如图 12.1(b)所示。图中水平轴的单位 V_{ov0} 为 $v_d = 0$ 时 M_1 和 M_2 的过驱电压,见式(12.7)。

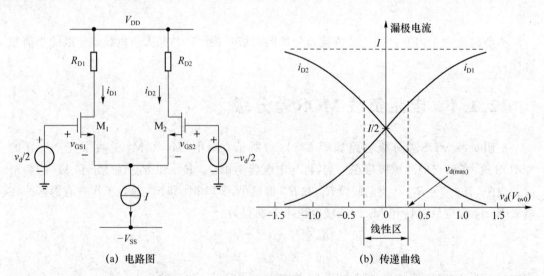

(a) 电路图　　　　　　　　　　(b) 传递曲线

图 12.1　电阻负载 MOS 差分级

从式(12.8)和式(12.9)看,当输入差分电压 v_d 增大到一定数值时,偏流 I 会全部流入其中一个 MOS 管。此时,式(12.8)或式(12.9)右边的第二项等于 $I/2$;对应的差分输入电压可计算为

$$|v_d| = \sqrt{2}V_{ov0} \tag{12.10}$$

在图 12.1(b)中,当 $|v_d| = \sqrt{2}V_{ov0}$ 时,i_{D1} 和 i_{D2} 中有一个等于零。

如果把图 12.1(b)中的**线性区**规定为实际曲线对于理想直线的偏差不超过 1% 的区间,就可用式(12.8)算出图 12.1(b)中的线性区边界〔只需确定式(12.8)中的平方根值下降到 0.99 时的 v_d〕

$$v_{d(\max)} \approx 0.28 V_{ov0} \tag{12.11}$$

如果差分级的偏流 $I = 1$ mA 和 MOS 管的 $K_n = 1$ mA/V^2,可用式(12.7)算出 $v_{d(\max)} = 0.2$ V。与之相比,双极差分级的 $v_{d(\max)}$ 只有 10 mV 左右。其中的主要原因是,MOS 管的 i_D 与 v_{GS} 成平方关系,而 BJT 的 i_C 与 v_{BE} 成指数关系。这使双极型晶体管有较大的跨导和较窄的输入电压线性区。

12.1.2　电流镜负载 CMOS 差分级

1. 低频特性

图 12.1(a)中的电阻负载差分级实际上是一个**全差分放大器**,因为它的输入和输出都是差分的。全差分结构的一个问题是所谓的**共模电压不稳定**。解决的办法是使用**共模电压反馈网络**。

共模电压反馈是比较复杂的(第 13 章讨论),我们另有非常简单的方法,这就是电流镜的方法,如图 12.2(a)所示。(**电流镜**属于有源负载的方法;有源负载的另一种方法是把 M_3 和 M_4 的栅极都连接到固定电位上,这叫**恒流源**的方法,此时的两个 MOS 管互不影响。)图中的 M_3 和 M_4 构成电流镜,使流过 M_3 和 M_4 的电流相等。这样的电路是左右不对称的,所以不是**全差分**电路,我们只能从 M_2 的漏极取出输出。下面来分析图 12.2(a)中的电路。

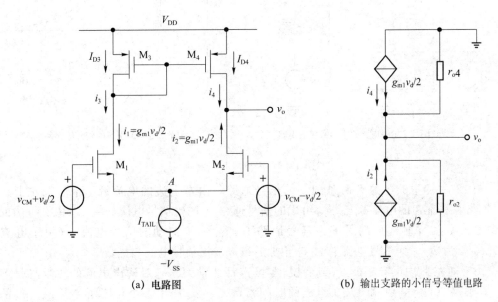

(a) 电路图　　　　　　　　(b) 输出支路的小信号等值电路

图 12.2　采用电流镜负载的 MOS 差分级

在图 12.2(a)的电路中,当两个输入端只加共模信号 v_{CM} 时,I_{TAIL} 依然在 M_1 和 M_2 之间平分。由于 MOS 管栅极没有电流,所以 $I_{D3} = I_{D4} = I_{TAIL}/2$。输出电压没有变化。

如果两个输入端之间加上差分信号 v_d,由于 A 点电位不变,就会在 M_1 和 M_2 中产生两个等值且反向的信号电流 $i_1 = g_{m1}v_d/2$ 和 $i_2 = g_{m1}v_d/2$,其中 g_{m1} 为 M_1 和 M_2 的跨导。i_1 流过 M_3,变成 i_3。电流镜又把 i_3 反射到 M_4 中,变成 i_4,所以 $i_4 = i_3 = i_1$。在图 12.2(a)的右侧,M_2 的信号电流 i_2 是向上的。当未加外部负载时,i_2 与 i_4 相加后,会流过 M_2 和 M_4 的两

个小信号输出电阻之并联,产生输出电压 v_o。图 12.2(b)是图 12.2(a)中输出支路的小信号等效电路。我们可以容易地写出差分级的差分电压增益和输出电阻

$$A_d \equiv \frac{v_o}{v_i} = g_{m1}(r_{o2} \| r_{o4}) \tag{12.12}$$

$$R_o = r_{o2} \| r_{o4} \tag{12.13}$$

式(12.12)和式(12.13)与有源负载 MOS 放大器的式(10.41)和式(10.39)完全一样。

2. 频率响应

在图 12.2(a)的 MOS 差分级中,由 M_3 和 M_4 组成的电流镜负载对电路引入一对靠得很近的零极点[Gray,p534]。为了说明这一点,我们把图 12.2(a)中的电路转换成图 12.3(a)中的小信号等效电路。为了简化分析,我们假设所有 MOS 管的 $r_o \to \infty$,并用 C_X 表示节点 X 与地之间的总电容,这主要是 C_{gs3} 和 C_{gs4}。其他分布电容的影响由于比 C_X 小很多而被略去。我们的目的是找出由电流镜引起的差分级跨导的频率特性。〔在计算跨导时,输出总需交流接地,如图 12.3(a)所示。〕

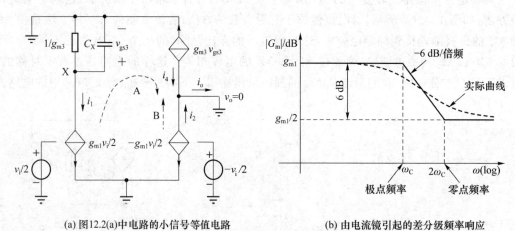

(a) 图12.2(a)中电路的小信号等值电路　　　　(b) 由电流镜引起的差分级频率响应

图 12.3　差分级频率响应

图 12.3(a)中的电路有两条独立的信号通路。由左下边的电流源 $g_{m1} v_i/2$、左上边的 RC 网络和右上边的电流源 $g_{m3} v_{gs3}$ 组成的信号通路 A 产生信号电流 $i_4 = i_1$。由右下边的电流源 $-g_{m1} v_i/2$ 单独组成的另一条信号通路 B 产生向上流动的信号电流 i_2(由于电流源 $-g_{m1} v_i/2$ 为负)。而信号电流 i_4 和 i_2 相加后组成输出信号电流 i_o。

由于通路 B 中没有零极点(或者说,零极点都非常大),它对输出电流的贡献总是等于 i_2。在通路 A 中,由 C_X 和 $1/g_{m3}$ 组成的时间常数 C_X/g_{m3} 产生一个位于 $s_p = -g_{m3}/C_X$ 的极点;它对应于截止频率 $\omega_C = g_{m3}/C_X$。

在频率远高于 ω_C 的高频区,电容 C_X 的阻抗趋于零,可以看作短路,因而 $v_{gs3} = v_{gs4} = 0$ 和 $i_4 = 0$,使输出电流降至低频时的 $1/2$,即 $i_o = i_2 = g_{m1} v_i/2$。由此,写出差分级的跨导传递函数

$$G_m(s) = \frac{g_{m1}}{2} \frac{1}{1+s/\omega_C} + \frac{g_{m1}}{2} = \frac{g_{m1}}{2}\left(\frac{1}{1+s/\omega_C}+1\right) = \frac{g_{m1}}{2}\left(\frac{s+2\omega_C}{s+\omega_C}\right) \tag{12.14}$$

式(12.14)表示,CMOS 差分级有一对零极点,极点位于 $s_p = -\omega_C = -g_{m3}/C_X$,零点位于 $s_z = -2\omega_C$;即零点频率为极点频率的两倍。根据式(12.14)画出的差分级跨导 $G_m(j\omega)$ 的幅

值响应,如图 12.3(b)所示。图中用实线画出的伯德图由于极点和零点靠得很近(只有一倍频)而有较大的误差。

总起来说,由于 M_3 源漏之间的电阻非常小,只有 $1/g_{m3}$,由电流镜引起的一对零极点通常位于很高的频率区;再由于零极点相距较近,两者的作用有所抵消,所以对运放的频率响应没有太大影响。差分级的低频主极点通常位于输出端,因为输出端有很大的输出电阻,而负载电容为下一级的输入电容,与 C_X 在同一量级。

12.2　CMOS 运算放大器

对图 12.2(a)中 MOS 差分级(四个 MOS 管先变成互补器件)后接一个电压增益级,就构成图 12.4 中的两级 CMOS 运放。本节的目的就是分析这个典型运放的主要特性参数。

在这个两级 CMOS 运放中,MOS 管 M_1 至 M_4 组成差分输入级,M_5 为差分级提供偏流。第二级是共源结构的增益级;它由 MOS 管 M_6 和 M_7 组成。电容 C_C 是整个放大器的补偿电容,把 C_C 放在第二级是因为这一级有很高的电压增益,因而可以用很小的补偿电容。最后,由 PMOS 管 M_8 和电阻 R_B 组成的偏置电路,为放大器提供偏流。

前面的 5.1 节至 5.3 节曾对运放的一些主要参数做过说明,并在 5.6 节和 5.7 节对 CMOS 运放的摆速、带宽和失调电压三个重要参数做过比较详细的讨论。所以,本节只讨论 CMOS 运放的其他一些主要参数,包括**电压增益**、**共模输入电压范围**和**共模抑制比**等。运放的**输出电压范围**参数被移到后面的 12.5 节,结合**宽摆幅**结构进行讨论。本节还将对前面 5.7 节讨论的**输入失调电压**,补充系统性失调的内容。本节的最后对 PMOS 与 NMOS 以及过驱电压与沟道长度之间的关系作对比说明。

为提高放大器的负载能力,通常会在增益级后面加接一个输出级;这就变成三级放大器(图 12.4 中未画出)。这个第三级一般接成源极跟随器的形式。但由于集成电路内部的 CMOS 运放都以电容为负载,并不需要驱动电阻负载,这个输出级通常是被省略的。

12.2.1　低频电压增益

低频电压增益是放大器的重要指标,因为它决定闭环后的处理精度。在计算低频增益(即 dc 增益)时,我们可以略去电容 C_C 的影响。而第一级的低频电压增益可以根据式(12.12)写为

$$A_{v1} = g_{m1}(r_{o2} \| r_{o4}) \qquad (12.15)$$

式中,g_{m1} 为 M_1 和 M_2 的跨导,r_{o2} 和 r_{o4} 分别为 M_2 和 M_4 的输出电阻。图 12.4 中的电压波形仅表示 M_1 和 M_2 的漏极是不对称的。M_1 漏极与地之间的交流电阻很小(因为 M_3 的二极管接法),信号电压也很小;M_2 漏极与地之间的交流电阻很大,信号电压也很大。所以,输出信号应该从 M_2 的漏极取出。

第二级是简单的共源放大级,它的增益可根据式(10.41)写为

$$A_{v2} = -g_{m6}(r_{o6} \| r_{o7}) \qquad (12.16)$$

式中,g_{m6} 为 M_6 的跨导,r_{o6} 和 r_{o7} 分别为 M_6 和 M_7 的交流输出电阻。

运放的总增益等于两级电压增益之积

$$A_v = A_{v1} A_{v2} = -g_{m1}(r_{o2} \| r_{o4}) g_{m6}(r_{o6} \| r_{o7}) \tag{12.17}$$

式(12.17)中,我们可以近似地认为 $g_{m1} = g_{m6} = g_m$ 和 $r_{o2} \| r_{o4} = r_{o6} \| r_{o7} = r_o$,因而运放的总增益可以用 $(g_m r_o)^2$ 这样一个量来近似地表示,而 $g_m r_o$ 约等于一个 MOS 放大级的电压增益,并可用式(3.19)和式(3.33)计算为

$$g_m r_o = \frac{I_D}{V_{GS} - V_t} \frac{V_A}{I_D} = \frac{V_A}{V_{ov}} \tag{12.18}$$

式(12.18)表示,运放的总增益仅与 Early 电压 V_A 和过驱电压 V_{ov} 有关,其中 Early 电压与沟道长度成正比,而过驱电压 V_{ov} 取决于 MOS 管的宽长比和偏流大小。

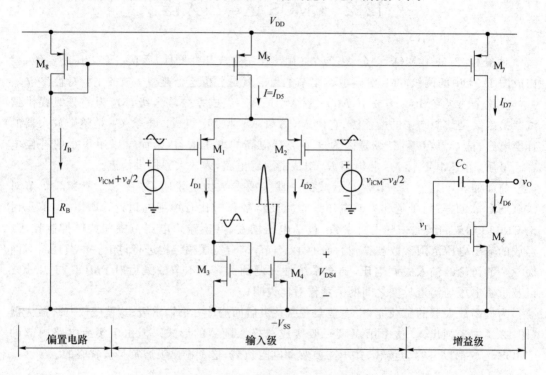

图 12.4　典型的两级 CMOS 运算放大器

12.2.2　共模输入电压范围

CMOS 运放的**共模输入电压范围**,是指使输入级所有 MOS 管都工作在有源区的共模输入电压范围。在图 12.4 中,M_3、M_4 的栅极和漏极电位以及 M_1 和 M_2 的漏极电位都是相对固定的,M_5 的栅极电位也是相对固定的(在讨论共模输入信号时,M_4 的漏极电位应该看成是与 M_3 的漏极电位相等的);M_1 和 M_2 的栅极和源极电位是随输入共模电压而上下摆动的。当 M_1 和 M_2 的栅极电位上摆时,需保证 M_1 和 M_2 的源极电位至少比 V_{DD} 低一个 $|V_{ov5}|$,否则 M_5 进入三极管区。由此得到输入共模电压 V_{iCM} 的最大值

$$V_{iCM(max)} = (V_{DD} - |V_{ov5}|) - v_{SG1} \tag{12.19}$$

在式(12.19)右边,圆括号内的值是 M_1 和 M_2 源极电位可以达到的最大值;v_{SG1} 为 M_1 和 M_2 的源栅电压,是正值。在图 12.5(a)中,$V_{DD} = 5$ V、$V_{ov5} = -0.1$ V、$V_{tp} = -1$ V 和 $v_{SG1} =$

$1.1\,\text{V}$，所以 $V_{\text{iCM(max)}}=3.8\,\text{V}$。此时，$M_5$ 的漏极电位为 $4.9\,\text{V}$，比它的源极电位 $5\,\text{V}$ 低一个 $|V_{\text{ov5}}|=0.1\,\text{V}$。

另一方面，当 M_1 和 M_2 的栅极电位下摆时，需保证 M_1 和 M_2 的源极电位至少比它们的漏极电位高一个 $|V_{\text{ov1}}|$，或者说，M_1 和 M_2 的栅极电位最低只能比 M_3 和 M_4 的漏极电位低一个 $|V_{\text{tp}}|$。这使 M_1 和 M_2 的源漏极之间至少有一个 $|V_{\text{ov1}}|$ 电压，否则 M_1 和 M_2 会进入三极管区。由此得到输入共模电压 V_{iCM} 的最小值

$$V_{\text{iCM(min)}}=(-V_{\text{SS}}+v_{\text{GS3}})-|V_{\text{tp1}}| \tag{12.20}$$

在式 (12.20) 右边，圆括号内的值是 M_3、M_4 的栅极和漏极电位，也是 M_1、M_2 的漏极电位。在图 12.5(b) 中，$-V_{\text{SS}}=-5\,\text{V}$，$V_{\text{tp}}=-1\,\text{V}$，$v_{\text{GS3}}=1.1\,\text{V}$，所以 $V_{\text{iCM(min)}}=-4.9\,\text{V}$。此时，$M_1$、$M_2$ 的源极电位为 $-3.8\,\text{V}$，比它们的漏极电位 $-3.9\,\text{V}$ 高一个 $|V_{\text{ov1}}|=0.1\,\text{V}$。

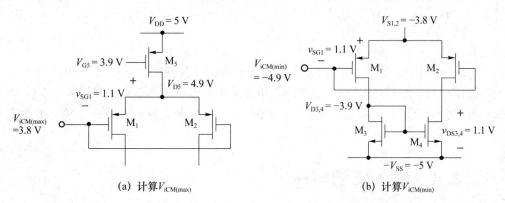

(a) 计算 $V_{\text{iCM(max)}}$　　　　　(b) 计算 $V_{\text{iCM(min)}}$

图 12.5　计算共模输入电压范围

最后，位于式 (12.19) 和式 (12.20) 之间的就是运放的共模输入电压范围。从上面两式看，共模输入电压范围可以通过减小过驱电压来增加（v_{SG1} 和 v_{GS3} 中都包含了一个 V_{ov}）。

12.2.3　共模抑制比

对于图 12.4 中的 CMOS 运放，第一级的共模抑制比就是运放总的共模抑制比。第二级对总的共模抑制比不产生影响，因为第二级是单边输入的。从前面的式 (12.15) 可以写出输入级的差分增益 $A_{\text{d}}=g_{\text{m1}}(r_{\text{o2}}\|r_{\text{o4}})$，其中 g_{m1} 为输入管的跨导，r_{o2} 和 r_{o4} 分别为 M_2 和 M_4 的输出电阻。

第一级的共模增益可以从图 12.4 来计算，并假设所有的 MOS 管都是对称的，这使所有的电流和电压也都是对称的。现在把共模电压 Δv_{iCM} 加在两个输入端上，就会有电流 $\Delta I=\Delta v_{\text{iCM}}/r_{\text{o5}}$ 流过恒流源 M_5，其中 r_{o5} 为 M_5 的输出电阻。然后，ΔI 在 M_1 和 M_2 之间平分。由于 M_3 接成二极管形式，它的电阻等于 $1/g_{\text{m3}}$，所以当 $\Delta I/2$ 流过 M_3 时，使 M_3 的栅源电压增加 $\Delta v_{\text{GS3}}=(\Delta I/2)/g_{\text{m3}}$；这使 M_4 的栅源电压也增加 Δv_{GS3}。这个增加的 Δv_{GS3} 刚好可以使 M_4 接纳从 M_2 流过来的电流 $\Delta I/2$。此时第一级的输出电压也增加了 Δv_{GS3}。这个 Δv_{GS3} 就是由 Δv_{iCM} 产生的输出共模电压。由此，第一级的共模电压增益可计算为

$$A_{\text{CM}}=-\frac{\Delta v_{\text{GS3}}}{\Delta v_{\text{iCM}}}=-\frac{1}{\Delta v_{\text{iCM}}}\frac{\Delta I/2}{g_{\text{m3}}}=-\frac{1}{\Delta v_{\text{iCM}}}\frac{1}{g_{\text{m3}}}\frac{\Delta v_{\text{iCM}}}{2r_{\text{o5}}}=-\frac{1}{2g_{\text{m3}}r_{\text{o5}}} \tag{12.21}$$

式(12.21)的意思是：输入级的共模电压增益等于负载管电阻与恒流源电阻之比的负值，其中的恒流源电阻应该为**共模半电路**中的恒流源电阻，即 $2r_{o5}$。（所谓半电路是指由于电路的对称性，整个电路可以用它的半个电路来表示；对于差分输入信号有**差分半电路**，对于共模输入信号有**共模半电路**；也见 13.4 节。）

CMOS 运放的共模抑制比可计算为

$$\text{CMRR} = \left| \frac{A_d}{A_{CM}} \right| = 2g_{m1}(r_{o1} \parallel r_{o3})(g_{m3}r_{o5}) \tag{12.22}$$

式中，g_{m1} 和 r_{o1} 为输入管 M_1 和 M_2 的跨导和输出电阻，g_{m3} 和 r_{o3} 为负载管 M_3 和 M_4 的跨导和输出电阻，r_{o5} 为恒流源 M_5 的输出电阻。

为简单起见，我们假设所有 MOS 管都有相同的跨导 g_m 和输出电阻 r_o。在使用式(12.18)后，式(12.22)可以用 Early 电压 V_A 和过驱电压 V_{ov} 近似地改写为

$$\text{CMRR} = \left(\frac{V_A}{V_{ov}} \right)^2 \tag{12.23}$$

从式(12.23)得到的结论是，CMOS 运放的共模抑制比可以通过增加 Early 电压和降低过驱电压来提高。另一个提高 CMRR 的方法是用高输出电阻的电流镜来代替简单电流镜，因为高输出电阻的电流镜可以提高式(12.23)中的 V_A。这样做的缺点是降低了输入共模电压范围。

12.2.4　输入失调电压

前面 5.7 节导出了电阻负载差分级的输入失调电压表达式。本小节讨论图 12.4 中电流镜负载差分级的失调电压。在图 12.4 中，同样可以把失调电压定义为使输出电压等于零（假设 $V_{DD} = V_{SS}$）而在两个输入端之间施加的 dc 电压。对于双极运放，由于每一级的增益在 1 000 上下，失调电压就主要由差分输入级产生；但 MOS 运放中每一级的增益在 20 与 100 之间，所以有时还需考虑增益级对失调电压的贡献。

从总体上说，运放的输入失调电压包括两部分：系统性失调电压和随机性失调电压。其中，系统性失调电压是由电路设计引起的；随机性失调电压是由工艺过程中的随机因素引起的（前面 5.7 节中的失调电压属于随机性失调电压）。下面分别讨论这两部分。

1. 系统性失调电压[Johns, p229]

在讨论失调电压时，图 12.4 的中两个输入需接地。如果差分级电路完全匹配，就有 $I_{D1} = I_{D2} = I_{D3} = I_{D4} = I/2$ 和 $V_{DS4} = V_{DS3}$。如果要求差分级的失调电压为零，就必须有 $V_{D4} = V_{D3} = 0$（假设 $V_{DD} = V_{SS}$）。如果设计成 $V_{D4} = V_{D3} = 1$ V，差分级的输出失调电压就是 1 V。再假设差分级的增益为 50，折合到输入端的失调电压就是 20 mV。这个 20 mV 就是系统性失调电压，尽管差分级电路是完全对称的。

现在来讨论图 12.4 中整个运放的系统性失调电压，并假设电路是完全匹配的。对于系统性失调电压，我们所能做到的最好结果是使 $I_{D6} = I_{D7}$。因为 I_{D6} 与 I_{D7} 稍有不等，Early 效应就可以容易地把运放的输出电压饱和到两个电源电压之一。为此，我们的分析从 M_5 和 M_7 开始，目的是使 $I_{D6} = I_{D7}$。由于 M_5 和 M_7 有相同的栅源电压，它们就有相同的过驱电压。这可以写为〔见式(3.14)〕

$$\sqrt{\frac{2I_{D5}}{k'_{p}(W/L)_5}} = \sqrt{\frac{2I_{D7}}{k'_{p}(W/L)_7}} \tag{12.24}$$

或写为

$$\frac{I_{D5}}{I_{D7}} = \frac{(W/L)_5}{(W/L)_7} \tag{12.25}$$

由于 $I_{D5} = 2I_{D4}$，式 (12.25) 变为

$$\frac{I_{D4}}{I_{D7}} = \frac{(W/L)_5}{2(W/L)_7} \tag{12.26}$$

另一方面，M_4 和 M_6 有相同的栅源电压（因为 $v_{G3} = v_{D3} = v_{D4} = v_{G6}$）。这可以写为

$$\sqrt{\frac{2I_{D4}}{k'_{n}(W/L)_4}} = \sqrt{\frac{2I_{D6}}{k'_{n}(W/L)_6}} \tag{12.27}$$

或写为

$$\frac{I_{D4}}{I_{D6}} = \frac{(W/L)_4}{(W/L)_6} \tag{12.28}$$

由于我们要求 $I_{D6} = I_{D7}$，式 (12.28) 可改写为

$$\frac{I_{D4}}{I_{D7}} = \frac{(W/L)_4}{(W/L)_6} \tag{12.29}$$

从式 (12.26) 和式 (12.29) 解得

$$\frac{(W/L)_4}{(W/L)_6} = \frac{(W/L)_5}{2(W/L)_7} \tag{12.30}$$

式 (12.30) 可更完整地写为

$$\frac{(W/L)_3}{(W/L)_6} = \frac{(W/L)_4}{(W/L)_6} = \frac{(W/L)_5}{2(W/L)_7} \tag{12.31}$$

式 (12.31) 满足后，就有 $I_{D6} = I_{D7}$。这使图 12.4 中的运放有最小的失调电压。现在的输出电压为

$$V_O = -V_{SS} + V_{DS6} = -V_{SS} + V_{DS3} = -V_{SS} + V_{ov3} + V_{tn} \tag{12.32}$$

而运放的输入失调电压等于地电位（假设 $V_{DD} = V_{SS}$）与 V_O 之差再除以运放的电压增益 A_v

$$V_{OS(sys)} = \frac{0 - V_O}{A_v} = \frac{V_{SS} - V_{ov3} - V_{tn}}{A_v} \tag{12.33}$$

2. 随机性失调电压[Gray, p426]

前面的式 (5.36) 表示电阻负载差分级的随机性失调电压。把式 (5.36) 中由电阻负载引起的失调电压 $\Delta R/R$ 换成由电流镜负载引起的失调电压（同样由 V_t 和 W/L 两部分组成），就得到电流镜负载差分级的随机性失调电压

$$V_{OS(rand)} = \left(\Delta V_{t(1-2)} + \frac{g_{m3}}{g_{m1}} \Delta V_{t(3-4)} \right) + \frac{V_{ov(1+2)}}{2} \left[\frac{\Delta(W/L)_{(3-4)}}{(W/L)_{(3+4)}} - \frac{\Delta(W/L)_{(1-2)}}{(W/L)_{(1+2)}} \right] \tag{12.34}$$

式中，圆括号内的两项分别表示由输入管和负载管的阈值电压不匹配引起的失调电压；g_{m3}/g_{m1} 为负载管阈值电压失配度 $\Delta V_{t(3-4)}$ 折合到输入端的比例因子。如果选择 $(W/L)_3 <$ $(W/L)_1$，使 $g_{m3} < g_{m1}$，就可降低因负载管阈值电压失配引起的输入失调电压。圆括号内的加号表示：如果 $V_{t1} > V_{t2}$ 且 $V_{t3} > V_{t4}$，两个失调电压是相加的。

右边方括号内的两项分别表示负载管和输入管宽长比的相对失配度；两者要乘以

$V_{\text{ov}(1+2)}/2$ 才能折合成输入失调电压,而 $V_{\text{ov}(1+2)}$ 表示两个输入管的平均过驱电压。所以,降低输入管的过驱电压 $V_{\text{ov}(1+2)}$ 可以用来降低输入管和负载管宽长比失配所引起的失调电压。为此,我们通常使输入管工作在很低的 $50 \sim 200$ mV 的过驱电压下[Gray,p427]。〔关于均值和差值的说明,见式(5.28)。〕

12.2.5 输入级的 PMOS 与 NMOS

在图 12.4 的运放输入级中,用 PMOS 做输入管,用 NMOS 做负载管;但也可以用 NMOS 做输入管,用 PMOS 做负载管。这两种方法中究竟选择哪一种,取决于下面几方面的考虑[Johns,p231]。首先,总的 dc 增益基本不受选择的影响,因为两种方法都会使其中一级用 NMOS 做放大管,另一级用 PMOS 做放大管。

从式(5.19)看,摆速 SR 仅与 I 和 C_C 有关。其中 I 为差分级的尾电流,是电路常数,而 C_C 的大小与第二级的低频增益成反比,所以用 NMOS 管做第二级的放大管可以提高第二级的增益,以减小 C_C 和提高摆速。用 NMOS 管做第二级放大管的另一个好处是提高了第二极点的频率,以此提高放大器的单位增益带宽 f_1。所以,用 NMOS 做第二级的放大管而用 PMOS 做第一级的放大管,有利于提高摆速和频率特性。

噪声是选择 PMOS 管还是 NMOS 管的另一个考虑。MOS 管的噪声主要来自 $1/f$ 噪声,这是由半导体表面的缺陷对载流子的随机俘获和释放引起的。一般来说,PMOS 的 $1/f$ 噪声要小于 NMOS,因为 PMOS 的多数载流子空穴不易被表面态俘获。所以,用 PMOS 做第一级的放大管可以降低电路的 $1/f$ 噪声。对于热噪声,情况刚好相反。降低热噪声要求减小沟道电阻,这使 NMOS 优于 PMOS。所以,用 PMOS 做第一级的放大管的优点是降低了电路的 $1/f$ 噪声,缺点是增加了电路的宽带热噪声。

总起来说,对于两级 CMOS 运放,通常会选择 PMOS 做第一级的放大管,因为这样可以提高摆速、提高单位增益带宽 f_1 和降低 $1/f$ 噪声,缺点是增加了热噪声。

12.2.6 过驱电压与沟道长度

MOS 管的过驱电压可以通过降低偏流和增加器件宽长比来减小。在图 12.4 中,减小过驱电压可以改善运放的许多性能,包括提高电压增益、增加输出摆幅、降低输入失调、提高输入共模范围、增加 CMRR 以及增加电源抑制比。但另一方面,增加沟道长度可以增加 Early 电压,这也可以带来不少的性能改善,包括提高电压增益、CMRR 和 PSRR 等。然而,MOS 管的高频响应是与过驱电压成正比且与沟道长度的平方根成反比的,所以减少过驱电压和增加沟道长度都会使 MOS 管和放大器的频率特性变坏。这说明频率响应是与其他性能指标相互制约的,这是 CMOS 运放设计中最基本的考虑点。

例题 12.1 对于图 12.4 中的两级运放,要求选择器件尺寸,以给出大于 5 000 的低频电压增益和至少 ± 1 V 的最大输出摆幅。电路参数为:$I_{D1} = I_{D2} = 100\ \mu A$,$I_{D6} = 400\ \mu A$,$V_{DD} = V_{SS} = 1.65$ V ± 0.15 V。MOS 管有参数:$k_n' = 200\ \mu A/V^2$、$k_p' = 65\ \mu A/V^2$、$V_{tp} = -0.8$ V、$V_{An} = L/0.02\ \mu m/V$ 和 $|V_{Ap}| = L/0.04\ \mu m/V$。所有 MOS 管完全匹配,并在 $V_{ICM} = 0$ V、$V_I = 0$ V 和 $V_O \approx 0$ V 的条件下都工作在有源区(V_{ICM} 为输入共模电压);略去体效应[Gray,p428]。

为简化设计，所有 MOS 管都使用 $L=1\ \mu m$。这样选择后，可以避免短沟道效应使输出电阻下降，以及器件的操作偏离平方率。由于要求最大输出摆幅不小于 $\pm 1\ V$，并考虑到每个电源电压不小于 $1.5\ V$，所以必须有 $V_{ov6}=|V_{ov7}|\leqslant 0.5\ V$。为使器件有尽可能高的速度，我们选择 $V_{ov6}=|V_{ov7}|=0.5\ V$。然后根据 $I_{D6}=I_{D7}=400\ \mu A$，可以确定

$$\left(\frac{W}{L}\right)_7=\frac{2I_{D7}}{k'_p(V_{ov7})^2}=\frac{2\times 400}{65\times(-0.5)^2}\approx 50$$

$$\left(\frac{W}{L}\right)_6=\frac{2I_{D6}}{k'_n(V_{ov6})^2}=\frac{2\times 400}{200\times 0.5^2}\approx 16$$

由于 $V_{ov5}=V_{ov7}$（因二者的 V_{tp} 相同）和根据题意 $I_{D1}+I_{D2}=I_{D6}/2=I_{D7}/2$，就可确定

$$\left(\frac{W}{L}\right)_5=\frac{1}{2}\left(\frac{W}{L}\right)_7\approx 25$$

根据式（12.31），可以有

$$\left(\frac{W}{L}\right)_3=\left(\frac{W}{L}\right)_4=\frac{1}{2}\frac{(W/L)_5}{(W/L)_7}\left(\frac{W}{L}\right)_6\approx \frac{1}{2}\frac{25}{50}\times 16=4$$

由于输入共模电压范围需覆盖 $V_{ICM}=0$，式（12.19）便限定了 M_1 和 M_2 的过驱电压。当 $V_{ICM}=0\ V$ 和 $V_{DD}=1.5\ V$ 时，从式（12.19）得到

$$V_{ov1}>V_{ICM}-V_{t1}-V_{ov5}-V_{DD}=0-(-0.8\ V)-(-0.5\ V)-1.5\ V=-0.2\ V$$

因此有

$$\left(\frac{W}{L}\right)_1=\left(\frac{W}{L}\right)_2\geqslant \frac{2I_{D1}}{k'_p(V_{ov1})^2}=\frac{2\times 100}{65\times(-0.2)^2}\approx 77$$

电路的电压增益可用式（12.17）和式（12.18）计算为

$$A_v=-\frac{2}{|V_{ov1}|}\left(\frac{|V_{A2}|V_{A4}}{|V_{A2}|+V_{A4}}\right)\frac{2}{V_{ov6}}\left(\frac{V_{A6}|V_{A7}|}{V_{A6}+|V_{A7}|}\right)$$

$$=-\frac{2}{0.2}\frac{2}{0.5}\left[\frac{(1/0.04)\times(1/0.02)}{(1/0.04)+(1/0.02)}\right]^2\approx 11\ 100$$

12.3　CMOS cascode 运算放大器

本节要讨论的 CMOS cascode 运算放大器，可以看作是图 12.4 中基本 CMOS 运放的改进型。使用 cascode 结构可以提高放大器的电压增益和改善频率特性。下面先介绍基本的 cascode 结构，分析它的小信号特性，然后介绍常用的望远镜式和折叠式 cascode 放大器。

12.3.1　基本 cascode 运放电路

cascode 结构是通过对图 12.4 中的基本 CMOS 运放增加四个共栅 MOS 管实现的，如图 12.6 所示。原先图 12.4 中第一级的两个共源 MOS 管被两组共源共栅 MOS 管所代替，这就是图 12.6 中的 M_1、M_{1A} 和 M_2、M_{2A}。图 12.6 中还增加了 M_{10} 和电流源 I_{B1}，为 M_{1A} 和 M_{2A} 的栅极提供恰当的偏压。在实际电路中，M_{10} 的宽长比应选择为使 M_1 和 M_2 都工作在靠近三极管区的有源区内，以得到最大的输出电压范围。

图 12.6 中 M_6 和 M_7 的作用是电平移位，它把第一级的输出电位 v_{O1} 下移了一个 V_{GS6}，使输出到第二级 M_8 栅极的直流电位等于 V_{GS3}，也就是使 V_{GS8} 等于 V_{GS3}。电平下移的目的是使输出电压可以下摆到最小值 $-V_{SS}+V_{ov8}$，其中 V_{ov8} 为 M_8 的过驱电压。这个方法将在后面 12.5 节作详细说明。

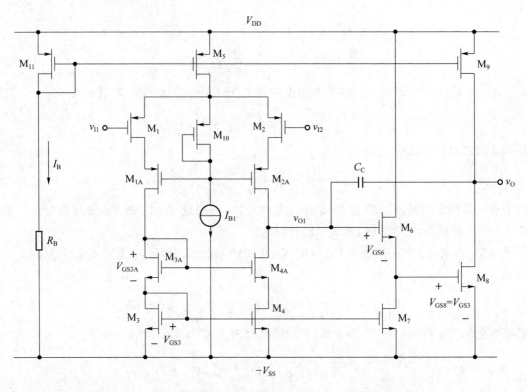

图 12.6　带有 cascode 结构的两级 CMOS 运算放大器

图 12.6 中 M_{1A} 的共栅接法为 M_1 的漏极提供非常低电阻的通路；这使 M_1 有很低的电压增益，以消除 M_1 的 Miller 效应。而 M_{1A} 的共基接法同样消除了自己的 Miller 效应，因为它的栅漏电容的一端是交流接地的。这使放大器仅增加一个高频极点。cascode 接法的 M_2 和 M_{2A} 有完全相同的作用。

MOS 管 M_{2A} 的另一个作用是提高输入级的输出电阻。输出电阻被提高的倍数近似等于共栅 MOS 管 M_{2A} 的增益 $g_m r_o$（稍后说明这一点）。如果此时电流镜 M_3 和 M_4 不是 cascode 结构，那么第一级的输出电阻只能增加一倍。这就是电流镜 M_3 和 M_4 也必须使用 cascode 结构的原因。这个 cascode 结构是通过增加图中的 M_{3A} 和 M_{4A} 实现的。由于 M_{3A} 和 M_3 的栅极电位是相对固定的，M_{4A} 和 M_4 的栅极就都可看成交流地。这使 M_4 和 M_{4A} 也组成了一个 cascode 结构。

12.3.2　cascode 结构的小信号参数

图 12.6 中的 M_1 和 M_{1A} 以及 M_2 和 M_{2A} 组成了两个完全一样的 cascode 结构[Gray,p207]。我们只需分析其中之一，比如由 M_1 和 M_{1A} 组成的 cascode 结构。对此，可画出图 12.7(a)中

的交流等效电路。图中 M_1 的源极和 M_{1A} 的栅极都是交流地。我们假设在 M_1 的栅极加上输入信号 v_1，就会通过 M_1 产生向上流动的信号电流 $v_1 g_{m1}$〔见图 3.15(a)〕，如图 12.7(a)所示。由于 M_{1A} 为共栅接法，是一个电流跟随器，所以流入 M_{1A} 漏极的信号电流也近似等于 $v_1 g_{m1}$。由此，cascode 结构的跨导 G_m 可近似写为

$$G_m \approx g_{m1} \tag{12.35}$$

如果想计算比较精确的结果，可以先把图 12.7(a)改画成图 12.7(b)中的小信号等效电路。输入信号 v_1 在 M_1 中产生向上流动的电流源 $v_1 g_{m1}$〔也见图 3.15(a)〕。这个电流由两部分组成：流过 r_{o1} 的电流 i_{ro1} 和来自 M_{1A} 的 i_{d1}。其中，流过 r_{o1} 的电流 i_{ro1} 产生电压 $v_{gs1A} = i_{ro1} r_{o1}$，并由此产生 M_{1A} 中的电流 $v_{gs1A} g_{m1A}$ 和 $v_{gs1A} g_{mb1A}$；后者 $v_{gs1A} g_{mb1A}$ 是由体效应产生的。体效应的电流源，根据图 3.16，应写为 $v_{bs1A} g_{mb1A}$ 且流向源极。但由于 $v_{gs1A} = -v_{sb1A} = v_{bs1A}$，就可以把电流源写成 $v_{gs1A} g_{mb1A}$ 且流向源极，如图 12.7(b)所示。而前者 $v_{gs1A} g_{m1A}$ 的方向也是流向源极的〔这是共栅结构的特点，如图 3.18(b)所示〕。另外，流过 M_{1A} 输出电阻 r_{o1A} 的电流简单地等于 v_{gs1A}/r_{o1A}，也是向上流动的。

现在对节点 D_1 和 S_{1A} 分别使用 KCL，得到两个关于 v_1、v_{gs1A} 和 i_{D1} 的等式

$$\begin{cases} v_1 g_{m1} = v_{gs1A}/r_{o1} + i_{d1} \\ i_{d1} = v_{gs1A} g_{m1A} + v_{gs1A} g_{mb1A} + v_{gs1A}/r_{o1A} \end{cases} \tag{12.36}$$

消去 v_{gs1A} 并使用二项式近似计算后，就可算出比值 i_{d1}/v_1。这个比值就是比较精确的 cascode 结构的跨导

$$G_m = g_{m1}\left(1 - \frac{1}{g_{m1A}r_{o1} + g_{mb1A}r_{o1} + \dfrac{r_{o1}}{r_{o1A}}}\right) \approx g_{m1} \tag{12.37}$$

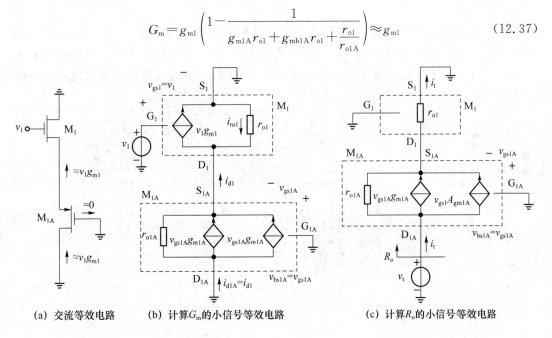

(a) 交流等效电路　　　　(b) 计算 G_m 的小信号等效电路　　　　(c) 计算 R_o 的小信号等效电路

图 12.7　MOS cascode 放大级

为导出 cascode 结构的输出电阻，我们把图 12.7(a)改画成图(c)中的小信号等效电路，并在 M_{1A} 的漏极加上试验电压 v_t（v_1 需置零）。这个 v_t 会在 M_{1A} 和 M_1 的串联支路上产生试验电流 i_t。但当 i_t 流过 r_{o1} 时所产生的电压会在 M_{1A} 的栅源极之间产生电压 v_{gs1A}；这使 M_{1A} 的电流源 $v_{sg1A} g_{m1A}$ 向上流动（体效应的 $v_{gs1A} g_{mb1A}$ 有相同的方向）。但由于 $v_{gs1A} =$

$-i_t r_{o1}$，是负值，M_{1A} 的两个电流源实际上是向下流动的。这使 i_t 变得非常小，也使 cascode 结构的输出电阻 R_o 变得非常大，大约等于一般 MOS 管输出电阻 r_o 的 $g_m r_o$ 倍。

这个输出电阻与式(10.22)有相同的意思：当外电流流过一个电阻所产生的压降会减小另一个串联 MOS 管的栅源电压时，这个减小的栅源电压就会阻止外电流的流入，使电路呈现极大的输出电阻。

在具体计算输出电阻 R_o 时，可以先算出图 12.7(c)中当 i_t 流过 r_{o1} 时产生的电压 $i_t r_{o1}$。由于 $i_t r_{o1} = -v_{gs1A}$，M_{1A} 的电流源 $v_{gs1A} g_{m1A}$ 和 $v_{gs1A} g_{mb1A}$ 实际上是向下流动的，即阻止 i_t 的流动。此外，流过 r_{o1A} 的电流等于$(v_t + v_{gs1A})/r_{o1A}$。最后，对 M_{1A} 的节点 D_{1A} 使用 KCL，就可得到 v_t 与 i_t 之间的关系式。而比值 v_t/i_t 就是cascode结构的输出电阻，并可写为

$$R_o = r_{o1} + r_{o1A} + (g_{m1A} + g_{mb1A}) r_{o1} r_{o1A} \approx (g_{m1A} + g_{mb1A}) r_{o1} r_{o1A} \qquad (12.38)$$

式(12.38)表示，cascode 结构的输出电阻要比一般的共源放大器的输出电阻大约增加 $(g_m + g_{mb}) r_o$ 这么多倍(约等于一个 MOS 放大级的电压增益)，这是一个非常大的电阻。

知道了 cascode 结构的跨导和输出电阻，就可以把 cascode 结构当作一个复合 MOS 管来使用。关于 cascode 结构的频率特性，将在下面 12.7 节讨论。

12.4　CMOS 望远镜式 cascode 运算放大器

在许多应用中，由于 cascode 结构本身有非常高的增益，所以只需一个 cascode 放大级就可满足电压增益的要求。图 12.6 中的第一放大级就可用作一个独立的放大器，如图 12.8 所示。这种电路的结构看起来好像一架双筒望远镜，所以被称为**望远镜式**cascode 运算放大器。

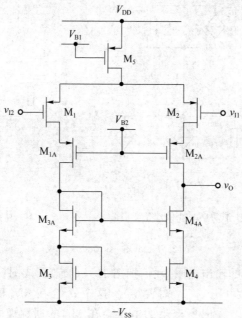

图 12.8　望远镜式 cascode 运算放大器

12.5　宽摆幅 cascode 电流镜[Johns, p256]

在图 12.8 的 cascode 结构中，M_3 和 M_{3A} 的二极管接法抬高了 M_{4A} 的栅极电位，进而抬高了输出电压下摆的最小值。这是我们不希望的。如果在 M_{3A} 和 M_{4A} 之间接入一个源极跟随器（图 12.6 中接在 M_{4A} 后面），便可降低 M_{4A} 栅极的 dc 电位，这也就降低了输出电压的下限，展宽了输出电压的摆动范围。这就是**宽摆幅**的意思。下面来说明它的工作原理。我们仍然使用图 12.8 中的结构，并假设 MOS 管的阈值电压都等于 V_t，过驱电压都等于 V_{ov}。先说明一般 cascode 结构中的电位关系，如图 12.9(a) 所示。

图中，每个二极管接法的 MOS 管都会产生 $V_t + V_{ov}$ 的漏源极压降，所以 $V_{D3A} = 2(V_t + V_{ov})$，这使 M_{4A} 的栅压 V_{G4A} 也等于 $2(V_t + 2V_{ov})$。为保证 M_{4A} 工作在有源区，它的漏极电压只可以比栅极电压低一个 V_t。所以，最低输出电压为

$$V_{O(min)} = V_t + 2V_{ov} \tag{12.39}$$

从图 12.9(a) 看，M_4 的 $V_{DS4} = V_t + V_{ov}$，但 M_4 并不需要这么大的漏源压降，而只要 V_{ov} 就可保证 M_4 工作在有源区边缘。现在如果把 M_{M4} 的栅极电位降低一个 V_t 就可使 $V_{DS4} = V_{ov}$，而输出电压的最小值可以降低一个 V_t，变成 $V_{O(min)} = 2V_{ov}$。这就是图 12.9(b) 中的电路。

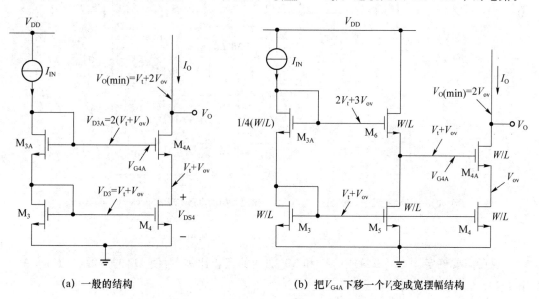

(a) 一般的结构　　　　　　　　(b) 把 V_{G4A} 下移一个 V_t 变成宽摆幅结构

图 12.9　cascode 电流镜的宽摆幅结构

在图 12.9(b) 中，我们把 M_6 接成源极跟随器来实现电位下移（M_5 和 M_6 是新增加的）。由于 M_6 的栅源电压 $V_{GS6} = V_t + V_{ov}$，这就使 M_4 的 $V_{DS4} = 0$（因为所有的 MOS 管有相同的 V_t 和 V_{ov}）。要想把 M_4 偏置在有源区的边缘，必须有

$$V_{DS4} = V_{ov} \tag{12.40}$$

实际上，我们在图 12.9(b) 中已经把 M_{3A} 的宽长比降低到了原先的 1/4〔当电流一定时，过驱电压与 W/L 的平方根成反比，见式(3.14)〕。这样，从 M_{3A} 栅极到 M_4 漏极的所有电位又都

被提高了一个 V_{ov}，使 $V_{DS4} = V_{ov}$。这也使最低输出电压下降到

$$V_{O(min)} = 2V_{ov} \tag{12.41}$$

结果是，输出电压摆幅被扩展了一个 V_t。这对于低电压电路是非常宝贵的。而图 12.9(b) 中的电路就被称为**宽摆幅cascode 电流镜**。

但是，图 12.9(b)中的电路存在一个问题：电路的输入部分有两条支路，即 M_3、M_{3A} 支路和 M_5、M_6 支路。这会引起电流不匹配，而且电路也比较复杂。我们可以把两条支路合成一条，但必须保证 M_4 与 M_{4A} 的栅极之间有一个 V_{ov} 的电位差。这可以用图 12.10(a)中的电路来实现。

在图 12.10(a)中，M_6 因二极管接法而被置于有源区，M_5 则被置于三极管区。原因是，M_5 的漏极总比它的栅极低一个 V_{GS6}，而 $V_{GS6} = V_{ov} + V_t$。比如，如果 M_6 和 M_5 的栅极电位为 1.5 V，阈值电压为 1.0 V，过驱电压为 0.3 V，那么 M_6 的源极电位和 M_5 的漏极电位都是 0.2 V，这比 M_5 的栅极低了 1.3 V，超过了一个 V_t，所以 M_5 总是工作在三极管区。

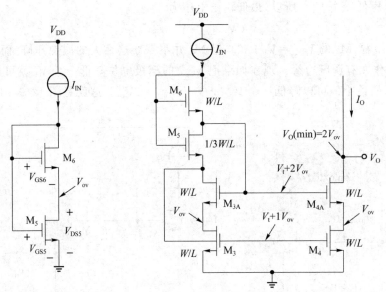

(a) 电路中的M_5被置于三极管区   (b) 用图(a)中的电路实现的Sooch cascode电流镜

图 12.10   Sooch cascode 电流镜

现在需要确定图 12.10(a)中 M_5 和 M_6 之间的宽长比关系，使 M_5 的漏源电压等于 V_{ov}。由于 M_6 在有源区，所以有

$$I_{IN} = \frac{1}{2} k' \left(\frac{W}{L} \right)_6 (V_{GS6} - V_t)^2 \tag{12.42}$$

而 M_5 在三极管区，它的电流为〔见式(3.9)〕

$$I_{IN} = k' \left(\frac{W}{L} \right)_5 \left[(V_{GS5} - V_t) V_{DS5} - \frac{1}{2} V_{DS5}^2 \right] \tag{12.43}$$

我们的目标是使 $V_{DS5} = V_{ov}$。在图 12.10(a)中，可以有 $V_{GS5} = V_{GS6} + V_{DS5} = V_t + 2V_{ov}$，由此得到 $V_{GS5} - V_t = 2V_{ov}$。再使式(12.42)和式(12.43)相等，并代入 $V_{GS6} - V_t = V_{ov}$、$V_{GS5} - V_t = 2V_{ov}$ 和 $V_{DS5} = V_{ov}$ 后，得到

$$\frac{1}{2}k'\left(\frac{W}{L}\right)_6 V_{ov}^2 = k'\left(\frac{W}{L}\right)_5 \left[(2V_{ov})V_{ov} - \frac{V_{ov}^2}{2}\right] \tag{12.44}$$

式(12.44)可化简为

$$\left(\frac{W}{L}\right)_5 = \frac{1}{3}\left(\frac{W}{L}\right)_6 \tag{12.45}$$

图 12.10(b)即表示用图 12.10(a)中的电路组成的电流镜。图中除 M_5 以外的 MOS 管的宽长比都等于 W/L，而 M_5 的宽长比按照式(12.45)等于$(1/3)W/L$；这使 M_4 偏置在有源区边缘。图 12.10(b)中 M_{3A} 的作用是使 M_3 和 M_4 的源漏电压相等，即 $V_{DS3} = V_{DS4}$。否则，会相差 $V_t + V_{ov}$，产生系统性的电流增益误差。图 12.10(b)中的电路就被称为 Sooch cascode 电流镜。

12.6　CMOS 折叠式 cascode 运算放大器

图 12.11 表示**折叠式** cascode 运算放大器电路。它与图 12.8 中望远镜式运放的主要区别是，信号电流的走向不同。在图 12.8 的望远镜式运放中，信号电流总是从上向下的。但在图 12.11 的折叠式运放中，由于 M_{11} 和 M_{12} 是两个恒流源，信号电流从 M_1 和 M_2 的漏极向下流出后，只能向上流入 M_{1A} 和 M_{2A}。这种信号电流改变流向的结构，就被称为**折叠式**结构。但图 12.11 中的电路仍然是 cascode 结构，因为 M_1 和 M_2 是共源接法，M_{1A} 和 M_{2A} 是共栅接法。两个电路的另一个不同点是，M_{1A} 和 M_{2A} 从图 12.8 中的 PMOS 管变成了图 12.11 中的 NMOS 管。而折叠式 cascode 结构仍然是单级放大器。

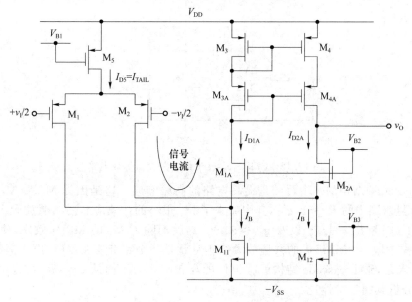

图 12.11　CMOS 折叠式 cascode 运算放大器电路

折叠式结构有两个好处：(1)增加了输出电压的摆动范围，这是因为在图 12.11 中可以通过调节 V_{B2} 和 V_{B3} 把 M_{11} 和 M_{12} 都偏置在有源区边缘，使输出电压可以下摆到 $V_{B2} - V_{tn}$；

（2）增加了输入共模电压范围，这是因为折叠式结构的输入和输出的电压摆动是相互独立的（图12.8中是相互牵制的）。折叠式结构的缺点是速度略有下降，因为与电流源 I_B 有关的分布电容在 M_{11} 和 M_{12} 的漏极节点产生了一对高频极点。

归纳起来说，与一般的 cascode 结构相比，折叠式 cascode 结构的输入共模电压下限降低了 $V_t + V_{ov}$。它的电压增益 $A_v = G_m R_o$，其中 G_m 为 cascode 结构的跨导，R_o 为 cascode 结构的输出电阻。这与一般 cascode 结构的参数大致相同。此外，望远镜式和折叠式 cascode 结构的稳定性补偿都只能靠负载电容实现。

12.7　CMOS cascode 结构的频率特性

图12.12表示 CMOS cascode 结构的交流等效电路，r_s 为信号源内阻。MOS 管 M_1 为共源接法，M_2 为共栅接法。为便于分析，我们用电阻 R_D 做放大器的负载。C_L 为负载电容，通常为下一级的 C_{gs}。

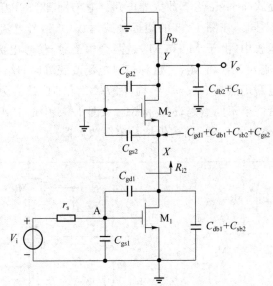

图 12.12　CMOS cascade 结构的交流等效电路

采用 cascode 结构的一个目的是提高电路的高频响应。这是因为 M_2 为 M_1 提供了很低的负载阻抗（图中的 $R_{i2} \approx 1/g_{m2}$，其中略去了 M_2 很小的体效应），使共源放大级的电压增益在1上下（因为 $R_{i2} \approx 1/g_{m2}$ 以及 $g_{m1} \approx g_{m2}$）。这就消除了 M_1 的 Miller 效应，使 X 节点有很高的频率响应。由 M_2 组成的共栅放大级本身就是一个宽带放大器（也由于消除了 Miller 效应）。结果是，整个 cascode 结构就有很好的高频响应。下面从 cascode 结构中可能的极点位置来分析其频率特性。

图12.12中的电路共有三个节点 A、X 和 Y。节点 A 的极点频率由信号源电阻 r_s、C_{gs1} 和 C_{gd1} 产生，可表示为

$$f_{pA} = \frac{1}{2\pi r_s \left[C_{gs1} + C_{gd1} \left(1 + \frac{g_{m1}}{g_{m2} + g_{mb2}} \right) \right]} \tag{12.46}$$

式(12.46)分母中的 $g_{m1}/(g_{m2}+g_{mb2})$ 为共源放大级 M_1 的电压增益,其中 g_{m1} 为 M_1 的跨导,$1/(g_{m2}+g_{mb2})$ 为共栅放大级 M_2 的输入电阻〔见式(3.37),式中因 $R_D/r_o \ll 1$ 而被略去〕,用作 M_1 的负载。所以,分式 $g_{m1}/(g_{m2}+g_{mb2})$ 表示电容 C_{gd1} 只有很小的 Miller 效应。

节点 X 与地之间的电阻近似等于 M_2 的输入电阻 $R_{i2} \approx 1/(g_m+g_{m2})$。节点 X 与地之间的电容等于 C_{gd1}、C_{db1}、C_{sb2} 和 C_{gs2} 之并联(假设 r_s 与 C_{gs1} 的并联阻抗比 C_{gd1} 的阻抗小很多),所以节点 X 的极点频率可表示为

$$f_{pX} = \frac{g_{m2}+g_{mb2}}{2\pi(C_{gd1}+C_{db1}+C_{sb2}+C_{gs2})} \tag{12.47}$$

节点 Y 与地之间的电阻为 R_D,与地之间的电容等于 C_{db2}、C_{gd2} 和 C_L 之并联,所以节点 Y 的极点频率可表示为

$$f_{pY} = \frac{1}{2\pi R_D(C_{db2}+C_{gd2}+C_L)} \tag{12.48}$$

根据这三个极点频率,可以估算出 CMOS cascode 放大器的截止频率。在这三个极点中,节点 X 的极点频率 f_{pX} 一般比较高而可以略去(因为 M_2 的输入电阻 $R_{i2} \approx 1/g_{m2}$ 很小)。对于极点频率 f_{pY},式(12.48)中的 R_D 在实际的有源负载电路中应该等于 MOS 管的输出电阻 r_o 甚至更高(本节讨论的电路还不是 CMOS 结构,但实际的电路都是 CMOS 结构);而负载电容 C_L 通常是下一级的 C_{gs},比较大。所以频率 f_{pY} 可以比较低。

极点频率 f_{pA} 的频率与信号源内阻 r_s 有关(r_s 一般等于 MOS 管的输出电阻 r_o),而且由于消除了 Miller 效应,f_{pA} 的频率一般也很高。所以总起来说,电路的截止频率可以近似地等于频率最低的那个极点频率,这通常是 f_{pY}。

图 12.13 表示典型两级运放以及望远镜式和折叠式 cascode 结构的主极点和非主极点的可能位置。图中的 C_{tot} 表示节点与地之间的总电容,其中主要是栅极电容。典型两级运放的主极点由于 Miller 补偿而通常位于输出 MOS 管的栅极。望远镜式和折叠式电路的主极点一般都在输出端,因为这些输出端都有很高的输出电阻,而各节点的 C_{tot} 相差不大。它们的非主极点的共同点是,与地之间的电阻都很小,大约等于 MOS 管跨导的倒数。表 12.1 简单比较了三种 CMOS 放大器的主要性能。

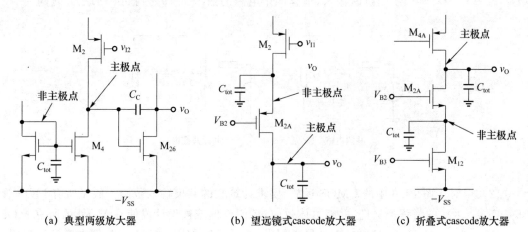

(a) 典型两级放大器　　　(b) 望远镜式cascode放大器　　　(c) 折叠式cascode放大器

图 12.13　三种放大器电路的主极点和非主极点的可能位置

表 12.1　三种 CMOS 放大器的特性比较

放大器类型	增益	输出摆幅	速度	功耗
典型两级放大器	高	最大	低	中
望远镜式 cascode	中	中	最高	低
折叠式 cascode	中	中	高	中

12.8　小　　结

在 CMOS 运放的设计中,总会遇到一些相互制约的参数。首先需要考虑的是放大器的偏置电流。偏置电流用来确定静态工作点,同时也确定了 MOS 管的一些主要参数,包括跨导、输出电阻、过驱电压等。这些参数都会影响放大器的低频增益和高频响应。增加负载管的沟道长度可以提高放大器的增益,但又会缩小输出电压范围和降低频率特性。这些都是设计者面临的问题。一个好的设计应该是对电路技术、制造工艺和应用环境等方面进行全面考虑之后作出的正确选择。

练　习　题

12.1　对于图 12.2(a)中的差分级,假设所有 MOS 管都有 $|V_{ov}| = |V_{GS} - V_t| = 0.2$ V,两个 NMOS 管的 $V_{An} = 10$ V,两个 PMOS 管的 $|V_{Ap}| = 20$ V。要求计算差分级的增益。

12.2　图 P12.2 表示一个共源电路和一个共源共栅电路的交流等效电路,其中 $R_S = 10$ kΩ 和 $R_L = 20$ kΩ。MOS 管和电路有参数:$I_D = 0.5$ mA,$W = 100$ μm,$L = 2$ μm,$k'_n = 60$ $\mu A/V^2$,$C_{sb} = C_{db} = 0$,$C_{ox} = 0.7$ fF$/\mu m^2$,$C_{gd} = 14$ fF,略去体效应。要求:(a)计算两个电路的低频小信号电压增益 v_o/v_i;(b)对于很小的阶跃输入,估算两个电路的输出从 10% 到 90% 的上升时间。

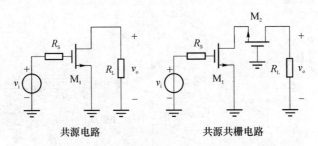

共源电路　　　　　　　　　　　　共源共栅电路

图 P12.2

12.3　对于图 12.6 中的 CMOS 运放,要求计算它的共模输入范围。假设所有 MOS 管都是 $|V_t| = 1$ V 的增强型器件,并略去体效应,还假设偏流被设计成使除 M_{10} 外的所有 MOS 管的 $|V_{ov}| = 0.2$ V,$V_{DD} = V_{SS} = 3$ V。最后假设 M_1 和 M_2 被用 M_{10} 和 I_{B1} 偏置在有源区边缘。

12.4　在图 P12.4 的有源 cascode 电路中(这里的有源是指 cascode 电路中的共栅 MOS 管代换成了具有放大功能的 M_2 和 M_3),所有的 MOS 管都工作在有源区,且有相同的参数：$I_D = 100\ \mu A$，$k_n' = 50\ \mu A/V^2$，$W = 10\ \mu m$、$L = 0.4\ \mu m$，$V_A = 20\ V$，并略去体效应。要求确定不包括电阻 R 的输出电阻 R_o。

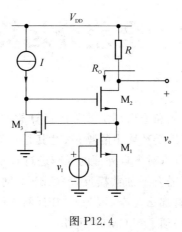

图 P12.4

第 13 章　全差分运算放大器

全差分运算放大器是指输入和输出都是差分的运算放大器。第 12 章讨论的单边输出运放,由于缺乏对称性,很容易感受环境中的噪声,尤其是在集成电路内部。本章介绍的全差分运放具有完全的对称性,可以对来自外部的噪声进行有效抑制。

全差分运放的主要缺点是需要增加**共模反馈**(CMFB)网络。不过,当我们用全差分运放的芯片搭建电路时,问题没有那么复杂,因为 CMFB 网络已经被做在芯片上了。如果想设计出自己的全差分运放,就必须了解 CMFB 网络。

本章先说明全差分运放的特性和优点,然后讨论 CMFB 网络的设计方法,最后介绍几种常用的全差分运算放大器。理解了本章的内容后,也就掌握了使用和设计全差分运放的基本方法。

13.1　全差分运放与单边输出运放

图 13.1 表示单边输出运放和全差分运放的电路符号和连接方法。图 13.1(a)中的单边输出运放是我们经常遇见的,它只有一个输出端,使用时必须把输出端通过反馈网络连接到反相输入端。图 13.1(b)就是本章要讨论的全差分运放,它有两个输出,一个叫**正输出**,一个叫**负输出**。正输出必须连接到反相输入端,负输出必须连接到同相输入端,如图 13.1(b)所示。

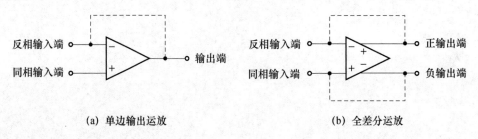

(a) 单边输出运放　　　　　　　　　(b) 全差分运放

图 13.1　两种运算放大器

全差分运放的两个输出是互补的,也就是,两个输出的幅度相等、极性相反。两个输出电压的平均值称为**输出共模电压**;两个输出电压之差就是我们想要的差分输出信号。

13.2　全差分运放的优点

与单边输出运放相比,全差分运放有三个优点:(1)输出电压的幅度加倍;(2)输出信号中不存在偶次谐波;(3)抑制共模噪声。这些优点都是因为电路的完全对称性。

输出电压的摆幅加倍:图 13.2 表示全差分运放的输入和输出信号。从图中看,全差分运放两个输出端的幅度分别为 v_{O1} 和 v_{O2}。但全差分运放的输出幅度是指两个输出端之间的差值 $v_{O1} - v_{O2}$,这就是图中最右边的波形,其幅度是单边输出运放的两倍。这样的好处是增加了电路的动态范围[Gray,p798]。

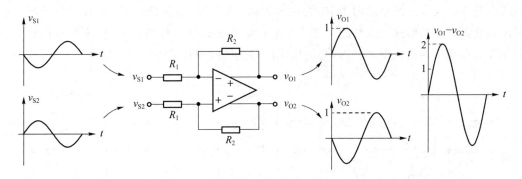

图 13.2　全差分运放的输出摆幅增加一倍

消除偶次谐波:输出电压中的谐波分量是由放大器传递曲线的非线性引起的。如果放大器是完全线性的,就不会产生谐波失真。这只是理想状态,实际的放大器都有非线性失真。但如果放大器的传递曲线是正负对称的,就不会产生偶次谐波失真。全差分运放属于后者。这有利于谐波失真比的提高。下面用图 13.3 来解释。

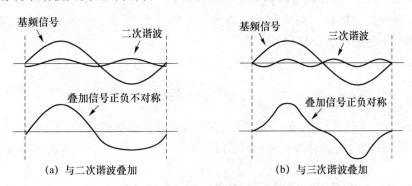

图 13.3　基频信号与谐波分量的叠加

在图 13.3(a)中,把基频信号(即想要的信号)与二次谐波叠加,得到正负不对称的波形。在图 13.3(b)中,把基频信号与三次谐波叠加,得到正负对称的波形。由于完全的对称性,全差分运放只能产生图 13.3(b)中的输出波形。这说明全差分运放消除了所有的偶次谐波,降低了非线性失真。

　　抑制外部噪声：全差分运放的另一个优点是可以抑制外部噪声的入侵，这包括从电路基片、数字与时钟电路、互连线和电源线等通过分布电容耦合产生的噪声。由于全差分运放的结构对称性，这些耦合过来的噪声也都是对称的，而对称的共模噪声又能被全差分运放完全抑制。相比之下，单边输出运放由于缺乏完全的对称性，对共模噪声只能部分地抑制。全差分运放的这三个优点对于集成环境下的低电压电路特别有用。

13.3　全差分运放的使用

　　用全差分运放搭建电路时，需要连接两个完全一样的反馈网络。图 13.4(a)表示最简单的全差分放大器。图中的两个 R_1 为输入电阻，两个 R_2 为反馈电阻，而且两个反馈电阻都需接成负反馈的形式。这种闭环方法与单边输出运放是一样的。不过，全差分运放没有同相放大器和反相放大器之分；两个输出端同时提供同相和反相的输出信号。

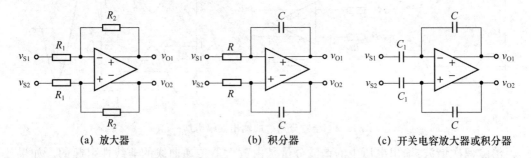

(a) 放大器　　　　　　　(b) 积分器　　　　(c) 开关电容放大器或积分器

图 13.4　全差分运放的应用举例

　　全差分运放中的输入信号和输出信号都是围绕共模电压摆动的，所以就没有像单边运放那样的**虚地**，但同样存在**虚短路**的特性，也就是，全差分运放的两个输入端之间的电压非常小而可以看成是短接的。全差分运放的另一个特点是，流入两个输入端的电流都为零。这些特性都与单边输出运放相同。

　　根据这两个特性，可以容易地写出图 13.4(a)中全差分放大器的增益表达式

$$A_v \equiv \frac{v_O}{v_S} = -\frac{R_2}{R_1} \tag{13.1}$$

式中，$v_S = v_{S1} - v_{S2}$，$v_O = v_{O1} - v_{O2}$。从图 13.4(a)可以容易地扩展成全差分运放的其他应用，比如图 13.4(b)为全差分的积分器，图 13.4(c)为全差分的开个电容放大器或积分器。

13.3.1　单边信号向差分信号的转换

　　有些电路要求差分输入，比如低电压的模数转换器，而一般运放的输出是单边的。这就要把单边信号转换成差分信号。图 13.5 中的两个电路都可以完成这种转换。

　　图 13.5 中的两个电路是一样的，唯一的不同点是两个电路的输出互为反相。这是因为图 13.5(a)中的输入信号加在反相输入端上，图 13.5(b)中的输入信号加在同相输入端上。

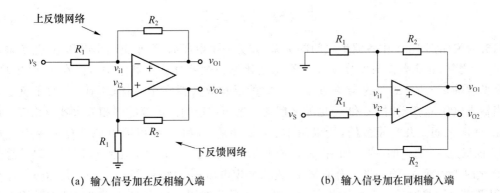

(a) 输入信号加在反相输入端　　　　　　　　(b) 输入信号加在同相输入端

图 13.5　单边向差分的转换

图 13.5 中两个电路从单边向差分转换的电压增益为

$$\frac{v_\text{O}}{v_\text{S}} = \pm \frac{R_2}{R_1} \tag{13.2}$$

式中，v_S 和 v_O 的定义与式(13.1)中的相同，全差分运放的 v_S 和 v_O 都是这样定义的。式(13.2)中的正负号与输入信号加在同相输入端还是反相输入端有关。图 13.5(a) 中取负号，图 13.5(b) 中取正号。

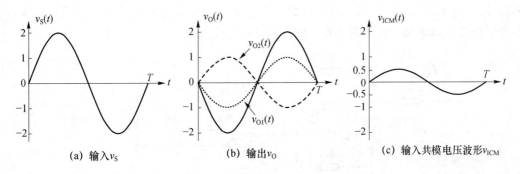

(a) 输入 v_S　　　　　　　　(b) 输出 v_O　　　　　　　　(c) 输入共模电压波形 v_ICM

图 13.6　图 13.5(a) 电路中的信号波形

图 13.6 表示图 13.5(a) 中的电路当 $R_1 = R_2$ 时的输入、输出和输入共模电压波形。图 13.6(b) 中的两个输出电压 v_O1 和 v_O2 的幅度都只有图 13.6(a) 中输入电压幅度的一半。但全差分放大器的输出电压 v_O 是指两个互补输出电压之差，如图 13.6(b) 所示；所以放大器的增益等于 -1；这与式(13.2)相同。下面用图 13.5(a) 中的放大器电路来计算这个增益。

在图 13.5(a) 中，对于上反馈网络，根据流入两个输入端的电流为零，可以用叠加定理写出

$$v_\text{i1} = v_\text{S}\,\frac{R_2}{R_1 + R_2} + v_\text{O1}\,\frac{R_1}{R_1 + R_2} = \frac{v_\text{S} R_2 + v_\text{O1} R_1}{R_1 + R_2} \tag{13.3}$$

根据**虚短路**的概念，可以有 $v_\text{i1} = v_\text{i2}$。再利用下反馈网络并结合式(13.3)，写出

$$\frac{v_\text{O2} R_1}{R_1 + R_2} = v_\text{i2} = v_\text{i1} = \frac{v_\text{S} R_2 + v_\text{O1} R_1}{R_1 + R_2} \tag{13.4}$$

式(13.4)整理后，得到

$$\frac{v_O}{v_S} = \frac{v_{O1} - v_{O2}}{v_S} = -\frac{R_2}{R_1} \tag{13.5}$$

式(13.5)说明图13.6中各波形之间的关系:差分输出电压v_O等于正输出电压v_{O1}与负输出电压v_{O2}之差,这个差值与差分输入电压v_S之比称为全差分放大器的增益。在图13.5中,这个增益等于$\pm R_2/R_1$。这与单边输出运放的反相放大器完全一样(不计v_O的正负号)。但当输入电压v_S摆动时,v_{i1}和v_{i2}也随之摆动。这与单边输出运放的同相放大器很相似。由于v_{i1}和v_{i2}之间是几乎短接的,所以图13.5(a)中的v_{i1}和v_{i2}可以简单地计算为等于v_S的1/4,也就是等于v_{O2}的一半,如图13.6(c)所示。在图13.5(b)中,v_{i1}和v_{i2}同样可以计算为等于v_S的1/4或v_{O1}的一半。合起来说,输入共模电压v_{ICM}(也就是v_{i1}或v_{i2})是由v_S、v_{O1}和v_{O2}以及电阻网络通过线性叠加共同确定的。如果反馈回路中没有dc通路,就需要用外电路来设定输入共模电压。

13.3.2 输入共模控制端的连接

虽然共模电压反馈网络(CMFB)的设计比较麻烦,但当我们用全差分运放芯片搭建电路时,只需连接几根导线,剩下的事全由全差分运放自己去做。图13.7表示全差分运放与ADC(模数转换器)的连接情况。图中的全差分运放的功能是把单边信号v_S转换成一对互补信号v_{O1}和v_{O2}。虚线表示用ADC输出的V_{REF}来设定全差分运放的输入共模电压V_{ICM}。是否要连接V_{REF}取决于具体的全差分运放和电路的要求。

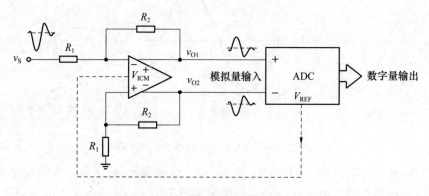

图13.7　全差分运放与ADC的连接

13.4　小信号模型

对于单边输出运放,我们有最简单的**小信号模型**,如图4.1那样。图中假设运放的输入阻抗为无穷大和输出阻抗为零。对于全差分运放,我们也可以假设它的输入阻抗为无穷大和输出阻抗为零。这样的一个小信号模型被示于图13.8中;图中包含了三个受控电压源$A_{cm}v_{icm}$和$\pm A_d v_{id}/2$。下面来说明这三个电压源。

全差分运放的小信号差分和共模输出电压可写为

$$\begin{cases} v_{\mathrm{od}} = v_{\mathrm{o1}} - v_{\mathrm{o2}} = A_{\mathrm{d}} v_{\mathrm{id}} \\ v_{\mathrm{ocm}} = \dfrac{v_{\mathrm{o1}} + v_{\mathrm{o2}}}{2} = A_{\mathrm{cm}} v_{\mathrm{icm}} \end{cases} \tag{13.6}$$

式中，v_{id} 和 v_{icm} 分别为全差分运放的小信号差分和共模输入电压，A_{d} 和 A_{cm} 分别为全差分运放的小信号差分和共模电压增益，v_{o1} 和 v_{o2} 分别为运放的小信号正、负输出。而差分和共模输入电压可写为

$$\begin{cases} v_{\mathrm{id}} = v_{\mathrm{i1}} - v_{\mathrm{i2}} \\ v_{\mathrm{icm}} = \dfrac{v_{\mathrm{i1}} + v_{\mathrm{i2}}}{2} \end{cases} \tag{13.7}$$

式中，v_{i1} 和 v_{i2} 分别为运放反相和同相输入端与地之间的电压。

对于图 13.8 中的理想全差分运放，可以认为 $A_{\mathrm{cm}} = 0$ 和 $A_{\mathrm{d}} \to \infty$。从 $A_{\mathrm{d}} \to \infty$ 可得 $v_{\mathrm{id}} \to 0$。这表示全差分运放两个输入端之间的电压几乎为零。这与单边输出运放相同。$A_{\mathrm{cm}} = 0$ 表示输入共模电压与输出共模电压无关，稍后说明这一点。

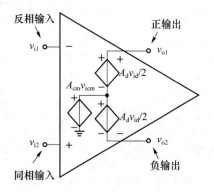

图 13.8　全差分运放的小信号模型

用图 13.8 中的理想小信号模型代替图 13.2 中的全差分运放，可以得到闭环放大器的等效电路，如图 13.9(a) 所示。图中的 v_{s1} 和 v_{s2} 为信号源的两个互补输出电压；由此可算出信号源的差分输出信号 $v_{\mathrm{sd}} = v_{\mathrm{s1}} - v_{\mathrm{s2}}$ 和共模输出信号 $v_{\mathrm{scm}} = (v_{\mathrm{s1}} + v_{\mathrm{s2}})/2$。

图 13.9(a) 中电路的差分输出电压可以用图 13.9(b) 中的差分半电路来计算（关于差分与共模半电路，见 12.2.3 小节的解释），其中 v_{sd} 为信号源的差分输出电压。在图 13.9(b) 的差分半电路中，令 $A_{\mathrm{d}} \to \infty$，就有 $v_{\mathrm{id}}/2 \to 0$（即**虚地**）。而流过 R_1 的电流会全部流过 R_2。这就得到理想情况下的差分增益

$$A_{\mathrm{d(CL)}} \equiv \frac{v_{\mathrm{od}}}{v_{\mathrm{sd}}} = -\frac{R_2}{R_1} \tag{13.8}$$

电路的共模输出电压可以用图 13.9(c) 中的共模半电路来确定，其中 v_{scm} 为信号源的共模输出电压。在图 13.9(c) 中，令 $A_{\mathrm{cm}} = 0$，就有共模输出 $v_{\mathrm{ocm}} = 0$。实际的 A_{cm} 虽然不等于零，但非常小（下面的例题 13.1 将说明这一点）。这使输出共模电压几乎不受输入共模电压的控制。但外界进入的噪声和电路内部的不对称会使输出共模电压飘忽不定。为此，我们需要增加一条共模反馈通路，以稳定输出共模电压。这就是下面要说明的。

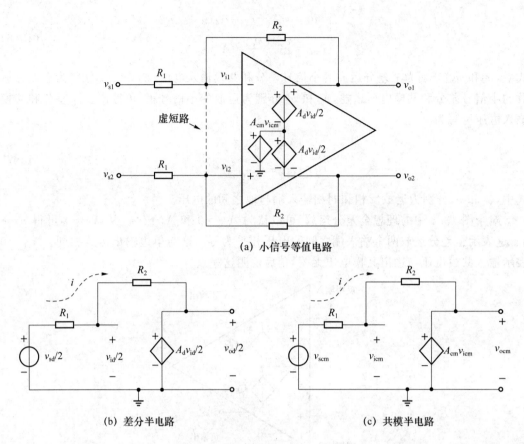

(a) 小信号等值电路

(b) 差分半电路　　　　　　　　　　　　(c) 共模半电路

图 13.9　图 13.2 中的反馈放大器

13.5　共模反馈原理

13.5.1　简单全差分运放

在讨论共模反馈网络(CMFB)时,我们总要把它与一个实际的全差分运放相连,才能构成完整的闭环结构。图 13.10 中就是这样的一个全差分运放,我们把它称为**简单全差分运放**[Gray, p797]。

在简单全差分运放中,NMOS 管 M_1 和 M_2 用作输入管,PMOS 管 M_3 和 M_4 用作有源负载,M_5 为 M_1 和 M_2 提供偏流。M_5 的栅极为 CMC(共模控制)输入端;它由外部 CMFB 网络的输出电压 v_{CMC} 所控制。我们也可以把 M_3 和 M_4 的栅极用作 CMC 输入端,而对 M_5 的栅极加直流偏压。

v_{CMC} 的意思是**共模控制电压**,用来调节图 13.10 中全差分运放的输出共模电压。比如,如果输出共模电压偏高了,外部的 CMFB 网络会使 v_{CMC} 变高,使 I_{D5} 增加,流过 M_1 和 M_2 的电流也随之增加,但流过 M_3 和 M_4 的电流没变。当一条支路内的两个电流不等时,Early

效应就会起作用。这在图 13.10 中使两个输出电压同时下降,输出共模电压便回落。共模电压回落后,M_3、M_4 和 M_1、M_2 的电流都会回到原先的状态,电路也回到原先的状态。

所以,全差分运放与 CMFB 实际上组成了一个专门用来稳定输出共模电压的负反馈系统。图中从 M_5 的栅极到两个输出端的通路就是我们增加的共模信号放大路径。这条路径的增益被称为简单全差分运放的共模控制增益,并用 A_{cmc} 表示。通常,共模控制增益 A_{cmc} 非常大,约等于一个 MOS 放大级的增益 $g_m r_o$。下面的例题用实际的数据计算简单全差分运放的一些参数。

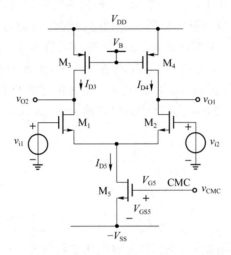

图 13.10　简单全差分运放

例题 13.1　计算图 13.10 中简单全差分运放的小信号参数 A_d、A_{cm}(如图 13.8 所示)和 A_{cmc}。假设简单全差分运放中的所有 MOS 管都有 $|V_{ov}| = 0.2\,\mathrm{V}$,以及 $|V_{Ap}| = 10\,\mathrm{V}$,$V_{An} = 20\,\mathrm{V}$ 和 $I_{D5} = 200\,\mu\mathrm{A}$。

先画出图 13.10 中简单全差分运放的差分半电路和共模半电路,如图 13.11 所示。其中,图(a)用来计算运放的差分增益 A_d,图(b)用来计算从运放输入到输出的共模增益 A_{cm},图(c)用来计算从 CMC 输入到运放输出的共模增益 A_{cmc}。

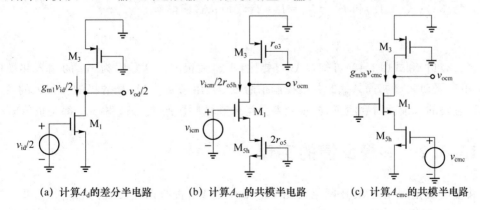

(a) 计算 A_d 的差分半电路　　(b) 计算 A_{cm} 的共模半电路　　(c) 计算 A_{cmc} 的共模半电路

图 13.11　简单全差分运放的交流等效电路

在图 13.11(a)的差分半电路中,差分输入信号 $v_{id}/2$ 通过 M_1 产生信号电流 $g_{m1} v_{id}/2$。

这个信号电流在 M_1 和 M_3 的输出电阻并联支路上产生输出电压 $v_{od}/2 = (g_{m1}v_{id}/2)(r_{o1} \| r_{o3})$。所以

$$A_d \equiv \frac{v_{od}/2}{v_{id}/2} = -g_{m1}(r_{o1} \| r_{o3}) \tag{13.9}$$

利用式(3.33)、式(3.19)和 $I_{D1} = I_{D3} = I_{D5}/2 = 100\,\mu A$，算得

$$A_d = -\frac{2I_{D1}}{V_{ov1}}\left(\frac{V_{A1}}{I_{D1}} \middle\| \frac{|V_{A3}|}{I_{D3}}\right) = -\frac{0.2 \times 10^{-3}}{0.2}(200 \times 10^3 \| 100 \times 10^3) = -66.7$$

在图 13.11(b)的共模半电路中，MOS 管 M_{5h} 的栅宽为实际尾电流管 M_5 的一半，所以它的输出电阻为实际尾电流管 M_5 的两倍，即 $r_{o5h} = 2r_{o5}$；而 M_{5h} 中流过的电流等于 M_5 中电流的一半，即 $I_{D5h} = I_{D5}/2$。M_1 为共源接法，但源极回路有阻值等于 $2r_{o5}$ 的退化电阻。由于 $2r_{o5}$ 非常大，就可以认为输入共模电压 v_{icm} 全部加在 $2r_{o5}$ 上，由此引起信号电流 $v_{icm}/2r_{o5}$ 流过 M_{5h}、M_1 和 M_3，并产生输出电压 $(v_{icm}/2r_{o5})r_{o3}$（r_{o3} 中还需包含与它并联、从 M_1 的漏极向下看到的电阻，但这个电阻一般比 r_{o3} 大很多而可以略去）。这就可以写出共模半电路的电压增益

$$A_{cm} \equiv \frac{v_{ocm}}{v_{icm}} \approx -\frac{(v_{icm}/2r_{o5})r_{o3}}{v_{icm}} = -\frac{r_{o3}}{2r_{o5}} \tag{13.10}$$

利用式(3.19)和 $I_{D1} = I_{D3} = I_{D5}/2 = 100\,\mu A$，算得

$$A_{cm} = -\frac{|V_{A3}|}{I_{D3}}\frac{I_{D5}}{2V_{A5}} = -\frac{|V_{A3}|}{V_{A5}} = -\frac{10}{20} = -0.5 \tag{13.11}$$

图 13.11(b)中的共模电压增益 A_{cm} 也可以通过退化电阻的式(10.22)来计算，两者的结果相差无几。

在图 13.11(c)的 CMC 共模半电路中，共模控制信号 v_{cmc} 在 MOS 管 M_{5h} 中产生信号电流 $g_{m5h}v_{cmc}$，其中 g_{m5h} 为 MOS 管 M_{5h} 的跨导。当信号电流 $g_{m5h}v_{cmc}$ 流过 M_3 的输出电阻 r_{o3} 时，便产生输出电压 $g_{m5h}v_{cmc}r_{o3}$（同样略去了从 M_1 的漏极向下看到的电阻）。这就可以写出从 CMC 输入端到运放输出端的电压增益

$$A_{cmc} \equiv \frac{v_{ocm}}{v_{cmc}} = -\frac{g_{m5h}v_{cmc}r_{o3}}{v_{cmc}} = -g_{m5h}r_{o3} \tag{13.12}$$

使用式(3.33)、式(3.19)和 $I_{D1} = I_{D3} = I_{D5}/2 = 100\,\mu A$，算得

$$A_{cmc} = -\frac{2I_{D5h}}{V_{ov5h}}\frac{|V_{A3}|}{I_{D3}} = -\frac{2|V_{A3}|}{V_{ov5h}} = -\frac{2 \times 10}{0.2} = -100 \tag{13.13}$$

比较式(13.11)和式(13.13)可知，$|A_{cmc}|$ 要比 $|A_{cm}|$ 大很多。这是因为 A_{cm} 的输入共模信号 v_{icm} 是用来驱动 r_{o5h} 的，而 A_{cmc} 的共模控制信号 v_{cmc} 是用来驱动 M_{5h} 栅源极的。很大的 A_{cmc} 正是我们想要的。最后需要注意，简单全差分运放在低频区的 A_d、A_{cm} 和 A_{cmc} 都是负值。◀

13.5.2　共模反馈的实现

共模反馈是利用 CMFB 网络对图 13.10 中的 V_{G5} 进行调控实现的[Gray,p806]。图 13.12 表示 CMFB 网络的结构框图。图中被调控的全差分运放就是图 13.10 中的简单全差分运放（也可以是其他任何一种全差分运放）。全差分运放的 A_{cmc} 表示图 13.10 中从 M_5 的栅极到输出端的共模电压增益，在图 13.8 中应该是与输入共模增益 A_{cm} 串联的，但两者的输入

端是不同的。图 13.8 中全差分运放原先的三个受控电压源因为与共模反馈无关而被略去。

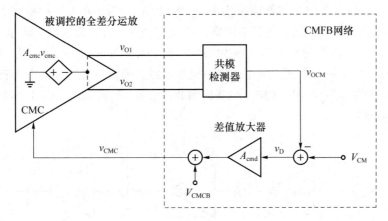

图 13.12　CMFB 的框图结构

图 13.12 中的 CMFB 网络由**共模检测器**、**差值放大器**和两个加法器组成。共模检测器的作用是从运放的两个输出电压 v_{O1} 和 v_{O2} 算出实际的共模输出电压：$v_{OCM} = (v_{O1} + v_{O2})/2$。右边的加法器从 v_{OCM} 中减去 V_{CM}，得到差值 v_D（V_{CM} 就是我们想要的运放共模输出电压，被称为**参照共模输出电压**）。然后，差值放大器对差值 v_D 用增益 A_{cmd} 进行放大；经差值放大器放大后的信号再加上一个恰当的**共模控制偏压**V_{CMCB}（稍后说明），便得到 CMFB 的输出电压。这个电压就是**共模控制电压**v_{CMC}，并可表示为

$$v_{CMC} = A_{cmd}(V_{CM} - v_{OCM}) + V_{CMCB} \tag{13.14}$$

接下来，把共模控制电压 v_{CMC} 送到全差分运放的共模控制输入端 CMC，然后由运放根据 v_{CMC} 来调节它的输出共模电压 v_{OCM}。这就完成了共模反馈。

只要 CMFB 环路（包括全差分运放）的共模电压增益足够大，负反馈总会使 $v_{OCM} = V_{CM}$。一旦 $v_{OCM} = V_{CM}$，式（13.14）变为 $v_{CMC} = V_{CMCB}$。由此可知，**共模控制偏压**V_{CMCB} 的作用是，当电路达到平衡（即 $v_{OCM} = V_{CM}$）时，为图 13.10 中 M_5 的栅极提供一个使 $v_{OCM} = V_{CM}$ 的 dc 偏压。在实际电路中，V_{CMCB} 是通过对差值放大器中相应 MOS 管的宽长比进行缩放产生的。这在稍后说明。

由于图 13.12 中 CMFB 环路的共模增益非常大（等于 A_{cmd} 与 A_{cmc} 之乘积），我们可以适当降低差值放大器的增益 A_{cmd}，以换取较好的带宽。这样做的一个好处是，使 CMFB 回路和运放的差分增益通路有大致相同的带宽。下面的讨论中会看到这一点。

13.5.3　输入共模信号与共模控制信号

对于图 13.10 中的简单全差分运放，我们施加了两种共模信号，这就是，输入端的**输入共模信号**和 CMC 端的**共模控制信号**。下面来说明这两种共模信号之间在低频下的关系[Gray, p809]。

在图 13.12 中，CMFB 回路的负反馈使 V_{OCM} 紧紧跟随 V_{CM}，这可以用 CMFB 回路的闭环增益来说明。而回路的闭环增益可根据式（6.5）写为

$$A_{CMFB} = \frac{\Delta V_{OCM}}{\Delta V_{CM}} = \frac{v_{ocm}}{v_{cm}} = \frac{A_{cmd} \, |A_{cmc}|}{1 + A_{cmd} \, |A_{cmc}|} \tag{13.15}$$

式中，A_{cmd}为图 13.12 中差值放大器的增益（为正值），A_{cmc}为简单全差分运放从 CMC 端到输出端的电压增益（这个增益在低频区为负值，所以 $|A_{cmc}|$ 为正值）。这两个增益组成了反馈系统中基本放大器的增益 A，而反馈网络的反馈系数 $\beta=1$（因为输出共模信号 V_{OCM} 直接与 V_{CM} 相减）。这样画出的负反馈结构如图 13.13 所示（图中把 $|A_{cmc}|$ 分为 $|A_{cmc}/A_{cm}|$ 和 $|A_{cm}|$ 两部分）。现在先不考虑图中左边的小信号参照共模输出电压 v_{cm}（用来表示 V_{CM} 的小信号变化量），认为 $v_{cm}=0$；图中的 v_{icm} 也暂时看作零。由于 $A_{cmd}|A_{cmc}|\gg1$，所以 $A_{CMFB}\approx1$；这使 V_{OCM} 紧紧跟随 V_{CM}。

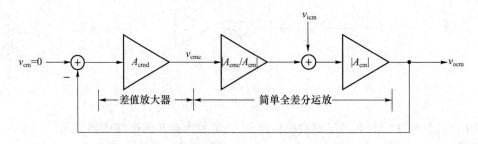

图 13.13   加入输入共模信号 v_{icm} 后的 CMFB 反馈系统小信号模型

而运放输入端的共模信号 v_{icm} 可以看成是在基本放大器的某个内部节点上加入到闭环系统的，如图 13.13 所示。而且，图中从 v_{icm} 到输出端的增益为 $|A_{cm}|$〔见式（13.11）〕。这与图 6.3 中噪声 v_n 加入闭环回路的情况是相似的。在图 6.3(a) 中，噪声电压 v_n 加在输出端之前，被衰减到了 $1/(1+A\beta)$；在图 6.3(b) 中，v_n 被置于基本放大器之前，被放大到了 $A/(1+A\beta)\approx1/\beta$。在图 13.13 中，$v_{icm}$ 是经过运放的共模增益 A_{cm} 后才到达闭环回路输出端的，所以 v_{icm} 被闭环回路的衰减量应该等于 $|A_{cm}|/(1+A\beta)$。由此可以写出，当 CMFB 回路闭合时，从运放输入端到输出端的共模增益

$$A_{cm(CL)}\equiv\frac{\Delta V_{OCM}}{\Delta V_{ICM}}=\frac{v_{ocm}}{v_{icm}}=\frac{A_{cm}}{1+A_{cmd}|A_{cmc}|}\tag{13.16}$$

通常情况下，运放自身的共模增益 A_{cm} 很小〔见式（13.11）〕，而乘积 $A_{cmd}|A_{cmc}|$ 非常大。这使 $A_{cm(CL)}$ 变得更小，而且远小于开环时的 A_{cm}。下面的例题具体计算 $A_{cm(CL)}$。

例题 13.2   利用例题 13.1 的结果，并假设差值放大器的增益 $A_{cmd}=50$，要求计算在 CMFB 反馈回路接通后从简单全差分运放输入端到输出端的共模电压增益。

例题 13.1 中的计算结果为 $A_{cm}=-0.5$ 和 $A_{cmc}=-100$。利用式（13.16）可算得

$$A_{cm(CL)}=\frac{-0.5}{1+50\times|-100|}=-\frac{1}{1\,0001}\approx-0.000\,1$$

这表示，全差分放大器的输出共模电压几乎不受输入共模电压的影响，只取决于 V_{CM}。

◄

13.5.4   差分输入信号与共模反馈回路

差分输入信号完全不会影响共模反馈回路。比如在图 13.10 的简单全差分运放中，差分输入电压 $v_{i1}-v_{i2}$ 只是按照差分电压增益 A_d 产生差分输出信号 $v_{o1}-v_{o2}$；这完全不会影响输出共模电压。另一方面，差分输入信号也不会受到共模反馈回路的影响，因为差分信号和

共模信号有相互独立的通路。但如果共模反馈回路失去作用而使输出偏离平衡点时,差分信号就会产生限幅或削波非线性。

13.5.5 共模反馈回路的带宽[Gray,p844]

如果全差分运放不受其他任何共模信号的干扰,它的输出共模电压就是一个不变的常数,因而共模反馈回路的带宽就无关紧要。但在实际电路中,会有各种各样的 ac 共模信号进入全差分运放,而全差分电路中由制造工艺产生的细微不对称也会从差分信号产生共模信号。

图 13.14 可以用来说明这些 ac 共模电压是如何被 CMFB 反馈回路抑制的。在图 13.14 中,v_n 表示需被抑制的 ac 共模电压。v_{cm} 表示小信号的参照共模输出电压,这里看作零,即 V_{CM} 是不变的。A_n 表示当 CMFB 反馈回路断开时,从 ac 共模电压 v_n 到运放输出端的共模电压增益,并可简单地写为

$$A_n = \frac{v_{ocm}}{v_n} \tag{13.17}$$

当 CMFB 反馈回路接通时,从 v_n 到 v_{ocm} 的小信号增益可以根据式(13.16)写为

$$A_{n(CL)} = \frac{A_n}{1 + A_{cmd}\,|A_{cmc}|} \tag{13.18}$$

式中,A_{cmd} 为图 13.12 中差值放大器的电压增益,A_{cmc} 为图 13.10 中从简单全差分运放的 V_{G5} 到输出端的共模电压增益。从式(13.18)看,只要在 $A_{cmd}\,|A_{cmc}| \gg 1$ 的频率区内,就可以有 $|A_{n(CL)}| \ll |A_n|$。或者说,如果想对 ac 共模电压 v_n 进行抑制,就应该在 v_n 存在的频率区内满足 $A_{cmd}\,|A_{cmc}| \gg 1$。不过,这些 ac 共模干扰电压的带宽是难以事先确定的(尤其是从外界进入的共模电压),再加上 CMFB 回路有较多的高频极点,使我们很难确定 CMFB 回路的带宽[Gray,p845]。

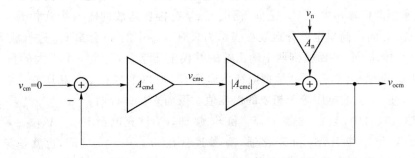

图 13.14 把外部或内部产生的 ac 共模电压加入 CMFB 反馈回路后的小信号模型

13.6 共模反馈网络

我们可以有多种类型的 CMFB 网络,包括电阻分压和差分级等方法。由于篇幅的原因,我们只讨论最常用的开关电容型 CMFB 网络,而讨论的内容同样适用于其他 CMFB

网络。

图 13.15 表示使用开关电容的 CMFB 网络。图中的开关电容结构与一般的开关电容电路没有两样。由 S_1 至 S_6 的 6 个 MOS 开关和 C_1、C_2 的 4 个电容组成的开关电容网络,同时完成三件事:(1)感出运放的输出共模电压 v_{OCM};(2)把 v_{OCM} 与所需的输出共模电压 V_{CM} 相减;(3)加上 dc 偏压 V_{CMCB}。开关 S_1 至 S_6 的通断受非重叠两相时钟 φ_1 和 φ_2 的控制。采用电容开关结构的好处是,可以避免电阻分压器等 CMFB 结构对全差分运放的负载效应。(开关电容结构中略去了差值放大器,把它的放大任务并入运放的 A_{cmc}。)

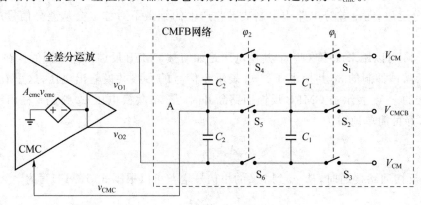

图 13.15　使用开关电容的 CMFB 结构[Gray, p853]

在图 13.15 的开关电容电路中,CMFB 的输出电压 v_{CMC} 只包含共模电压,它的差分电压为零。比如,如果运放的两个输出电压分别为 2 V 和 6 V,那么根据电容分压原理,A 点的电压等于 4 V,这就是 2 V 和 6 V 之间的共模电压。这表示,开关电容电路本质上就是一个完美的共模电压感出电路。下面来说明图 13.15 中开关电容电路的工作原理,即运放的输出共模电压 v_{OCM} 是如何被稳定到等于 V_{CM} 的。

图 13.16(a)是图 13.15 中电路的共模半电路;其中,电容 C_1 通过开关接在共模控制偏压 V_{CMCB} 和参照共模输出电压 V_{CM} 之间,而电容 C_2 跨接在运放的输入共模电压 v_{CMC} 和输出共模电压 v_{OCM} 之间。简单全差分运放被表示为只对 v_{CMC} 中的 ac 分量 v_{cmc} 进行放大,而 A_{cmc} 是指图 13.10 中从 M_5 的栅极到两个输出端的共模电压增益,这是一个很大的数。电容 C_1 的作用是通过开关 S_4 和 S_5 不断地把电荷传递给 C_2,所以电容 C_2、C_1 和运放三者构成的开关电容电路,使 C_2 上的电压等于想要的电压值。下面来具体说明。

在图 13.16(a)中,当 φ_1 变高时,S_1 和 S_2 接通,C_1 被充电至 $V_{CM} - V_{CMCB}$。当 φ_2 变高时,φ_1 变低,S_1 和 S_2 断开,S_4 和 S_5 接通,C_1 被连接在 v_{CMC} 和 v_{OCM} 之间,也就是与 C_2 并联。根据电荷守恒原理,每次并联的结果是,使 C_1 和 C_2 上的电压等于两者之间的某个平均值。比如,C_1 的电压为 3 V,C_2 的电压为 1 V,如果两个电容相等,并联的结果是 C_1 和 C_2 的电压都等于 2 V。但这里的要点是,C_1 不断地把 C_2 拉到自己的电压上;所以在下一时钟周期内 C_1 和 C_2 再并联时,电容电压变为 2.5 V,再下一时钟周期变为 2.75 V,最后使 C_2 上的电压达到想要的 3 V。

当电容 C_2 上的电压等于电容 C_1 上的电压时,电路达到稳态,并有

$$v_{OCM} - v_{CMC} = V_{CM} - V_{CMCB} \tag{13.19}$$

或者

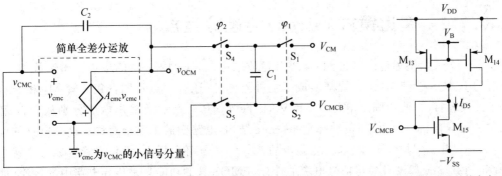

(a) 图13.15中电路的共模半电路　　　　(b) 用相同的电路结构产生V_{CMCB}

图 13.16　开关电容 CMFB 结构的分析电路

$$v_{OCM} = V_{CM} + (v_{CMC} - V_{CMCB}) \tag{13.20}$$

如果选择V_{CMCB}等于图 13.10 中全差分运放达到稳态时在 CMC 输入端上所需的电压v_{CMC}，就有

$$v_{OCM} = V_{CM} \tag{13.21}$$

这就是我们想要的输出共模电压值。

　　图 13.15 和图 13.16(a)中的偏压V_{CMCB}可以通过图 13.16(b)中的电路来产生。首先使图 13.16(b)中M_{15}的尺寸与图 13.10 中M_5的尺寸相同，然后把M_{15}接成二极管状态，再通过调节V_B或M_{13}、M_{14}的宽长比使大小等于I_{D5}的电流流过M_{15}。这就得到图 13.10 中M_5在稳态时所需的栅极偏压V_{CMCB}。

　　但是，从图 13.15 中的电路看，电容式 CMFB 网络所提供的V_{CM}、V_{CMCB}与运放的v_{OCM}、v_{CMC}之间没有直流电位上的联系，只有差值关系，即$V_{CM} - V_{CMCB} = v_{OCM} - v_{CMC}$。这与电阻分压器等其他 CMFB 方法有所不同。而电容式 CMFB 网络的唯一功能是，保持运放的输出共模电压v_{OCM}与M_5栅极电位v_{CMC}之间的差值等于$V_{CM} - V_{CMCB}$。而从被调控的运放来看，它只有一个工作点可以满足这一条件，这个工作点就是$v_{CMC} = V_{CMCB}$和$v_{OCM} = V_{CM}$。原因很简单，因为从运放M_5的栅极到输出端的共模电压增益非常大，所以仅当$V_{G5} = V_{CMCB}$时，才有$v_{OCM} = V_{CM}$。V_{G5}稍有偏离，v_{OCM}就会偏离到正、负电源之一。

　　这种电容开关结构的优点是，运放输出电压的摆幅不受 CMFB 电路的影响，因为 CMFB 中使用的电容不吸收直流电流，只有一个暂态过程。适当选择电容的大小（通常取可用的最小值），就可控制暂态过程的时间常数。如果S_1至S_6采用 CMOS 开关，就可以传递很大的v_{O1}和v_{O2}信号。电容式结构的另一个优点是，电容一般不产生非线性。这是电容式结构的两个明显优于其他 CMFB 结构的地方。

13.7　实际的全差分运放电路

　　在讨论了 CMFB 网络之后，现在来介绍两种常用的全差分运放，这就是单级的望远镜式和折叠式 cascode 全差分运放。这里还想推荐一篇对实际折叠式 cascode 全差分运放的比较全面和详细的分析报告[Gray, p845]，报告中的数据提供了许多思考余地。

13.7.1 望远镜式 cascode 全差分运放

图 13.17 表示望远镜式 cascode 全差分运放结构。与图 12.8 中的单边输出运放相比，除所有的 PMOS 管和 NMOS 管都换成了互补器件外，还有一点不同：MOS 管 M_3 和 M_{3A} 去除了二极管接法，改用固定电位 V_{B1} 和 V_{B2} 提供栅偏压。运放的输出电压分别从 M_{1A} 和 M_{2A} 的漏极取出，输入部分和负载都是 cascode 结构，电路变成了完全对称。这个电路的优点是，从 M_1 和 M_2 栅极到 M_{1A} 和 M_{2A} 漏极的差分信号通路全部由 NMOS 管组成。这就是说，所有 PMOS 管都没有参与信号电流的传导，PMOS 管的功能只是传导电路中的偏流（即流过电流镜的电流），并用它很高的输出电阻把信号电流导向负载。这种结构显然可以提高运放的速度，因为 NMOS 管要比 PMOS 管有较高的截止频率。

对于图 13.17 中的运放，可以有两种 CMC 连接方法。一种方法就是图 13.17 中使用的：把上面 M_3 和 M_4 的栅极连接到固定偏压 V_{B1} 上，用以设定流过 M_3 和 M_4 的电流（偏压 V_{B1} 和 V_{B2} 通常用另外两个接成二极管的 PMOS 管产生）。然后把下面 M_5 的栅极用作 CMC 输入端。这种 CMC 连接方法可以提高共模控制信号的电压增益，因为此时的 M_5 和 M_1、M_2、M_{1A}、M_{2A} 一起组成两级串联的 NMOS cascode 放大电路；同时 M_{3A}、M_{4A} 和 M_3、M_4 提供一级 PMOS cascode 有源负载。这种方法虽然有很大的电压增益，但可以对电路引入两个高频极点（在 M_5 和 M_1 的漏极）。

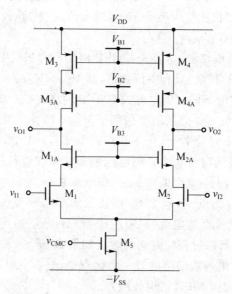

图 13.17　望远镜式 cascode 全差分运放

另一种 CMC 连接方法是：把 M_5 的栅极连接到一个直流偏压上，以设定流过 M_5 和 M_1、M_2 的电流，而把 M_3 和 M_4 的栅极短接后用作 CMC 输入端。这种方法在 CMC 增益通路上只有一级 cascode 结构，所以只引入一个高频极点（在 M_3 和 M_4 的漏极）。缺点是，在 CMFB 回路中承担放大任务的 M_3 和 M_4 是 PMOS 管，而 PMOS 管的截止频率要低于 NMOS。对于 CMFB 结构，可参考图 13.15 和图 13.16(b) 中的电路进行设计。

由于图 13.17 中的电路无法内接补偿电容,所以如果需要补偿,只能通过外部电路来实现,这就是依靠连接在输出端的负载电容。此时的闭环放大器和共模反馈回路可以同时通过负载电容进行补偿。

13.7.2　折叠式 cascode 全差分运放

图 13.18 表示折叠式 cascode 全差分运放结构。与图 12.11 中的折叠式单边输出运放相比,主要的不同点是去除了图 12.11 中 M_3 和 M_{3A} 的二极管接法。这样修改之后,电路就变成完全对称了。放大器的差分输出电压从 M_{1A} 和 M_{2A} 的漏极取出。

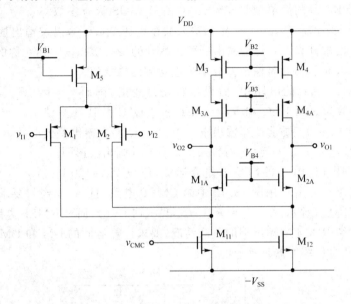

图 13.18　折叠式 cascode 全差分运放

这个电路与 CMC 的连接可以有三种选择:除图中把 M_{11} 和 M_{12} 的栅极选择为 CMC 输入端外,还可以把 M_5 的栅极或者 M_3 和 M_4 的栅极选择为 CMC 输入端。当选择 M_{11} 和 M_{12} 的栅极为 CMC 输入端时,CMFB 回路将包含较少的节点。此时的共模增益 A_{cmc} 将由共源接法的 NMOS 管 M_{11} 和 M_{12} 提供,所以会有较大的电压增益。CMFB 结构也可参考图 13.15 和图 13.16(b)中的电路进行设计。全差分运放和 CMFB 回路的频率补偿都需由放大器输出端的负载电容来实现,这与图 13.17 中的望远镜式全差分运放是一样的,因为二者都是单级放大器[Gray,p845]。

13.8　小　　结

全差分运放由于结构的对称性,在提高电路的动态范围和抑制噪声等方面有突出优点。这些优点对于低电压、高密度、高精度的模拟集成电路是非常宝贵的。我们参照单边输出运放的方法,导出了全差分运放的小信号模型。

　　由于全差分运放的输出共模电压是无法通过运放自身来设定的,就需要另外一条反馈通路来稳定输出共模电压。这就是**共模反馈网络**。本章比较详细地讨论了电容开关 CMFB 网络,说明了全差分运放与 CMFB 网络的连接方法。除介绍两种常用的 CMOS 全差分放大器外,本章还解释了全差分运放与 CMFB 网络组成闭环后的共模增益和频率特性。知道了这些内容后,我们应该能设计出自己的全差分运放电路。

练　习　题

　　13.1　在图 13.10 的简单全差分运放中,所有 MOS 管有参数 $|V_{ov}| = 0.2$ V 和 $V_{tn} = -V_{tp} = 0.6$ V。假设 $V_{DD} = V_{SS} = 2.5$ V 和输入共模电压 $v_{ICM} = 0$,以及输出摆幅不受共模反馈电路的限制。要求计算:(a)每个输出端可以达到的最大摆幅;(b)使对称的差分输出电压达到最大值的 v_{OCM} 值;(c)此时输出差分信号能达到的峰峰值。

　　13.2　在图 13.4(a)的电路中,假设运放是理想的,因而 $r_i = \infty$、$r_o = 0$、$A_d = -\infty$ 和 $A_{cm} = 0$。电路参数为 $R_1 = 1$ kΩ 和 $R_2 = 5$ kΩ,还假设 CMFB 环路使 $v_{OCM} = 0$。如果 $v_{S1} = 0.2 \sin 100\, t$ V 和 $v_{S2} = 0$。要求计算输出电压 $v_{O1}(t)$、$v_{O2}(t)$、输出差分电压 $v_{OD}(t) = v_{O1}(t) - v_{O2}(t)$ 和输入共模电压 $v_{ICM}(t) = [v_{i1}(t) + v_{i2}(t)]/2$,并画出波形图。

　　13.3　对于图 13.10 中的简单全差分运放,假设 $V_{An} = 20$ V、$|V_{Ap}| = 10$ V、$g_{m5} = 50$ mA/V 和 $I_{D5} = 100\ \mu$A,并使用图 13.12 中的 CMFB 电路,且 $A_{cmd} = 1$。要求计算运放的闭环共模增益 $A_{cm(CL)}$。〔提示:$A_{cm(CL)} = v_{ocm}/v_{icm}$,见式(13.16),而且 CMFB 电路是工作的。〕

　　13.4　对于图 P13.4 中输出端的负载情况,要求计算运放的 CM 和 DM 负载电容。假设图(b)中的反相电压缓冲器是理想的。

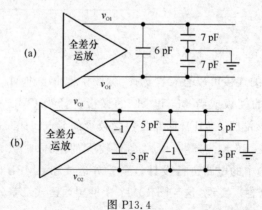

图 P13.4

　　13.5　在图 13.15 的开关电容 CMFB 电路中,$C_1 = 0.1$ pF 和 $C_2 = 0.5$ pF。(a)如果 $V_{CMCB} = -1$ V 和 $v_{OCM} = V_{CM} = 0.5$ V($v_{OCM} = (v_{O1} + v_{o1})/2$),现在使 V_{CMCB} 变化到 -1.1 V,要求计算此时的 v_{OCM} 值。计算中使用 $|A_{cmc}| \gg 1$。(b)略去除 C_1 和 C_2 外的所有电容,计算当 φ_1 开关接通和 φ_2 开关断开时的输出 CM 和 DM 负载电容。(c)假设 φ_1 开关断开和 φ_2 开关接通,重做(b)中的计算。

部分练习题答案

第 1 章

1.1 $3.6\ \Omega$, $0.5\ \Omega$.

1.2 $0.5\ \mathrm{k\Omega}$, $0.4\ \mathrm{k\Omega}$.

1.4 $1/(1+sRC)$, $(R_1+R_2+sR_1R_2C)/R_2$.

1.5 $0.5(1-\mathrm{e}^{-t/0.5})\,\mathrm{A}$, 0.

第 2 章

2.1 $26\ \Omega$, $3.8\ \mathrm{pF}$.

2.2 0, $0.36\ \mathrm{mA}$, $0.5\ \mathrm{mA}$; $4\ \mathrm{V}$, $1.56\ \mathrm{mA}$, $0.1\ \mathrm{mA}$.

2.3 $v_{I1}(t)$只在正半周导电, $v_{I2}(t)$只在部分正半周导电.

2.4 $19.2\ \mathrm{mA/V}$, $5.2\ \mathrm{k\Omega}$, $100\ \mathrm{k\Omega}$, $1\,920$.

第 3 章

3.1 $167\ \mathrm{k\Omega}$, $33.4\ \mathrm{V}$.

3.2 $0.962\ \mathrm{V}$.

3.3 $1.28\ \mathrm{V}$, $0.68\ \mathrm{V}$, -6.8; $0.7\ \mathrm{V}$, $2.95\ \mathrm{V}$.

3.4 $505\ \Omega$; $1\ \mathrm{k\Omega}$.

3.5 $A_{i0}=4$; $t_r=0.427\ \mathrm{ns}$.

第 4 章

4.1 v_I/R.

4.2 $R_1\|R_2$.

第 5 章

5.1 -9.989, $-9.998\,9$; $10.987\,91$, $10.998\,79$.

5.2 $2\ \mathrm{mV}$.

5.3 $1\,999\,998$.

第 6 章

6.1 19.3 Ω,0.794 Ω,7 510,−999 867 Ω.

6.2 8 333,6 666,9.998,9.995.

6.3 548.0,9.98 kΩ,182 Ω,23.8 Ω.

6.4 串联并联;1641 MΩ,0.061 Ω,1 640,5.994.

6.5 43°;21°,3°.

第 7 章

7.1 略低于 278 Hz.

7.2 60 Hz,300 kHz;600 Hz,300 kHz.

7.3 6.4 pF;5.77 MHz.

第 8 章

8.1 $A_0/[(1+s/\omega_C)(1+1.618s/\omega_C+s^2/\omega_C^2)(1+0.618s/\omega_C+s^2/\omega_C^2)]$;$-\omega_C$,$\omega_C(-0.809\pm j0.588)$,$\omega_C(-0.309\pm j0.951)$.

8.2 $(1+sRC)/(1+3sRC+s^2R^2C^2)$;有错.

8.3 每个时钟周期内输出电压降低 0.2 V.

第 9 章

9.1 6.9 kHz,16 kΩ.

第 10 章

10.1 $I_{IN}=50\ \mu A$,$W=12.5\ \mu m$,1 μA,$W'=25\ \mu m$.

10.2 251 MΩ.

10.3 13 GΩ.

10.4 $I_{D1}=200\ \mu A$,$I_{D2,D3}=100\ \mu A$,v_{GS1},$v_{GS2}=2.155$ V,$v_{GS3}=1.816$ V.

第 11 章

11.1 $a[A_1\pm2(A_1A_2)^{1/2}+A_2]/(A_1A_2)$,其中 $a=2/(\mu_n C_{ox}R^2)$,$A_1=(W/L)_1$,$A_2=(W/L)_2$;电阻与 $\mu_n C_{ox}=k'_n$有相反的温度系数. 11.2 取 $R_1=2$ kΩ,$R_2=10$ kΩ,$R_3=2.5$ kΩ.

11.3 0.

第 12 章

12.1 66.7.

12.2 $-34.6,-34.6;14.0$ ns,3.7 ns.

12.3 1.6 V,-1.4 V.

12.4 $2\,000$ MΩ.

第 13 章

13.1 2.9 V;0.85 V;5.8 V.

13.2 $v_{O1}(t)=-v_{O2}(t)=-2.5v_{S1}$,$v_{OD}=-5v_{S1}$,$v_{ICM}=1.25v_{S1}$.

13.3 -0.083.

13.4 (a) CM7 pF, DM9.5 pF; (b) CM13 pF,DM3 pF.

13.5 (a) $v_{OCM}=0.6$ V; (b) $C_{CM}=0$,$C_{DM}=0.25$ pF; (c) $C_{CM}=0$,$C_{DM}=0.3$ pF.

参 考 文 献

[1] ALLEN P E, HOLBERG D R. CMOS 模拟电路设计[M]. 王正华, 叶小琳, 译. 北京: 科学出版社, 1995.

[2] BRACEWELL R N. The Fourier Transform and Its Applications[M]. 2nd ed. New York: MaGraw-Hill, 1978.

[3] BURNS S G, BOND P R. Principles of electronic Circuits[M]. 2nd ed. Boston: PWS Publishing Co., 1997.

[4] CARTER B, MANCINI R. 运算放大器权威指南[M]. 姚剑清, 译. 北京: 人民邮电出版社, 2010.

[5] GABEL A, ROBERTS R A. Signals and Linear Systems[M]. 3rd ed. New York: Wiley, 1987.

[6] GRAF R F. Oscillator Circuits[M]. Boston: Newnes, 1997.

[7] GRAY P, HURST P, LEWIS S, MEYER R. Analysis and Design of Analog Integrated Circuits[M]. 5th ed. New York: Wiley, 2009.

[8] HORENSTEIN M N. Microelectronic Circuits and Devices[M]. 2nd ed. Englewood Cliffs: Prentice-Hall, 1996.

[9] HOWE R H, SODINI C G. Microelectronics, an Integrated Aprroach[M]. Englewood Cliffs: Prentice-Hall, 1997.

[10] JOHNS D A, Martin K. Analog Integrated Circuit Design[M]. New York: John Wiley & Sons, 1997.

[11] NEAMEN D A. Electronic Circuit Analysis and Design[M]. New York: McGraw-Hill, 2001, 清华出版社影印本.

[12] NICOLLINI G, SENDEROWICZ D. A CMOS Bandgap Reference for Differential Signal Processing[J]. IEEE J. Solid-State Circuits, 1991, 26(1): 41-50.

[13] PLASSCH R J, HUIJING J H. Analog Circuit Design, High-speed AD Converters[M]. New York: John Wiley & Sons. Boston: Kluwer Academic Publishers, 2000.

[14] SEDRA A S, SMITH K C. Microelectronic Circuits s[M]. 4th ed. Oxford: Oxford University Press, 1998.

[15] SHIEH J, PATIL M, SHEU B L. Measurement and Analisis of Charge Injection in CMOS Analog Switches[J]. IEEE J. of Solid-State circuits, 1987, 22(2):

277-281.

[16] TONY C，CARUSONE D，KENNETH J，et. Analog Integrated Circuit Design [M]. Wiley，2012.

[17] TSIVIDIS Y. Operation and Modeling of the MOS transistor[M]. New York： McGraw-Hill，1987.

[18] ZIEMER R，FANNIN D. Signals and Systems：Continuous and Discrete[M]. 2nd ed. New York：Macmillan，1990.

索　引

[B]

巴克豪森准则
巴特沃斯滤波器
摆速
贝塞尔滤波器
饱和电流
饱和区
本征半导体
闭环增益,闭环传递函数
闭环结构
并联并联反馈
并联串联反馈
伯德图
补偿,频率补偿

[C]

cascode,cascode 结构
掺杂半导体
超前补偿
测量放大器
差分半电路
差分电压增益
差分输入电容
差分输入电阻
差分输入信号
差值放大器
重叠电容
冲击响应,单位冲击响应
传递函数
传递特性,传递曲线
串联并联反馈
串联串联反馈

[D]

大信号特性,直流特性,dc 特性
带宽
带通滤波器
带隙基准源,带隙基准电压源
戴维南定理
戴维南等效电路
带阻滤波器
电感阻抗
电荷守恒
电流饱和区
电流跟随器
电流基准源
电流镜
电流源,恒流源
电流源输出电阻
电压跟随器
电压基准源
电压源,恒压源
电容阻抗
电源敏感度
电源抑制比
单位增益带宽
叠加定理
低频增益
低通滤波器
动态范围
渡越时间
多数载流子
多路反馈结构,MFB

[E]

Early 电压
Early 效应

[F]

发射极
返回信号
反馈
反馈电容
反馈网络
反馈系数
反馈信号
反相放大器
反相积分器
反向区
反相输入端
非重叠两相时钟
非线性,非线性失真
非主极点
复合
幅角
傅里叶变换
负反馈
负载线
幅值补偿
幅值谱
幅值响应
幅值裕度
复指数信号

[G]

高频响应
高频振荡器
高通滤波器
共基极电流增益
共漏放大器
共模半电路
共模反馈

共模反馈回路
共模反馈网络
共模检测器
共模控制电压
共模控制偏压
共模信号
共模输入电容
共模输入电阻
共模输入信号
共模抑制比
共射极电流增益
共栅放大器
共源放大器
共源共栅电路(见 cascode)
沟道
沟道区
沟道电荷注入效应
沟道长度调制效应
固有频率
归一化频率
过驱电压
过阻尼

[H]

耗尽区
耗尽区电容
恒压降模型
缓冲器
环路增益
混合 π 模型

[J]

基本放大器
集成运算放大器
击穿电压
击穿区
极点
极点矢量
集电极

基尔霍夫电流定律,KCL

基尔霍夫电压定律,KVL

积分电容

基极

集电结

基极输入电阻

基片

发射结

基频

基准源

加法器

简单全差分运放

截止频率

截止区

渐近线

结电容

阶数

解析法

精度

精密半波整流器

静态工作点

晶体振荡器

局部反馈,局部负反馈

[K]

考毕兹振荡器

开关电容电路

开关电容滤波器

开环电压增益

空间电荷

空间电荷区

跨导

跨导因子

跨阻

宽摆幅

宽长比

扩散

扩散电流

扩散电容

[L]

拉普拉斯变换

理想运放

理想滤波器

连续谱

零点

零点矢量

零温度系数

漏极

漏区

滤波器

滤波器结构

[M]

Miller 效应

MOS 晶体管,MOS 管

[N]

N 型半导体

奈奎斯特判据

奈奎斯特曲线

内部补偿

内建电压

诺顿等效电路

诺顿定理

[O]

偶次谐波

[P]

PN 结

P 型半导体

Pierce 振荡器

偏置

漂移

频率谱

频率特性,频率响应

谱线

[Q]

器件导电因子
桥式电路
桥式振荡器
切比雪夫滤波器
迁移率
欠阻尼
全差分结构
全差分运放,全差分运算放大器,
　全差分放大器

[R]

热电压
热噪声
弱反型

[S]

Sallen-Key
三极管区
三角级数
闪变噪声,1/f 噪声
栅极
栅极电容
上升时间
少数载流子
时间常数
时间响应
失调,失调电压,输入失调电压
势垒电压
实信号
受摆速限制
受带宽限制
受控电流源
受控电压源
受控源
输出电阻
输出共模电压
输出级

输出交流电阻
输出特性曲线
输出阻抗
输入电容
输入共模电压
输入共模电压范围
输入特性曲线
双极型晶体管,BJT
随机性失调电压

[T]

体效应
体效应跨导
同相输入端
同相放大器
图解法
退化电阻

[W]

Widlar 电流源
Wilson 电流镜
望远镜式
稳定时间
稳定性
稳定性方程
温度敏感度
稳态
误差信号
外部补偿

[X]

系统函数(见传递函数)
系统性失调电压
小信号电容
小信号电阻
小信号模型
下降时间
线谱
线性

相对温度系数

相位谱

相位响应

相位裕度

相移振荡器

信号源吸收定理

虚地

虚短路

旋转复矢量

旋转复指数

[Y]

仪表放大器

一阶函数

因果型

有效电压(见过驱电压)

有源负载

有源滤波器

有源区

阈值电压

源极

源极跟随器

源区

运算放大器,运放

[Z]

载流子

正反馈

正弦量信号

正向区

振荡器

增强型

增益带宽积

增益裕度

直流特性(见大信号特性)

转折频率

砖墙滤波器

自偏置电流源

自由电子

谐波失真

主极点

主极点补偿

阻抗变换器

阻尼系数